高职高专"十四五"规划教材

化学分析技术

Chemical Analysis Technology

(第2版)

主　编　乔仙蓉
副主编　张慧捷　牛学丽
主　审　王　珺

扫码输入刮刮卡密码
查看本书数字资源

北　京
冶　金　工　业　出　版　社
2025

内 容 简 介

本书以项目引领、任务驱动形式详细介绍了化学分析技术，全书共分6个项目，主要包括分析检验准备、酸碱滴定分析与测定、氧化还原滴定分析与测定、配位滴定分析与测定、沉淀滴定分析与测定、重量分析与测定等内容。每个项目包括知识目标、技能目标、素养目标、课程思政、学习任务、实训任务和综合练习等模块，并配有丰富的数字资源，读者通过扫描二维码即可在线查看课程讲授视频、实验操作视频及习题参考答案等。

本书可作为高职高专院校分析检验技术、环境监测技术、化工生产技术等专业的教材，也可供化学领域相关专业的技术人员参考。

图书在版编目(CIP)数据

化学分析技术/乔仙蓉主编.—2版.—北京：冶金工业出版社，2022.3(2025.1重印)

高职高专“十四五”规划教材

ISBN 978-7-5024-9057-7

Ⅰ.①化… Ⅱ.①乔… Ⅲ.①化学分析—高等职业教育—教材 Ⅳ.①O652

中国版本图书馆CIP数据核字(2022)第022934号

化学分析技术（第2版）

出版发行 冶金工业出版社 **电　话** (010)64027926

地　址 北京市东城区嵩祝院北巷39号 **邮　编** 100009

网　址 www.mip1953.com **电子信箱** service@mip1953.com

责任编辑 杜婷婷 美术编辑 彭子赫 版式设计 郑小利

责任校对 李 娜 责任印制 窦 唯

三河市双峰印刷装订有限公司印刷

2018年1月第1版，2022年3月第2版，2025年1月第4次印刷

787mm×1092mm 1/16；12.25印张；295千字；186页

定价46.00元

投稿电话 (010)64027932 **投稿信箱** tougao@cnmip.com.cn

营销中心电话 (010)64044283

冶金工业出版社天猫旗舰店 yjgycbs.tmall.com

（本书如有印装质量问题，本社营销中心负责退换）

第2版前言

本书是在《化学分析技术》第1版的基础上，根据《职业教育专业目录(2021年)》分析检验技术专业人才培养目标和《国家职业教育改革实施方案》文件精神修订而成。

本次修订参考化学检验工职业标准对知识、能力和素养的基本要求，按照“项目导向、任务驱动、理实一体化”的编写理念，有机融入课程思政元素，精选生产过程中基本化学分析测定实践案例，强化化验工基本操作技能训练和工作素养培养，校企“双元”合作开发和编写。因此，本书更加有利于学生综合职业技能的培养和提升，相比于第1版教材，本书主要做了以下内容的修订：

1. 在相关知识点关联课程思政元素，使学生在学习理论知识和应用技能的同时，发扬精益求精的工匠精神，养成严谨求实、爱岗敬业的职业素养；

2. 配套了丰富的数字资源，如课程讲授、实验操作、检测数据、习题答案等，读者可扫描二维码进行查看和学习，突出了互联网时代背景下资源互通共享的特点，实现了线上线下立体教学，是一本“可听、可视、可练、可互动”的融媒体教材；

3. 作者团队深度调研了太钢集团技术中心等企业的化验室岗位工作内容，并将企业实践案例有机融入教学，坚持产教融合，校企“双元”合作开发教材；

4. 以真实生产项目、典型工作任务、案例等为载体组织教学单元，每个项目都包含知识目标、技能目标、素养目标、课程思政、学习任务、实训任务和综合练习等模块。

本书由乔仙蓉任主编，张慧捷、牛学丽任副主编。具体编写分工如下：项目1由山西工程职业学院乔仙蓉编写，项目2由晋城职业技术学院牛学丽编写，项目3由济源职业技术学院肖合全、郑伟编写，项目4由山西工程职业学院张慧捷编写，项目5由山西工程职业学院王彦编写，项目6由山西工程职业学院常越凡编写。全书由乔仙蓉统稿。

本书配套课程视频资源主要由山西工程职业学院师生共同制作完成，其中：教师团队包括乔仙蓉、张慧捷、常越凡、王彦、刘芳；学生团队包括姚霖格、杨奂、成欣怡、石瑞、杜晓宇、刘洋、葛前梅。

本书由太原钢铁集团技术中心化验室主任、高级工程师王珺担任主审。王珺主任对全书进行了审阅，并提出了许多宝贵意见，在此表示衷心的感谢。

本书在编写过程中参考了相关文献资料，在此向文献资料作者表示诚挚谢意。

由于编者水平所限，书中不妥之处，敬请读者批评指正。

编　者

2021年12月

第 1 版前言

分析化学是人们获知物质化学组成和结构的科学，在国民经济的发展、国防力量的强大、科学技术的进步和自然资源的开发等方面起着举足轻重的作用。在工业上，原料的选择、工艺流程条件的控制、成品的检测，在农业上，土壤的普查、化肥和农药的生产、农产品的质量检验，其他方面如资源勘探、环境检测、海洋调查以及医药、食品的质量检测等方面，都要用到分析技术。

化学分析技术是分析化学的经典分析方法和技术，是高职高专工业分析技术专业的核心课程，本教材在编写过程中把握“必须、够用”的原则，注重理论内容的精选，并结合生产测定实例，突出操作技能训练，注重能力和素质的培养。教材编写本着理实一体化的教学理念，教学内容融合化学分析方法与操作技术于一体，注重理论与实践相结合，使学生能较好地掌握化学分析的基本方法原理，熟练基本操作技能，培养学生分析和解决问题的能力，为学生学习后续专业课程乃至今后走上检验工作岗位打下坚实基础。

本教材由乔仙蓉担任主编，牛学丽担任副主编。编写分工如下：学习情境 1、5 由山西工程职业技术学院乔仙蓉编写，学习情境 2 由晋城职业技术学院牛学丽、陈香编写，学习情境 3 由济源职业技术学院肖合全、郑伟编写，学习情境 4 由山西工程职业技术学院张慧捷编写，学习情境 6 由山西工程职业技术学院常越凡编写。全书由乔仙蓉统稿。

本书编写参考了有关文献资料，在此向有关作者表示诚挚感谢！

由于编者水平所限，书中不妥之处，敬请读者批评指正。

编　者

2017 年 8 月

目　录

项目 1　分析检验准备

知识目标

（1）理解滴定分析法基本依据及化学计量点、滴定终点等基本术语。

（2）熟悉滴定分析中滴定管、移液管、容量瓶的使用方法。

（3）了解化学试剂的分类、选用等基本知识。

（4）熟悉天平的分类、使用、维护，称量方法分类、选择知识。

（5）掌握标准溶液配制和基准物质选择的基本知识。

（6）掌握实验数据记录、处理的有效数字知识。

（7）理解实验结果评价的指标及误差分类、减免知识。

技能目标

（1）会正确使用滴定管、容量瓶、移液管。

（2）会正确使用分析天平，选用正确称量方法进行称量操作。

（3）会正确配制试剂溶液和标准溶液。

（4）会规范记录实验数据，处理、计算、评价实验结果。

素养目标

（1）培养学生认真负责的社会责任感和爱岗敬业的职业精神。

（2）培养学生严谨规范、坚持原则、实事求是的工作作风。

（3）教导学生提高化学实验室安全意识，养成良好实验习惯。

分析化学是人们获取物质的化学组成和结构信息的科学。它的任务是确定物质中含有哪些组分、各种组分的含量是多少，以及这些组分是以怎样的状态构成物质的。要解决这些问题，就要依据相关的理论，建立分析方法和实验技术。以物质的化学反应为基础的分析方法称为**化学分析法**，主要有滴定分析法和重量分析法。采用比较复杂或特殊的仪器设备，通过测量物质的某些物理或物理化学性质的参数及其变化来获取物质的化学组成、成分含量及化学结构等信息的一类方法称为**仪器分析法**。另外，根据待测成分含量高低的不同，分析方法又可分为常量组分分析（质量分数大于 1%）、微量组分分析（质量分数为 1.00%~0.01%）、痕量组分分析（质量分数为 0.0100%~0.0001%）和超痕量组分分析（质量分数小于 0.0001%）。

分析化学在国民经济中应用广泛。工业上，原料的选择、工艺流程条件的控制、成品的检测，在农业上，土壤的普查、化肥和农药的生产、农产品的质量检验，其他方面如资源勘探、环境检测、海洋调查及医药、食品的质量检测等方面，都要用到分析检验技术。

课程思政

分析技术广泛应用于工农业生产及环境监测、食品质量检测等众多领域，以镉大米事件、奶粉中三聚氰胺事件等社会热点问题，进行课堂讨论，引导学生理解分析检验工作对工农业生产及社会生活的重要作用和意义，激发学生对分析检验行业的热爱和社会责任感，引导学生端正学习态度，培养学生爱岗敬业的职业精神。

化学分析技术是分析化学的经典分析方法和技术，主要适用于样品中常量组分的分析，也是分析工作者必须掌握的基本知识和技术。通过本课程的学习，学生要掌握常用滴定分析和重量分析方法的基本原理、计算方法和实验技术，能够运用规范正确的实验操作技能检验出样品中待测组分的含量，养成科学严谨、实事求是的工作作风，具备分析解决实验问题的能力，正确判断和表达分析结果。

学习任务1.1　滴定分析法基本知识及操作

微课1-1　认识滴定分析法

1.1.1　认识滴定分析法

滴定分析法是将一种已知准确浓度的试剂溶液即**标准溶液**，通过滴定管滴加到待测组分的溶液中，直到标准溶液和待测组分恰好完全定量反应为止。这时加入标准溶液物质的量与待测组分的物质的量符合反应式的化学计量关系，滴加的标准溶液称为滴定剂，滴加标准溶液的操作过程称为滴定。当滴加的标准溶液与待测组分恰好定量反应完全时的这一点，称为**化学计量点**。根据滴定剂（标准溶液）A的浓度和所消耗的体积便可计算被测物质B的浓度或含量。若反应式为：

$$A + B = C + D$$

则

$$n_A = n_B \quad 或 \quad c_A V_A = c_B V_B$$

式中　n_A，n_B——分别为标准溶液A和被测物质B的物质的量；

c_A，c_B——分别为标准溶液A和被测物质B的浓度；

V_A，V_B——分别为标准溶液A和被测物质B的体积。

通常利用指示剂颜色的突变或仪器测试来判断化学计量点的到达，而停止滴定操作的这一点称为**滴定终点**。实际分析操作中滴定终点与理论上的化学计量点常常不能恰好吻合，它们之间往往存在很小的差别，由此引起的误差称为**终点误差**。为了减小终点误差，应选择合适的指示剂，使滴定终点尽可能接近化学计量点。

1.1.2　滴定反应的要求

适用于滴定分析法的化学反应必须具备下列条件。

（1）反应必须定量完成。反应按一定的反应式进行完全，通常要求达到99.9%以上，无副反应发生，这是定量计算的基础。

（2）反应速率要快。对于反应速率慢的反应，应采取适当措施提高反应速率。

（3）能用比较简便的方法确定滴定终点。

1.1.3　滴定方式

滴定方式主要有直接滴定法、返滴定法、置换滴定法和间接滴定法四种。

（1）直接滴定法。用标准溶液直接滴定待测溶液，利用指示剂或仪器测试指示化学计量点到达的滴定方式，称为**直接滴定法**。通过标准溶液的浓度及所消耗滴定剂的体积，计算出待测物质的含量。例如，用 HCl 溶液滴定 NaOH 溶液，用 $K_2Cr_2O_7$ 溶液滴定 Fe^{2+} 等。直接滴定法是最常用和最基本的滴定方式。如果反应不能完全符合上述滴定反应的条件时，可以采用下述几种方式进行滴定。

（2）返滴定法。通常是在待测试液中准确加入适当过量的标准溶液，待反应完全后，再用另一种标准溶液返滴剩余的第一种标准溶液，从而测定待测组分的含量，这种方式称为**返滴定法**。

（3）置换滴定法。先加入适当的试剂与待测组分定量反应，置换出另一种可被滴定的物质，再用标准溶液滴定该物质，这种方法称为**置换滴定法**。

（4）间接滴定法。某些待测组分不能直接与滴定剂反应，但可通过其他的化学反应，间接测定其含量。

由于返滴定法、置换滴定法、间接滴定法的应用，更加扩展了滴定分析的应用范围。

1.1.4　滴定分析法的基本量器及操作

微课 1-2　移液管及操作

1.1.4.1　移液管及吸量管

移液管是用于准确量取一定体积溶液的量出式玻璃量器，正规名称是“单标线吸量管”，习惯上称为移液管。它的中间有一膨大的贮液泡，管颈上刻有一标线，用来控制所取溶液的体积。移液管的标称容量最小的为 1mL、最大的为 100mL，其容量为 20℃时按规定方式排空后所流出纯水的体积，单位为毫升（mL）。

按照国家计量检定规程 JJG 196—2006《常用玻璃量器检定规程》和 GB/T 12808—2015《实验室玻璃仪器　单标线吸量管》规定，依据容量允差可将移液管分为 A 级和 B 级（后续所述的吸量管、滴定管、容量瓶亦然），其标称容量与容量允差见表 1-1。

表 1-1　常用移液管的规格　（mL）

标称容量		2	5	10	20	25	50	100
容量允差	A 级	±0.010	±0.015	±0.020	±0.030		±0.05	±0.08
	B 级	±0.020	±0.030	±0.040	±0.060		±0.10	±0.16

移液管的正确使用方法如下。

（1）用铬酸洗液将其洗净，使其内壁及下端的外壁均不挂水珠。

（2）量取溶液之前，先用欲量取的溶液涮洗 3 次。方法是：用洗净并烘干的小烧杯倒出一部分欲量取的溶液，用移液管吸取溶液 5~10mL，立即用右手食指按住管口（尽量勿使溶液回吸，以免将其稀释），将管横过来，用拇指及食指分别拿住移液管的两端，转动移液管并使溶液布满全管内壁；当溶液流至距上口 2~3mL 时，将管直立，使溶液由流液口（尖嘴）放出，弃去。

（3）用移液管量取溶液时，右手拇指及中指拿住管颈标线以上的地方（后面二指依次靠拢中指），将移液管插入液面以下1～2cm深度，不要插入太深，以免外壁沾溶液过多，也不要插入太浅，以免液面下降时吸空；左手拿洗耳球，排出空气后紧按在移液管口上，借吸力使液面慢慢上升，移液管应随液面的下降而下移；当管中液面上升至标线以上时，迅速用右手食指堵住管口（食指最好是潮而不湿），用滤纸擦去管尖外部的溶液，将移液管的吸液口靠着洁净的小烧杯内壁，左手持杯，并使其倾斜30°～45°。稍松食指，用拇指及中指轻轻转动管身，使液面慢慢下降，直到溶液的弯液面（最低点），与标线的上边缘水平相切、调定零点，按紧食指，使溶液不再流出，将移液管移入准备接收溶液的锥形瓶中，左手持瓶，流液口接触规定倾斜角度的瓶内壁。松开食指，溶液便自由地沿壁流下（见图1-1），待液面下降至尖嘴时，再等待规定的时间，然后移开并取出移液管。

吸量管的全称是“分度吸量管”，它是带有刻度的量出式玻璃量器（见图1-2），有流出式、吹出式两种类型，用于准确量取所需体积的溶液。

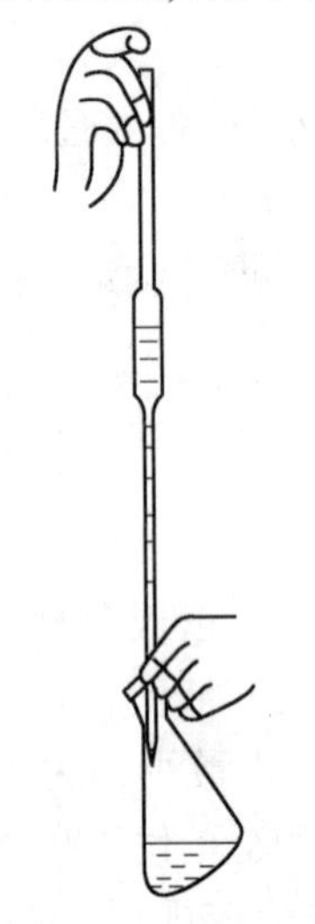

图1-1　移液管的操作

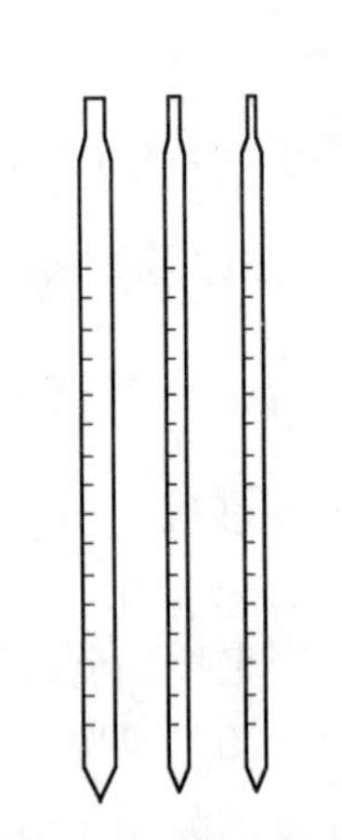

图1-2　分度吸量管

温馨提示

在调整零点和放出溶液的过程中，移液管都要保持垂直，其流液口要接触倾斜的器壁（不可接触下面的溶液）并保持不动；等待一定时间（通常为15s）后，流液口内残留的一点溶液一般不可用外力使其被震出或吹出；移液管用完应清洗干净后放在管架上，不要随便放在实验台上，尤其要防止尖嘴处被沾污。

吸量管的使用方法与移液管大致相同，这里只强调以下几点（详见GB/T 12807—2021《实验室玻璃仪器　分度吸量管》）。

（1）标称容量在1mL及其以上容量的吸量管，由于其容量允差比同容量的移液管大，所以在准确吸取超过1mL固定体积的溶液时，应尽可能使用移液管。

（2）流出式吸量管放出溶液时，与移液管使用情况类似，也要一定的等待时间（一般为3s或按量器上的标记进行）；吹出式吸量管标称容量较小，常标记“吹”或“Blow out”字样。

（3）吸量管标称容量最小的为 0.1mL，最大的为 50mL，应根据具体情况选用。若对量取液的误差要求不是太严（或无适宜规格的移液管可供选用），也可用标称容量相近的吸量管来量取所需体积的溶液；若对量取溶液的体积要求不严格，甚至可用量筒、量杯量取。对更小体积的液体取用，可使用微量移液器。

1.1.4.2　滴定管

滴定管是带有刻度的可放出不同体积溶液的量出式玻璃量器，主要用于滴定分析中对滴定剂（溶液）体积的测量。

滴定管大致有普通的具塞（酸式）和无塞（碱式）滴定管（见图 1-3）、座式滴定管、侧边旋塞自动定零位滴定管（见图 1-4）和三通旋塞自动定零位滴定管等类型。

普通滴定管的标称容量最小的为 5mL，最大的为 100mL，常用的是 25mL、50mL 容量的滴定管。按 GB/T 12805—2011《实验室玻璃仪器　滴定管》规定，其标称容量、分度值、容量允差见表 1-2。

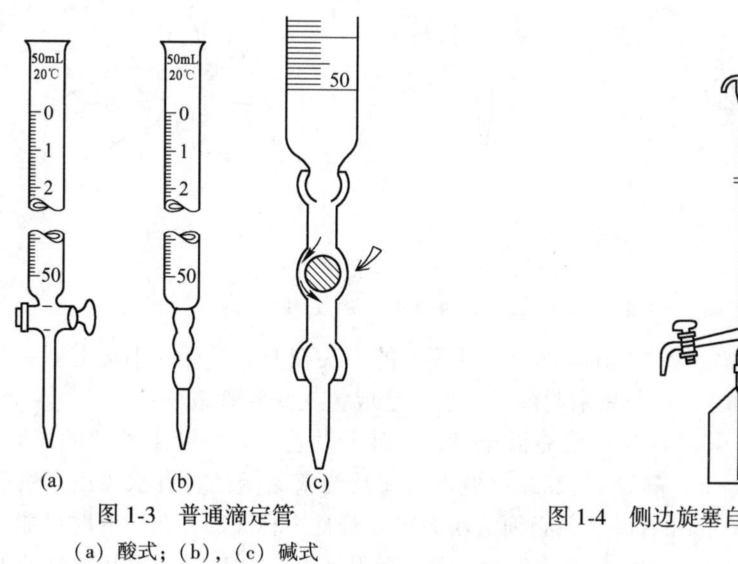

图 1-3　普通滴定管

（a）酸式；（b），（c）碱式

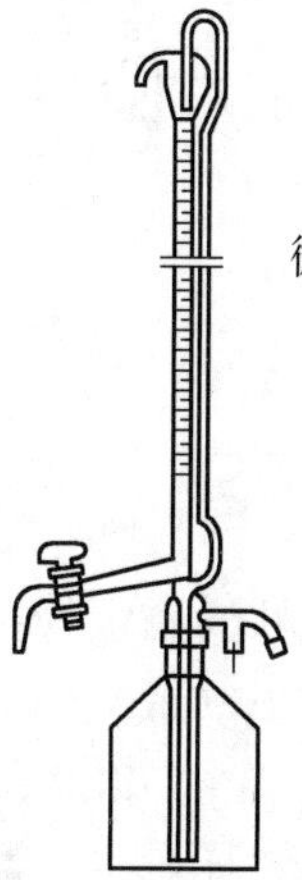

图 1-4　侧边旋塞自动定零位滴定管

微课 1-3　滴定管及准备

表 1-2　普通滴定管的规格

（mL）

标称容量		5	10	25	50	100
分度值		0.02	0.05	0.1	0.1	0.2
容量允差	A 级	±0.010	±0.025	±0.04	±0.05	±0.10
	B 级	±0.020	±0.050	±0.08	±0.10	±0.20

A　滴定管的准备

新拿到一支滴定管，用前应先做一些初步检查，如酸式滴定管旋塞是否匹配，碱式滴定管的乳胶管是否有孔洞、裂纹和硬化，以及其孔径与玻璃球大小是否合适，滴定管是否完好无损等。初步检查合格后，进行下列准备工作。

（1）洗涤。滴定管可用自来水冲洗或用细长的刷子蘸洗液洗刷，不要用去污粉，因为去污粉的细颗粒很容易黏附在管壁上，不易清洗出去；也不要用铁丝做的毛刷涮洗，因为硬质刷子容易划伤器壁，引起其容量的变化，而且划伤的表面更易藏污垢。如果经过刷洗后内壁仍有油脂（主要来自旋塞润滑剂）或其他能用铬酸洗液洗去的污垢，可用铬酸洗液荡洗或浸泡。

（2）涂凡士林。使用酸式滴定管时，为使旋塞旋转灵活而又不致漏液，一般需在旋塞密合处涂上一薄层凡士林。其操作方法是（见图1-5）：将滴定管平放在实验台上，取下旋塞，用吸水纸将旋塞与旋塞槽内擦干净；然后分别在旋塞的大头表面上和旋塞槽小口内壁沿圆周均匀地涂上一层薄薄的凡士林（也可将凡士林用同法涂在旋塞的两头），再在旋塞孔的两侧小心地涂上一层更薄的凡士林（防止堵塞旋塞孔）；将涂好凡士林的旋塞插进旋塞槽内，向同一方向旋转旋塞，直到旋塞与旋塞槽接触处全部呈透明而没有纹路为止。涂凡士林一定要适量：若过多，则可能会堵塞旋塞中的流液孔；若过少，则起不到润滑和密合作用。

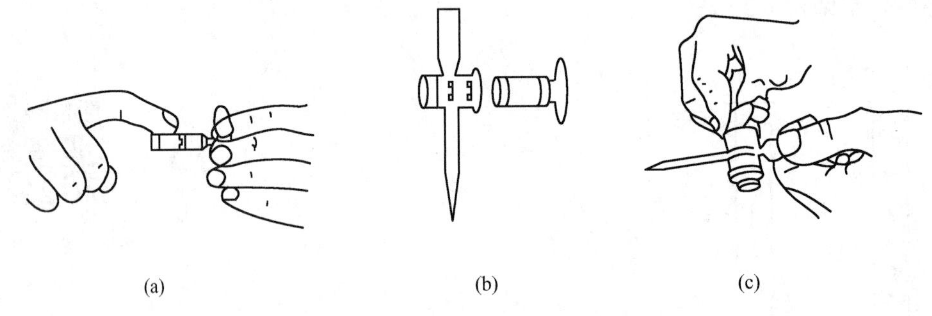

图1-5　旋塞涂凡士林

（a）旋塞涂油法；（b）旋塞槽的插法；（c）旋塞的旋转法

把涂好凡士林的滴定管平放在桌面上，让旋塞的小头朝上，然后在小头上套一个紧固圈（可从乳胶管上剪取），以防旋塞脱落于地上，造成整支滴定管报废。

（3）试漏（通）。将滴定管用水充满至“0”刻线附近，夹在滴定管架的蝴蝶夹上，用吸水纸将滴定管外擦干，静置1~2min，检查尖嘴及旋塞周围是否有水渗出。然后将旋塞转动180°，重新检查，如有漏水，必须重新涂布。若凡士林涂布不当，有时可能会使尖嘴、旋塞孔受堵。可将管尖插入热水中温热片刻，使凡士林软化后用水冲出；如旋塞流液孔不通，应拆下旋塞予以疏通或再度涂布。

（4）滴定剂的加入。倾倒滴定溶液前，一般先用纯水将干净的滴定管荡洗3次，每次约用10mL。荡洗时，两手平端滴定管，慢慢旋转，让水遍及全管内壁，然后从两端放出。再用待装滴定溶液荡洗3次，用量依次为10mL、5mL、5mL（方法同上）。荡洗完毕，倒入滴定溶液至“0”刻线以上，检查旋塞附近（或乳胶管内）及管端有无气泡。若有气泡存在，应采取如下方法将其排出：对酸式滴定管用右手拿住滴定管并倾斜约30°，左手迅速打开旋塞，使溶液冲下将气泡带出；对碱式滴定管可将乳胶管向上弯曲（见图1-6），适当挤压玻璃球的上方，气泡即可被溶液顶出。

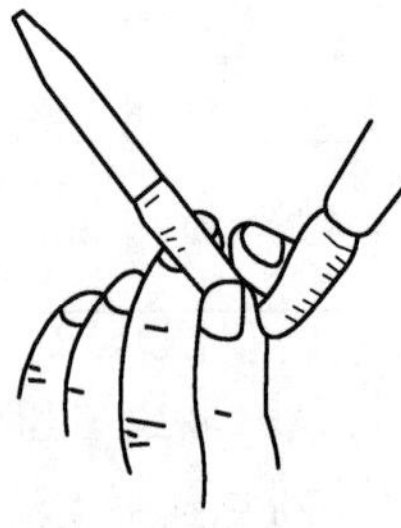

图1-6　碱式滴定管中气泡的排出

B　滴定管的操作方法

滴定管应垂直地夹在滴定管架的蝴蝶夹上。

（1）使用酸式滴定管滴定时，右手持瓶并摇动瓶体，左手无名指和小指弯向手心，用其余三指轻轻向里控制旋塞旋转，如图 1-7 所示。注意不要将旋塞向外顶，以免旋塞松动、溶液漏出；也不要太向里紧扣，以免旋塞转动不灵。

（2）使用碱式滴定管滴定时，右手同上，左手无名指和中指夹住流液管，拇指与食指向侧面挤压玻璃球所在部位稍上处的乳胶管（见图 1-8），使滴定溶液从缝隙处流出。注意不要使玻璃球上下移动，更不要捏玻璃球下部的乳胶管（以避免在尖嘴处引入空气）。

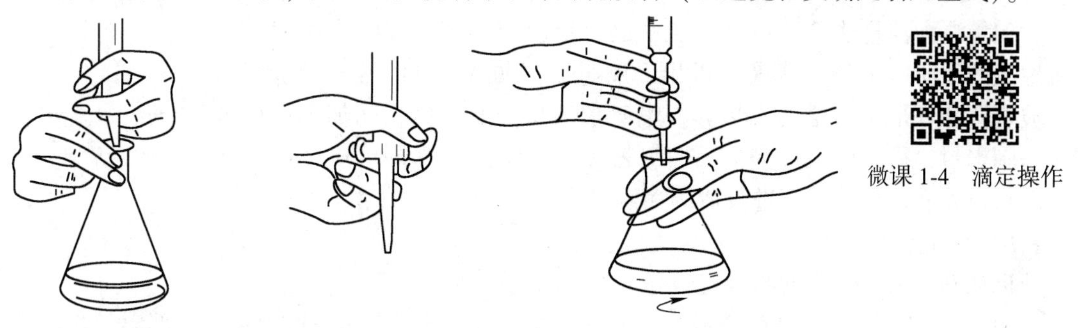

图 1-7　酸式滴定管的操作　　图 1-8　碱式滴定管的操作

无论用哪种滴定管，都必须掌握三种放出溶液的方法：

（1）逐滴放出；

（2）只放出一滴；

（3）使液滴悬而不落，即只放出半滴。

C　滴定方法

滴定操作一般在锥形瓶内进行（见图 1-7 和图 1-8），有时也用烧杯和碘量瓶等进行滴定操作。

在锥形瓶中进行滴定操作时，应将滴定管下端深入瓶口内约 1cm，瓶底距离瓷板 2～3cm。左手按前面提到的操作方法进行，右手拇指、食指和中指拿住瓶颈。双手协调进行滴定操作，边摇动瓶体边放出滴定溶液。

滴定过程中，还应注意以下几点：

（1）滴定前，应将试剂瓶中滴定溶液摇匀；

（2）每次滴定应从“0”刻线开始并将尖嘴处悬挂的液滴除去，以减少滴定误差；

（3）摇瓶时，转动腕关节，使溶液沿同一方向旋转（左、右旋均可），瓶口不要接触滴定管尖嘴，勿使瓶内溶液溅出；

（4）滴定时，左手不能离开旋塞任其自流，形成“水线”，滴定溶液应逐滴放出，滴定速度以控制在 6～8mL/min（2～3 滴/s）为宜；

（5）眼睛应密切注意观察溶液颜色的变化，而不要注视滴定管的液面；

（6）接近终点时，应每放出一滴，摇几下，直至放出半滴使溶液出现明显的颜色变化；

（7）用酸式滴定管放出半滴溶液时，应先将半滴溶液悬挂在滴定管的尖嘴上，以瓶口内壁接触液滴，用少量水吹洗瓶壁；

（8）滴定结束后，弃去管内剩余的滴定剂，不得将其倒回试剂瓶中，随即洗净滴定管，用水充满滴定管或将滴定管倒置，放在滴定管架的蝴蝶夹上，以备下次使用；

（9）滴定管长期不用时，应倒尽水，酸式滴定管旋塞处应垫上纸，碱式滴定管乳胶管应拔下保存。

若在烧杯中进行滴定操作，烧杯应放在白瓷板上，将滴定管下端伸入烧杯约 1cm。滴定管应放在左后方（不要靠上杯壁），左手同前，右手持玻璃棒搅动溶液。放出半滴溶液时，用玻璃棒末端承接悬挂的液滴（不要接触尖嘴），放入溶液中搅拌。

碘量法、溴量法等需在碘量瓶中进行反应或滴定，以防止瓶内反应所生成的物质（如碘、溴等）逸出。碘量瓶（见图 1-9）是一个带有磨口玻璃塞和环形水封槽的锥形瓶，喇叭形瓶口与瓶塞柄之间加水后可形成一圈水封，待瓶内反应完成后打开瓶塞，水封中的水即可流下并兼顾冲洗磨口处和内壁，继而进行后续滴定操作。

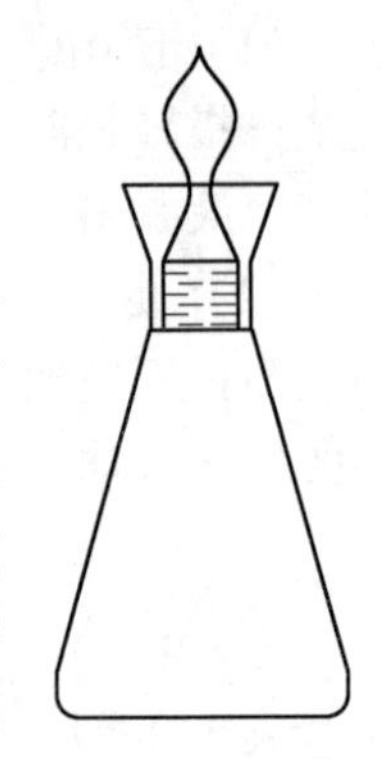

图 1-9　碘量瓶

D　滴定管的读数

标准滴定溶液体积的测量（读数）应遵循下列原则。

（1）滴定管读数既可在滴定管架上直接读取，也可用手指夹持滴定管上部无刻线处读取。不管用哪一种方法读数，均应使滴定管保持垂直状态，并在溶液放出 30s 后读取。

（2）读数过程中，视线取位应与弯液面最低点和分度线上边缘在同一水平面上，如图 1-10 所示。视线高于该平面，读数偏低，反之则相反。

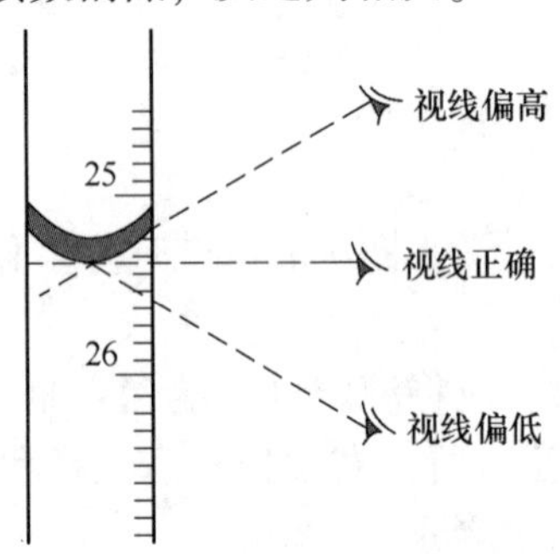

图 1-10　读数时视线的方向

（3）对于无色或浅色溶液，通常读取弯液面最低点与分度线上边缘水平相切的位置；当溶液颜色太深而无法观察到弯液面时，则读取弯液面上边缘与分度线上边缘水平相切的位置，如图 1-11 所示（详见 GB/T 12810—2021《实验室玻璃仪器　玻璃量器的容量校准和使用方法》）。无论使用哪种读数方法，初读数与终读数都应采取同一标准。

（4）对于无刻度线处的读数，应估计到该滴定管分度值的 1/10 处。例如，25mL、50mL 常量滴定管（分度值为 0. 1mL），应估读至小数点后第二位，即 0. 01mL（其他规格的普通滴定管的估读方式亦然）。半微量，微量滴定管的分度值更小，故其估读至小数点后的位数则更多。

（5）初学者练习读数时，可在滴定管后衬一黑白两色的读数卡，如图 1-12 所示。将卡片紧贴滴定管，黑色部分在弯液面下约 1mm 处，即可看到弯液面反映层呈黑色。若用白色背景，则观察到的是弯液面反映层的虚像。

（6）乳白板蓝线衬背的滴定管，应当以蓝线的最尖部分位置读数，如图 1-13 所示。

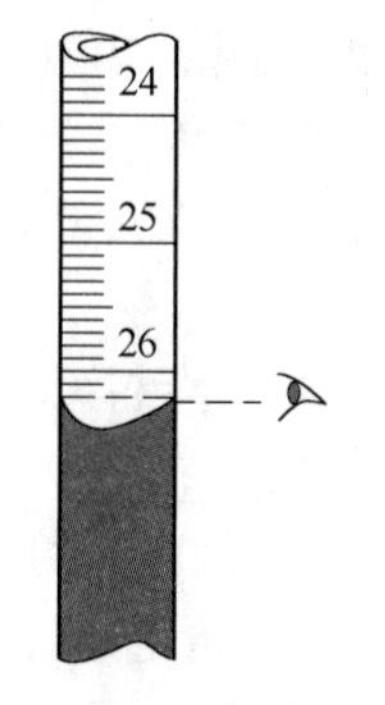

图 1-11　深色溶液的读数

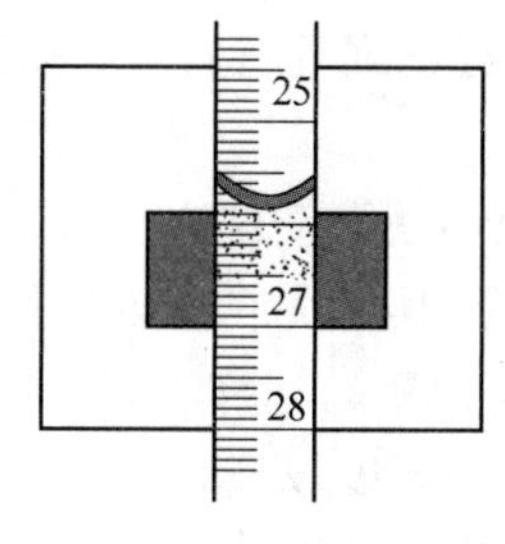

图 1-12　读数卡

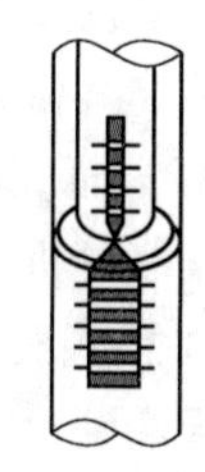

图 1-13　蓝线滴管

1.1.4.3　容量瓶

微课 1-5　容量瓶及操作

容量瓶的全称是“单标线容量瓶”，它是一个细颈梨形平底玻璃量器（分无色、棕色材质），带有磨口玻璃塞或塑料封盖，颈上刻有一标线，标记“In”字样，用于准确容纳一定体积溶液的量入式玻璃器皿，如图 1-14 所示。容量瓶标称容量最小的为 1mL，最大的为 5000mL，化学分析实验常用 100mL、200mL、250mL 的容量瓶，仪器分析实验多用 100mL 及以下规格的容量瓶，其容量是指在 20℃时，纯水充满至标线所容纳的体积。按 GB/T 12806—2011《实验室玻璃仪器　单标线容量瓶》规定，其标称容量，容量允差见表 1-3（仅为部分产品）。

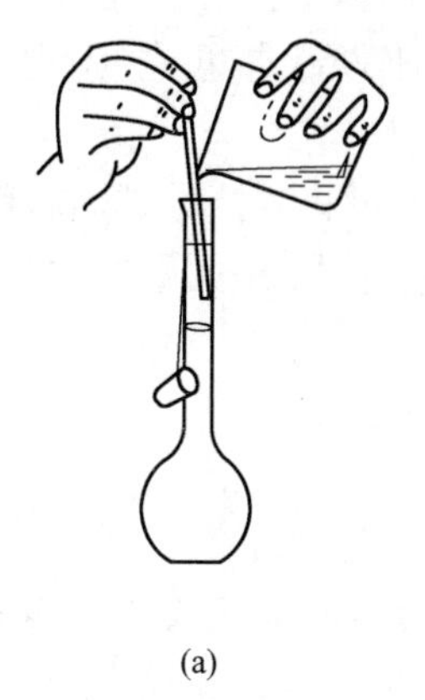

(a)

(b)

(c)

图 1-14　容量瓶的使用
（a）转移；（b）直立；（c）旋摇

表 1-3　常用容量瓶的规格　（mL）

标称容量		10	25	50	100	200	250	500	1000	2000
容量允差	A 级	±0. 020	±0. 03	±0. 05	±0. 10	±0. 15	±0. 15	±0. 25	±0. 40	±0. 60
	B 级	±0. 040	±0. 06	±0. 10	±0. 20	±0. 30	±0. 30	±0. 50	±0. 80	±1. 20

容量瓶的主要用途是配制一定浓度的溶液，如标准滴定溶液、待测试样母液制备等。它常和移液管配合使用，可把配制好的某物质溶液分成若干等份或将其稀释成更低的浓度。

使用容量瓶时，应注意以下几点。

（1）检查磨口（封盖）是否漏液。加水至标线，盖上瓶塞（盖）颠倒 10 次（每次颠倒过程中要停留在倒置状态 10s）以后，不应有水渗出（可用滤纸检验）。将瓶塞旋转 180°再进行检查，合格后用皮筋或细绳等将瓶塞与瓶颈上端拴在一起，以防摔碎或与其他瓶塞弄混影响其密合性。

（2）容量瓶洗涤。可先用铬酸洗液清洗内壁，然后用自来水或纯净水洗净，晾干，备用。某些仪器分析实验，还要用到其他洗液或溶剂洗涤。

（3）注意盛液温度。由于容量瓶的标称容量是在 20℃下校准的，故在进行定容操作过程中，若遇到待配制物质的溶液温度较高时，应将其冷却到室温后，再定量转移到容量瓶中，以避免因瓶体膨胀而导致溶液浓度的变化。

（4）固体物质（基准试剂或待测试样）溶液的配制。应先在洁净的烧杯中将固体物质溶解，冷却后转移至容量瓶中定容。转移时要使溶液沿玻璃棒流入瓶中，其操作方法如图 1-14(a) 所示。烧杯中的溶液倒尽后，烧杯不要直接离开搅拌棒，而应在烧杯扶正的同时使杯嘴沿搅拌棒上提 1～2cm，随后烧杯再离开搅拌棒，这样可避免杯嘴与搅拌棒之间的一滴溶液流到烧杯外面。然后再用少量水（或其他溶剂）涮洗烧杯 3～4 次，每次用洗瓶或滴管冲洗杯壁和搅拌棒，按同样的方法移入瓶中，实现定量转移的目的。当溶液达 2/3 容量时，应将容量瓶沿水平方向轻轻摆动几周以使溶液初步混匀。再加水至标线以下约 1cm，等待 1～2min，最后用滴管从标线以上 1cm 以内的一点沿颈壁缓缓加水，沥下，调定弯液面的最低点与标线上边缘水平相切，随即盖紧瓶盖，左手捏住瓶颈（标线以上），食指压住瓶塞，右手三指托住瓶底［见图 1-14(b)］，将容量瓶倒置，使瓶内气泡升到顶部并水平旋摇几周［见图 1-14(c)］，如此重复操作 15 次左右，可使瓶内溶液充分摇匀。100mL 以下的容量瓶，可不用手托瓶，单手抓住瓶颈及瓶塞进行倒置和旋摇即可。

（5）防止容器腐蚀。容量瓶不能用于长期保存溶液，决不可将其当做试剂瓶用。对于有腐蚀性的溶液（如强碱溶液），配好后应立即转移到其他容器（如塑料试剂瓶）中存放。

课程思政

移液管、滴定管、容量瓶的规范操作技能中需要注意的细节很多，这些细节关系到定量分析工作移取体积、溶液浓度、分析结果的准确度，切不可马虎大意，草率做事。细节决定成败，分析检验工作更应该注重细节，严格规范；培养学生认真规范，一丝不苟进行分析检验的职业操守。

学习任务 1.2　分析天平及称量知识

分析天平是定量分析中最重要的计量仪器之一，用于直接测定物体质量或准确称取一定质量的物体。正确、熟练地使用分析天平是获得准确分析结果的基本保证，因此分析工作者必须了解分析天平的构造和性能，掌握其正确的使用和维护保养方法。

1.2.1　天平的主要技术指标

（1）最大称量。最大称重又称为最大载荷，表示天平可称重的最大值，用 m_{max} 表示。被称物体的质量必须小于天平的最大称量，在分析工作中常用的天平最大称量一般为100~200g。

微课 1-6　分析天平

（2）分度值。检定标尺分度值（简称为分度值），是指天平标尺一个分度对应的质量，用 e 表示。对于机械天平，分度值就是天平读数标尺能够读取的有实际意义的最小质量数。

天平的分度值越小，灵敏度越高。最大称量在 100~200g 的分析天平，其分度值一般为 0.1mg，即万分之一天平；最大称量在 20~30g 的分析天平，其分度值一般为 0.01mg，即十万分之一天平。

（3）分度数。检定标尺分度数（简称为分度数）是指天平的最大称量与其分度值之比，用 n 表示，$n=m_{max}/e$。

分度数越大，天平的准确度越高，n 在 1×10^4 以上的天平称为高精密天平。

（4）称量空间。称量空间是指天平最大可容纳称量物体的尺寸大小，在天平的技术规格中，称量空间常以秤盘直径和秤盘上方空间，即宽度和高度的形式给出。日常使用中，在满足高度的前提下，常常只用秤盘直径表示天平最大可容纳称量物体的尺寸大小。

1.2.2　天平的分类

按照天平的构造原理不同，天平分为机械天平和电子天平两大类。

机械天平主要依据杠杆原理，按等臂和不等臂杠杆结构，可分别制成等臂双盘机械天平和不等臂单盘机械天平。其中，双盘机械天平又可分为半自动和全自动机械电光天平。

电子天平主要依据电磁力平衡原理，此类天平目前在实验室最为常用，具有称量速度快、结果以数字显示、便于读数等优点。某些电子天平还具有检测系统、自动校准装置及超载保护装置等。

分析天平的发展主要经过了摇摆天平、机械加码光学天平、单盘精密天平到电子天平的历程，分析化学实验室中广泛使用的分析天平有双盘电光天平、单盘电光天平和电子天平。

1.2.2.1　双盘电光天平

双盘电光天平是基于杠杆原理制成的一种衡量用的精密仪器，即用已知质量的砝码来衡量被称物体的质量。

TG-328A 型分析天平是全机械加码电光天平，其外形和结构如图 1-15 所示。

1.2.2.2　单盘电光天平

单盘电光天平分等臂和不等臂两种类型，它们的另一个“盘”被配重体所代替，并隐藏在顶罩内后部，起杠杆平衡作用。为减小天平的外观尺寸，承重臂设计的长度一般短于配重力臂，故市售的单盘电光天平多为不等臂的。图 1-16 所示的是 DT-100 型不等臂横梁、全机械加码单盘减码式电光天平主体部件示意图。

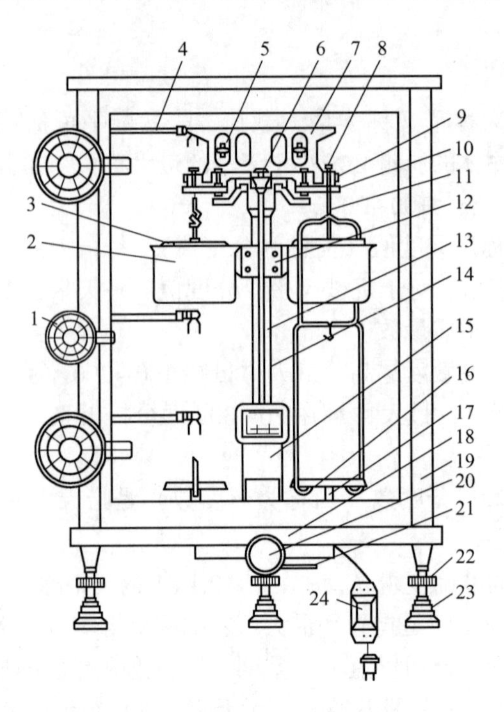

图 1-15　TG-328A 型全机械加码电光天平

1—指数盘；2—阻尼器外筒；3—阻尼器内筒；4—加码杆；5—平衡螺丝；6—中刀；7—横梁；8—吊耳；9—边刀盒；10—托翼；11—挂钩；12—阻尼架；13—指针；14—立柱；15—投影屏座；16—秤盘；17—盘托；18—底座；19—框罩；20—开关旋钮；21—调零杆；22—调水平底脚；23—脚垫；24—变压器

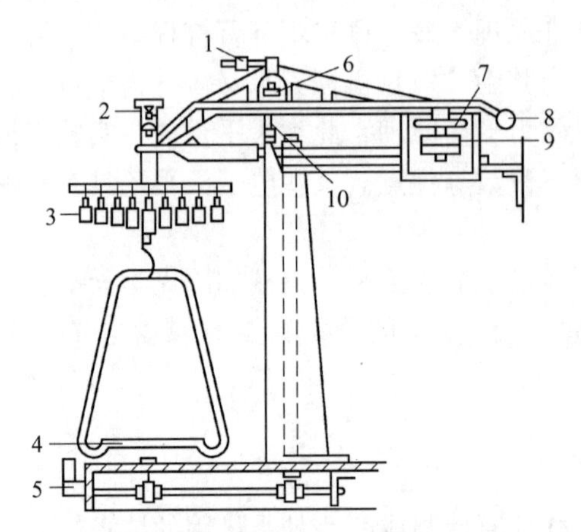

图 1-16　DT-100 型全机械加码单盘减码式电光天平

1—调平衡螺丝；2—补偿挂钩；3—砝码；4—秤盘；5—升降钮螺丝；6—调重心螺丝；7—空气阻尼片；8—微分标尺；9—平衡锤；10—支点刀及承重刀

单盘电光天平外形及各操作机构如图 1-17 和图 1−18 所示。

1.2.2.3　电子天平

A　称量原理

应用现代电子控制技术进行称量的天平称为电子天平。电子天平是最新一代的天平，

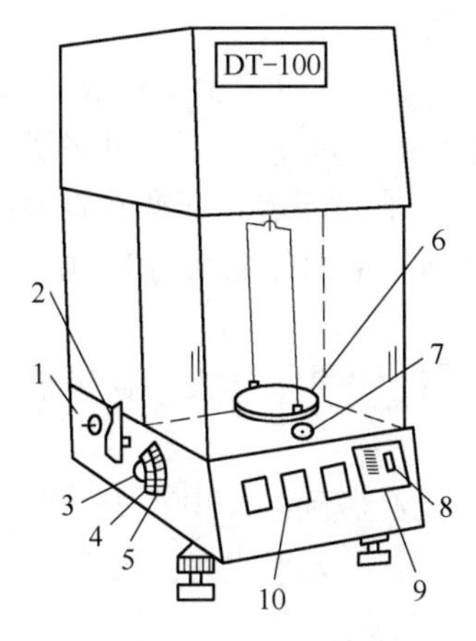

图 1-17　DT-100 型全机械加码单盘减码式电光天平左侧外形

1—电源开关；2—停动手钮；3—0.1~0.9g 减码手轮；4—1~9g 减码手轮；5—10~90g 减码手轮；6—秤盘；7—圆水平仪；8—微读数字窗口；9—投影屏；10—减码数字窗口

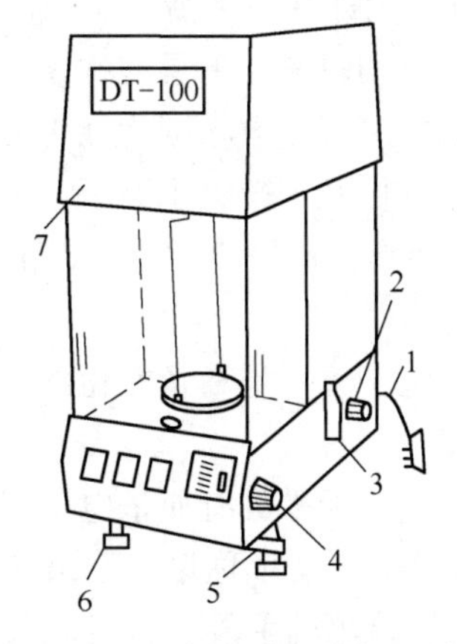

图 1-18　DT-100 型全机械加码单盘减码式电光天平右侧外形

1—外接电源线；2—零调手钮；3—停动手钮；4—微读手钮；5—调整脚螺丝；6—减震脚垫；7—顶罩

目前应用的主要有顶部承载式（吊挂单盘）和底部承重式（上皿式）两种。尽管不同类型的电子天平的控制方式和电路不尽相同，但其称量原理大多依据电磁力平衡理论。

把通电导线放在磁场中，导线将产生电磁力，力的方向可以用左手定则来判定。当磁感应强度不变时，力的大小与流过线圈的电流成正比。如果使重物的重力方向向下，电磁力的方向向上，并与之相平衡，则通过导线的电流与被称物体的质量成正比。

电子天平结构如图 1-19 所示。

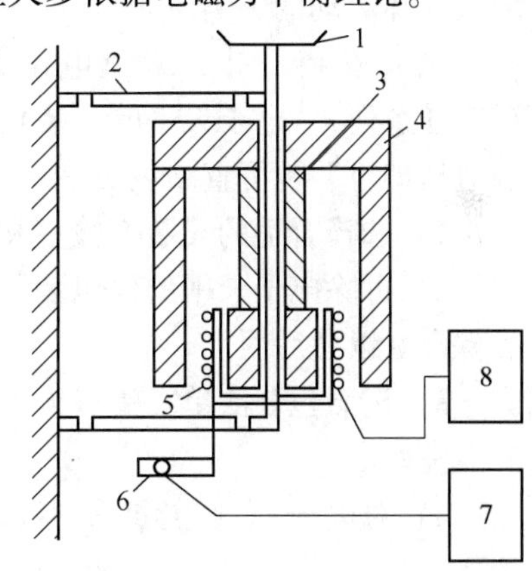

图 1-19　电子天平结构示意图（上皿式）

1—秤盘；2—簧片；3—磁钢；4—磁回路体；5—线圈及线圈架；6—位移传感器；7—放大器；8—电流控制电路

秤盘通过支架连杆与线圈相连，线圈置于磁场中。秤盘及被称物体的重力通过连杆支架作用于线圈上，方向向下。线圈内有电流通过，产生一个向上作用的电磁力，与秤盘重力方向相反、大小相等。位移传感器处于预定的中心位置，当秤盘上的物体质量发生变化时，位移传感器检出位移信号，经调节器和放大器改变线圈的电流直至线圈回到中心位置为止，通过数字显示出物体的质量。

B　性能特点

电子天平的性能特点如下。

（1）电子天平支撑点采用弹性簧片，没有机械天平的宝石或玛瑙刀，取消了升降旋钮装置，采用数字显示方式代替指针刻度式显示；使用寿命长，性能稳定，灵敏度高，操作方便。

（2）电子天平采用电磁力平衡原理，称量时全量程不用砝码。放上被称物体后，电子天平在几秒内即达到平衡，显示读数，称量速度快，精度高。

(3) 有的电子天平具有称量范围和读数精度可变的功能。如瑞士梅特勒 AE240 电子天平，200g 量程读数精度为 0.1mg；40g 量程读数精度为 0.01mg；可以一机多用。

(4) 分析及半微电子天平一般具有内部校正功能，天平内部装有标准砝码。使用校准功能时，标准砝码被启用，天平的微处理器将标准砝码的质量值作为校准标准，以获得正确的称量数据。

(5) 电子天平是高智能化的，可在全量程范围内实现去皮重、累加、超载显示、故障报警等。

(6) 电子天平具有质量电信号输出，这是机械天平无法做到的。电子天平可以连接打印机、计算器，实现称量、记录和计算的自动化。同时，电子天平也可以在生产、科研中作为称量、检测的手段，或组成各种新仪器。

C　安装和校准

a　电子天平的安装

电子天平是精密的计量仪器，选择合适的安装场所，正确进行安装，是保证电子天平正常使用的前提条件。

(1) 场所。电子天平应放置在避免阳光直射、远离暖气与空调、附近无带磁设备的地方；精度要求高的电子天平的理想放置条件是温度控制在 (20±2)℃、相对湿度为 45%～60%；天平台要求水平度好、坚固，具有抗震及减震性能；天平室内应保持清洁，避免尘埃及气体流动的影响。

(2) 安装。图 1-20 是电子天平外形及各部件图 (ES-J 系列)。电子天平的安装较简单，一般按以下步骤进行即可，也可查阅说明书。

1) 选择合适的安装实验室和合格的安装台。

2) 拆除电子天平的外包装，并将外包装和防震物品保存好以备后用。

3) 按照包装清单，清点天平主机和主要零件是否齐全完好。

4) 对电子天平主机和零部件进行清洁和防尘工作。

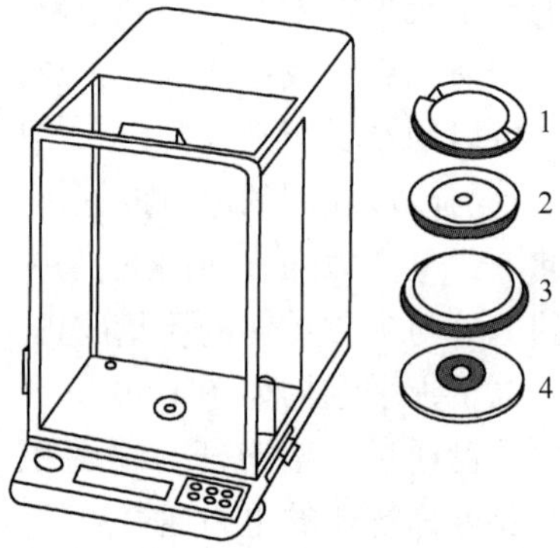

图 1-20　电子天平外形及相关部件

1—秤盘；2—盘托；3—防风环；4—防尘隔板

5) 安装电子天平主机，并通过调节天平底部的水平调节螺脚将天平调至水平（观察天平水平仪的气泡是否位于圆环中央）。

6) 按照“电子天平说明书”依次将防尘隔板、防风环、盘托、秤盘放上。

7) 连接外接电源线即可。

b　电子天平的校准

因长时间未使用、位置移动、环境变化或为获得精确测量，电子天平在使用前一般都应进行校准操作。校准方法分为内校准和外校准两种，一般分析实验室电子天平使用中常采用外校准。现以上海精天电子仪器厂“FA/JA 系列天平”为例，具体校准方法如下。

(1) 保持电子天平处于水平状态，预热 30min。

(2) 准备好随机配置用于校准的标准砝码或经过计量单位检定的标准砝码。

（3）电子天平空载状态下，按“TAR（去皮）”键进行清零，显示稳定零点。

（4）按“CAL（校准）”键，启动天平的校准功能。

（5）天平显示屏显示“CAL-100”（200或其他数字）。其中“100”为闪烁码，表示校准需要用100g的标准砝码。将准备好“100g”校准砝码轻放到秤盘的中央，显示器即出现“CAL—”等待状态，此时应关闭防风玻璃，避免天平振动或受到干扰，等待十几秒后，显示屏显示校准砝码的质量，即100.0000g。

（6）取下校准砝码，显示器应显示零位，完成校准。若出现不为零，则再在空载状态下，按“TAR（去皮）”键进行清零，重复以上校准操作。

D　电子天平的使用方法

正确使用电子天平，不仅是获取准确称量数据的关键，也对延长电子天平使用寿命、降低电子天平故障发生至关重要。常用电子天平使用方法如下。

（1）使用电子天平前，首先应查看天平铭牌，了解天平型号、最大量值、分度值等电子天平基本性能指标。

（2）打开电子天平的防尘罩，叠放平整后放到电子天平台的左上角。

（3）通过水平仪检查电子天平是否水平，如电子天平倾斜，可通过调节天平螺脚进行水平调节，直至水平仪中气泡位于圆圈的正中央。

（4）检查电子天平秤盘是否清洁，可用电子天平配备的毛刷进行简单清理。若污染严重，用毛刷无法去除时，用含少量中性洗涤剂的柔软布擦拭，切记勿用有机溶剂或化纤布擦拭。秤盘清洗后，一定在充分干燥后再安装到天平上。

（5）接通电源，按“ON/OFF”键开机。电子天平进入自检程序，一般显示屏首先显示版本号和天平型号；数秒熄灭后，显示屏所有字段点亮时，此时应观察显示屏工作是否正常，能否完整显示；之后再显示零位，电子天平进入称量状态。

（6）称量前电子天平预热至少30min。

（7）电子天平校准。首次使用电子天平时必须对电子天平进行校准；将电子天平从一地移到另一地使用时或在使用一段时间（一般30d）后，应对电子天平进行重新校准。如果对称量精度要求高，也可每天使用之前对电子天平进行校准。

（8）称量。天平空载，待显示屏显示稳定的零点后即可进行称量；若显示不在零状态，可按“TAR（去皮）”键进行清零，显示稳定零点后，才可称量。称量时将物品放到秤盘中间，关上防风门。称量时等显示器左下角“0”标志熄灭稳定后，即可读取称量值。操纵相应的按键可以实现“去皮”“增重”“减重”等称量功能。

（9）关机。称量完毕，及时取出称量物，清洁秤盘周围，关闭防风门。若短时间（如2h内）暂不使用天平，则可不关闭天平电源开关，使天平处于待机状态，以免再使用时重新通电预热；若长时间不使用天平，则需按“ON/OFF”键关机，拔下电源，罩上防尘罩。

E　电子天平的使用注意事项

电子天平的使用注意事项如下。

（1）电子天平必须置于稳定的工作台上，避免振动、气流、阳光照射及电磁干扰等。

（2）必须了解所使用电子天平的性能参数，操作电子天平时，禁止过载使用，以免损坏。

（3）使用电子天平前，必须观察水平仪，确定天平是否水平。若不在水平位置，应调整电子天平螺脚，使水平仪气泡置于中间位置，保持电子天平水平；使用过程中，不可轻易移动天平，否则应重新对电子天平进行水平调节。

（4）使用电子天平称量时，物品应轻拿轻放，尽可能置于秤盘的正中央，这样可以有效减少称量误差，使测定数据更准确。

（5）电子天平属于精密电子仪器，应在称量室内放置干燥剂，保持电子元件的干燥，避免空气湿度大等引起电路受潮，甚至发生故障。常使用的干燥剂为变色硅胶，干燥剂失效后应定期更换。

（6）使用电子天平称量易挥发和具有腐蚀性的物品时，要将物品盛放在密闭的容器中，以免物品散落或挥发，腐蚀和损坏电子天平。

（7）电子天平不能直接称量过热的物品。称量过热的物品时，需要将过热物品放置在干燥器里，冷却至室温，再进行称量。

（8）必须定期对电子天平进行维护和检定，使电子天平时刻处于良好的状态。电子天平出现故障应及时检修，不可带“病”工作。

（9）若较长时间不使用电子天平，则应每隔一段时间通电一次以保持电子元件干燥。特别是湿度大时，更应该经常通电，并妥善保存。

1.2.3　基本的样品称量方法

根据不同的称量对象，需采用相应的称量方法。对于常用分析天平而言，大致有如下几种常用的称量方法。

微课1-7　电子天平及称量操作

1.2.3.1　直接法

天平零点调定后，将被称物直接放在秤盘上，所得读数即为被称物的质量。这种称量方法适用于称量洁净干燥的器皿、棒状或块状的金属及其他整块的不易潮解或升华的固体试样。注意：不得用手直接取放被称物，而应采用戴汗布手套、垫纸条、用镊子或钳子等适宜的方法。

1.2.3.2　减量法

减量法用于称量一定范围内的样品和试剂，主要针对易挥发、易吸水、易氧化和易与二氧化碳反应的物质。

取适量待测的试样置于一干燥洁净的容器（称量瓶、纸簸箕、小滴瓶等）中，在分析天平上准确称量后，取出欲称取量的试样置于实验器皿中，再次准确称量，两次称量读数之差，即为所称试样的质量。如此重复操作，可连续称取若干份试样。这种称量方法适用于一般的颗粒状、粉末状试剂或试样及液体试样。

称量瓶的使用方法：称量瓶是减量法称量粉末状、颗粒状试样最常用的容器。用前要洗净烘干，用时不可用手拿，而应用纸条套在瓶身中部，用手指捏紧纸条进行操作，或戴汗布手套拿取称量瓶进行操作，这样可避免手汗和体温的影响。用称量瓶盛装适量样品或试剂，盖上瓶盖，放到分析天平上准确称量并记录读数。取出称量瓶，在盛接试样的容器上方打开瓶盖，用瓶盖的下面轻敲称量瓶口的右上部，使试样缓缓倾入容器。估计倾出的试样已够量时，再边敲瓶口将瓶身扶正，盖好瓶盖后方可离开容器的上方，再准确称量。如果一次倾出的试样质量不够，可再次倾倒试样，直至倾出试样的量满足要求后，再记录第二次分析天平称量的读数。图1-21为减量称量法的基本操作。

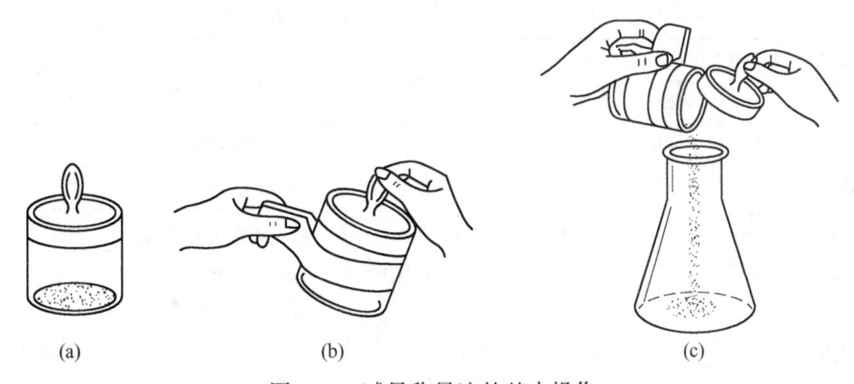

图 1-21　减量称量法的基本操作
(a) 称量瓶；(b) 称量瓶的使用；(c) 试样的转移方法

1.2.3.3　固定称量法（增量法）

直接用基准物质配制标准溶液时，有时需要配成一定浓度的溶液，这就要求所称基准物质的质量必须是一定的，如配制 100mL 含钙 1.000mg/mL 的标准溶液，必须准确称取 0.2497g $CaCO_3$ 基准试剂。称量方法是：准备一洁净干燥的小烧杯（50mL 或 100mL），置于电子分析天平上，按"去皮"键进行清零，小心缓慢地向烧杯中加 $CaCO_3$ 基准试剂，直至分析天平读数正好增加 0.2497g 为止。这种称量操作的速度很慢，适用于不易吸潮的粉末或小颗粒（最大颗粒应小于 0.1mg）试样。

学习任务 1.3　标准溶液、基准物质、化学试剂基本知识

1.3.1　基准物质和标准溶液

微课 1-8　标准溶液的配制

1.3.1.1　基准物质

已知准确浓度的试剂溶液即为**标准溶液**。

能用于直接配制或标定标准溶液的物质，称为**基准物质**，也称为**标准物质**。在实际应用中，大多数标准溶液是先配制成近似浓度，然后用基准物质来标定其准确的浓度。

基准物质应符合下列要求：

（1）基准物质必须有足够的纯度，其纯度要求不小于99.9%，通常用基准试剂或优级纯物质；

（2）基准物质的组成（包括其结晶水含量）应与化学式相符合；

（3）试剂性质稳定；

（4）基准物质的摩尔质量应尽可能大，这样称量的相对误差就较小。

能够满足上述要求的物质称为基准物质。在滴定分析法中常用基准物质的干燥条件及其应用见表 1-4。

表 1-4　常用基准物质的干燥条件及其应用

基准物质		干燥后的组成	干燥条件或温度/℃	标定对象
名称	分子式			
碳酸氢钠	$NaHCO_3$	Na_2CO_3	270~300	酸
十水合碳酸钠	$Na_2CO_3 \cdot 10H_2O$	Na_2CO_3	270~300	酸
硼砂	$Na_2B_4O_7 \cdot 10H_2O$	$Na_2B_4O_7 \cdot 10H_2O$	放在装有 NaCl 和蔗糖饱和溶液的密闭器皿中	酸
二水合草酸	$H_2C_2O_4 \cdot 2H_2O$	$H_2C_2O_4 \cdot 2H_2O$	室温空气干燥	碱或 $KMnO_4$
邻苯二甲酸氢钾	$KHC_8H_4O_4$	$KHC_8H_4O_4$	110~120	碱
重铬酸钾	$K_2Cr_2O_7$	$K_2Cr_2O_7$	140~150	还原剂
溴酸钾	$KBrO_3$	$KBrO_3$	130	还原剂
碘酸钾	KIO_3	KIO_3	130	还原剂
金属铜	Cu	Cu	室温干燥器中保存	还原剂
三氧化二砷	As_2O_3	As_2O_3	室温干燥器中保存	氧化剂
草酸钠	$Na_2C_2O_4$	$Na_2C_2O_4$	105~110	氧化剂
碳酸钙	$CaCO_3$	$CaCO_3$	110	EDTA
金属锌	Zn	Zn	室温干燥器中保存	EDTA
氧化锌	ZnO	ZnO	900~1000	EDTA
氯化钠	NaCl	NaCl	500~600	$AgNO_3$
氯化钾	KCl	KCl	500~600	$AgNO_3$
硝酸银	$AgNO_3$	$AgNO_3$	220~250	氯化物

1.3.1.2　标准溶液的配制

配制标准溶液的方法一般有两种，即直接法和间接法。

(1) 直接法。准确称取一定量的基准物质，溶解后定量转移至容量瓶中，加蒸馏水稀释至刻度，充分摇匀。根据称取基准物质的质量和容量瓶的容积，计算其准确浓度。无水 Na_2CO_3、$CaCO_3$、金属锌和铜、$K_2Cr_2O_7$、KIO_3、As_2O_3、NaCl 等基准物质，都可以直接配制成标准溶液。

(2) 间接法。经常作为滴定剂的标准溶液的物质大多数不符合基准物质条件，如 HCl、NaOH、$KMnO_4$、I_2、$Na_2S_2O_3$ 等试剂，都不能用来直接配制成标准溶液，需要采用间接法（又称为标定法）配制。方法是：先配制近似于所需浓度的溶液，然后再用基准物质或另一种标准溶液来标定它的准确浓度。例如，HCl 易挥发且浓度不高，只能粗略配制成近似浓度的溶液，然后以无水碳酸钠为基准物质，标定 HCl 溶液的准确浓度。

1.3.1.3　标准溶液的标定

A　基准物质标定法

(1) 多次称量法。称取 2~4 份基准物质，溶解后分别用待标定的标准溶液滴定，根据基准物质的质量和所消耗的待标定标准溶液的体积，即可算出其准确浓度，然后取其平均值作为该标准溶液的浓度。

（2）移液管法。称取一份基准物质，溶解后定量转移到容量瓶中，稀释至一定体积，摇匀。用移液管分取几份该溶液，用待标定的标准溶液分别滴定，并计算其准确浓度，然后取其平均值作为该标准溶液的浓度。

B　比较标定法

准确移取一定体积的待标定的标准溶液，用已知准确浓度的另一种标准溶液滴定至终点，根据滴定所消耗标准溶液的体积和移取的待标定溶液的体积及标准溶液的浓度，计算出待标定溶液的准确浓度。这种用标准溶液来确定待标定的标准溶液准确浓度的操作过程称为**比较标定法**。此法不如基准物质标定法精确，但较简便。

1.3.2　化学试剂

微课 1-9　分析实验事项

根据国家标准 GB 15346—2012《化学试剂　包装及标志》有关规定，可将实验室通常使用的化学试剂，按其所含杂质及对应的标签颜色标记，划分为不同的门类、等级和主要用途，见表 1-5。

表 1-5　化学试剂的门类、等级和主要用途

门　类	等　级		标签颜色	主要用途	备注
	中文名称	英文缩写			
通用试剂	优级纯（保证试剂）	GR	深绿色	精密分析实验	一级
	分析纯	AR	金光红色	普通分析实验	二级
	化学纯	CP	中蓝色	一般化学实验	三级
基准试剂		PR	深绿色	配制与标定标准滴定溶液	
生物染色剂		BS	玫红色	配制微生物标本染色液	

此外，还有高纯试剂、专用试剂等。基准、高纯等试剂的纯度相当于或高于优级纯试剂，其价格要比一般试剂高数倍乃至十倍。因此，应根据分析工作的具体情况进行选择，不要盲目追求高纯度。

化学试剂选用的一般原则有以下几点。

（1）滴定分析常用的标准溶液，一般应选用分析纯试剂配制，再用基准试剂进行标定；滴定分析中所用其他试剂一般为分析纯。

（2）仪器分析实验一般使用优级纯或专用试剂，测定微量或超微量成分时应选用高纯试剂。

（3）某些试剂从主体含量看，优级纯与分析纯相同或很接近，只是杂质含量不同。若所做实验对试剂杂质要求高，应选用优级纯试剂；若只对主体含量要求高，可选用分析纯试剂。

（4）按 GB/T 15346—2012《化学试剂　包装及标志》规定，化学试剂的标签上应标明：品名（中、英文）、化学式或示性式、相对原子质量或相对分子质量、质量等级、技术要求，产品标准号、生产许可证号，净重或体积，生产批号（日期）、厂名及商标，有效期等；危险品和毒品还应给出相应的标志。若上述标记不全，应提出质疑。

（5）指示剂的纯度往往不太明确，除少数标明“分析纯”“试剂某级”外，经常只注明“化学试剂”“企业标准”或“部颁暂行标准”等。常用的有机试剂有时标注等级也不明，一般只可作“化学纯”试剂使用，必要时进行提纯。

（6）当所购试剂的纯度不能满足实验要求时，应将试剂提纯后再使用。

1.3.3　化学分析实验用水

分析化学实验不能直接使用自来水或其他天然水，而需要使用按一定方法制备得到的纯水。纯水并不是绝对不含杂质，只是杂质含量低微而已。分析实验室用水的规格参考国家标准 GB/T 6682—2008《分析实验室用水规格和试验方法》的规定。

（1）三级水。三级水是实验室使用的最普通的纯水，过去多用蒸馏方法制备，故所制纯水通常称为蒸馏水。蒸馏法只能除去水中非挥发性杂质，不能完全除去水中溶解的气体杂质，现三级水多用离子交换方法制备。离子交换法因除去水中离子型杂质，故所制纯水通常称为去离子水，去离子水中常含有微量的非离子型有机物。除用蒸馏法和离子交换法制备纯水外，目前电渗析、反渗透、膜分离等纯水制备技术在实验室中也得到了较为广泛的应用。

（2）二级水。对无机、有机或胶态杂质的限量更为严格，可通过将蒸馏、离子交换后所得的三级水，再经蒸馏等纯化方法来制备。

（3）一级水。基本不含有溶解或胶态杂质及有机物，可用二级水经进一步纯化来制备。

纯水来之不易，应根据实验对水的要求合理选用适当级别的水，并注意节约用水。在化学定量分析实验中，一般使用三级水；仪器分析实验一般使用二级水（如原子吸收光谱等），有的实验（如高效液相色谱等）则需使用一级水。

1.3.4　实验室安全规则

在分析化学实验中，经常遇到腐蚀性、易燃或易爆甚至有毒的化学试剂，频繁使用易损玻璃器皿，时常用到一些精密分析仪器，还经常与实验所用辅助设施（如水、电、气）打交道。因此，为保证实验的正常进行、确保国家财产与人身安全，必须严格遵守实验室的安全规则。

（1）必须熟悉实验室及其周边环境和水闸、电闸、灭火器的位置。

（2）使用电器设备时，不能用湿的手去开启电闸，以防触电。

（3）不能用手直接拿取试剂，要用药勺或指定的容器取用。对一些强腐蚀性的试剂（如氢氟酸、溴水等）的取用，必须戴上防护手套。

（4）对易燃物（如丙酮、乙醇等）、易爆物（如氯酸盐、硝酸盐等），使用时要远离火源，用完后应及时加盖存放在阴凉通风处。

（5）使用浓酸和一切能产生有毒、有气味气体的实验，应在通风橱内进行。

（6）热、浓的高氯酸遇有机物易发生爆炸。如果试样为有机物时，应先用浓硝酸加热，使之与有机物发生反应，将有机物被破坏后再加入高氯酸。蒸发高氯酸所产生的烟雾可在通风橱中凝聚，经常使用高氯酸的通风橱应定期用水冲洗，以免高氯酸的凝聚物与尘埃、有机物等作用，引起燃烧或爆炸。

(7) 氰化物、砷化物等剧毒物品，使用时应特别小心。严禁在酸性介质中使用氰化物，不然会产生剧毒的氢氰酸。氰化物废液应倒入碱性亚铁盐溶液中，使其转化为亚铁氰化铁盐类，然后作废液处理。

(8) 实验室里禁止吸烟、饮食，一切化学药品严禁入口。实验结束后，需认真洗手。

课程思政

近年来实验室发生的安全事故，教训惨痛，发人深思，反映出实验人员的安全意识淡薄等问题。学生在分析化学实验中，要增强自身的安全风险意识，熟知并严格遵守实验室有关化学试剂和设备操作安全规则，确保自身和他人的人身安全。实验室安全是一个系统工程，所谓“安全记心间，幸福你我他”，学生应具备大局意识和集体观念，共建安全、有序、和谐的实验室环境。

学习任务 1.4 实验数据记录、计算的有效数字知识

在定量分析中，为了获得准确的分析结果，不仅要准确地进行测量，而且还要正确地记录和计算。分析结果所表达的不仅是试样中待测组分的含量，同时反映了测量的准确程度。因此在实验数据的记录和结果的计算中，保留几位数字不是任意的，要根据测量仪器，分析方法的准确度来决定，这就涉及有效数字的概念及其运算规则的问题。

思政课堂 化学实验室安全案例谈实验室安全

1.4.1 有效数字及位数

有效数字是指在测量工作中实际能测到的数字。有效数字由若干位数字组成，其中最后一位是仪器所示最小刻度以下的估计值（可疑数字），其余各位数字都是确切的，因此有效数字的位数与测量仪器的准确度有关，它不仅表示数量的大小，还表示测量的准确度，不可随意增减。一般有效数字的最后一位数字有±1 个单位的误差。

微课 1-10 有效数字知识

例如，某试样用万分之一分析天平称得质量为 0.5000g，有四位有效数字，其中最后一位是估计值，有±0.0001g 误差。由于称量需要读两次平衡点，可能引入的最大误差为±0.0002g，因此称量的相对误差为：

$$\frac{\pm 0.0002\text{g}}{0.5000\text{g}} \times 100\% = \pm 0.04\%$$

若将该试样用十分之一天平称量，则只能称到 0.5g，有一位有效数字，此时称量的相对误差为：

$$\frac{\pm 0.2\text{g}}{0.5\text{g}} \times 100\% = \pm 40\%$$

可见，若用万分之一分析天平称得的结果记录为 0.5g，则称量误差被人为扩大了 1000 倍，显然是不合理的。同样道理，用 50mL 量筒量取溶液，可以量出 35.2mL，有三

位有效数字，但不能记录为 35. 22mL，因为 50mL 量筒最小刻度为 1mL，只能估计到 0. *x*mL。然而，用滴定管滴定时，可以读出滴定剂消耗的体积为 25. 36mL，有四位有效数字，因为 50mL 滴定管的最小刻度为 0. 1mL，能估计到 0. 0*x*mL。

确定有效数字位数还应该注意以下规则。

（1）数据中的“0”是否是有效数字，应根据其在数据中的作用来确定。若只起定位作用，则不是有效数字；若作为普通数字使用，则是有效数字。例如，称量某物质质量为 0. 0518g，“5”前面的两个“0”只起定位作用，因此 0. 0518 有三位有效数字；若称量值为 0. 05180g，则“8”后面的“0”是称量数据，因此 0. 05180 有四位有效数字。

（2）改变数据单位时，不能改变有效数字的位数。例如，某物质质量为 3. 4g 只有两位有效数字；若改用 mg 为单位，则应表示为 3.4×10^3mg，而不能写成 3400mg，因为这样就容易被误解为四位有效数字。

（3）运算中，首位数为不小于 8 的数字，有效数字可多计一位。例如，95. 8 在运算中，可按四位有效数字对待。

（4）对数的有效数字位数仅取决于小数部分的位数，因其整数部分仅代表了该数的方次。例如，$\lg K=9.32$，是两位有效数字；pH = 11. 02 也是两位有效数字，若将其换算为氢离子浓度，则为 $[H^+]=9.6\times10^{-12}$ mol/L。

（5）非测定值，如测定次数、倍数、分数、化学计量数、某些常数（π、e）等，有效数字位数可看做无限多位。

相关知识

定量分析中，滴定管、移液管、容量瓶都能准确测量溶液的体积。当用 50mL 滴定管滴定时，若消耗标准溶液的体积大于 10mL，则应记录为四位有效数字，如 25. 86mL；若消耗标准溶液体积小于 10mL，则应记录为三位有效数字，如 8. 24mL。当用 25mL 移液管移取溶液时，应记录为 25. 00mL；当用 5mL 吸量管移取 4mL 溶液时，应记录为 4. 00mL。当用 250mL 容量瓶配制或稀释溶液时，应记录为 250. 0mL；当用 50mL 容量瓶配制或稀释溶液时，应记录为 50. 00mL。

1. 4. 2　有效数字的修约规则

在根据测量数据进行结果计算时，往往会遇到有效数字位数不同的情况，此时需要按一定的规则，将多余的有效数字舍弃，这一过程称为**数字修约**。修约的原则是既不因保留位数过多而使计算复杂化，也不因舍弃必要的有效数字而使准确度受到损失。

数字的修约采用“四舍六入五成双”规则（详见 GB/T 8170—2008《数值修约规则与极限数值的表示和判定》），即当多余尾数不大于 4 时，舍弃；当尾数不小于 6 时进位；当尾数等于 5 时，若后面数字不为 0 则进位，5 后无数字或后面数字为 0 时，要看 5 前面的数字，若为奇数则进位，若为偶数则舍弃。根据这一规则，下列数据修约为四位有效数字及对应结果为：

0. 52664→0. 5266；　　0. 36266→0. 3627；

10. 2350→10. 24；　　250. 650→250. 6；

18. 0851→18. 09

1.4.3　有效数字的运算规则

不同位数的几个有效数字在进行运算时，所得结果应保留几位有效数字与运算类型有关。

1.4.3.1　加减法

几个数据相加减时，结果的有效数字位数取决于绝对误差最大的那个数据，即以小数点后位数最少的数据为准，这样做的依据是不确定值与准确值相加减后仍为不确定值。例如：50. 1+1. 45+0. 5812＝？

原数	绝对误差	修约后
50. 1	±0. 1	50. 1
1. 45	±0. 01	1. 4
+ 0. 5812	± 0. 0001	0. 6
52. 1312	± 0. 1	52. 1

可见，三个数字中，以第一个数的绝对误差最大，它决定了结果的不确定性为±0. 1。按照“先修约后计算”的原则，可将其他的数据都修约到小数点后一位，然后再计算，结果为 52. 1。

1.4.3.2　乘除法

几个数据相乘除时，结果的有效数字位数取决于相对误差最大的那个数据，即以有效数字位数最少的那个数据为准。例如：0. 0121×25. 64×1. 05782＝？

原数	相对误差	修约后
0. 0121	$\frac{\pm 0.0001}{0.0121} \times 100\% = \pm 0.8\%$	0. 0121
25. 64	$\frac{\pm 0.01}{25.64} \times 100\% = \pm 0.04\%$	25. 6
1. 05782	$\frac{\pm 0.00001}{1.05782} \times 100\% = \pm 0.0009\%$	1. 06

其中以第一个数字相对误差较大，应以它为准，其他数字都修约到三位有效数字，然后相乘，即 0. 0121×25. 6×1. 06＝0. 328。

现在由于普遍采用计算器运算，虽然在运算过程中不必对每一步的计算结果进行修约，但应注意需根据准确的要求，正确保留最后计算结果的有效数字位数。

课程思政

分析实验中，要根据所使用测量仪器的准确程度，及时准确、客观真实地记录原始数据，尤其注意数据的有效数字位数，切不可随意增减，更不能随意篡改数据，学生应养成分析工作者实事求是、坚持原则的工作作风。

学习任务 1.5 可疑数据取舍及实验结果计算、表示

1.5.1 可疑值的取舍

在一组平行测定所得测定值中，有时会有个别测定值偏离其他测定值较远，这个值称为可疑值或离群值。如果离群值是由过失造成的，保留该数据会严重影响分析结果的准确度和精密度；如果离群值是由随机误差造成的，舍弃该数据会造成数据的浪费，同时也会影响分析结果的准确度和精密度。因此，当数据中出现离群值时，首先要仔细检查测定过程，查看是否有过失误差存在；若有过失误差则该可疑值必须剔除，否则该可疑值就不能随意舍弃，而需进行统计检验，以决定弃留。常用的统计检验方法有 Q 检验法、$4\bar{d}$ 检验法和 Grubbs 法等。

微课 1-11 可疑数据取舍

1.5.1.1 置信度与置信区间

在实际分析工作中，最核心的问题就是如何通过测量来求得真值。但是，一方面由于随机误差的不可避免，测量值与真值往往不一致（$x \neq \mu$）；另一方面测量值与真值之间的差距又不会很大，即 x 不但不可能偏离 μ 太远（有界性），而且通常就在 μ 附近（小误差出现的概率较大）。基于上述两方面因素，在有限次测量中，合理地得到真值的方法应该是估计出测量值与真值的接近程度，即在测量值附近估计出包含有真值的范围，这就提出了置信度与置信区间的问题。

置信度 P，又称为置信水平，就是人们对所作判断的有把握程度，它的实质仍然归结为某事件出现的概率，可以理解为某一定范围的测定值（或误差值）出现的概率。

置信区间的意义在于真值在指定概率下，分布在某一区间。

在分析测试中，测定次数是有限的，一般平行测定 3~5 次，无法计算总体标准偏差 σ 和总体平均值 μ；有限次测定的随机误差并不完全服从正态分布，而是服从类似于正态分布的 t 分布，t 值的定义为：

$$t = \frac{x - \mu}{S} \tag{1-1}$$

若以某样本的测定值的平均值 $\bar{x}$ 表示 μ 的置信区间时，根据 t 分布则可得出关系式：

$$\mu = \bar{x} \pm \frac{tS}{\sqrt{n}} \tag{1-2}$$

式（1-2）表示在一定置信度下，以平均值 $\bar{x}$ 为中心，包括总体平均值 μ 的范围，这就是平均值的置信区间。式（1-2）的意义：在一定置信度下（如 95%），真值（总体平均值）将在测定平均值 $\bar{x}$ 附近的一个区间，即在 $\left(\bar{x} - \frac{tS}{\sqrt{n}}\right) \sim \left(\bar{x} + \frac{tS}{\sqrt{n}}\right)$ 之间存在，把握程度为 95%，见表 1-6。因此，式（1-2）常作为分析结果的表达式。

表 1-6　*t* 值表

测定次数 n	置信度 P		
	90%	95%	99%
2	6.314	12.706	63.657
3	2.920	4.303	9.925
4	2.353	3.182	5.841
5	2.132	2.776	4.604
6	2.015	2.571	4.032
7	1.943	2.447	3.707
8	1.895	2.365	3.500
9	1.860	2.306	3.355
10	1.833	2.262	3.250
20	1.725	2.086	2.846
∞	1.645	1.960	2.576

置信度选择越高，置信区间越宽，其区间包括真值的可能性就越大。在分析化学中，一般将置信度定为95%或90%。

当测定值的精密度越高（S 值越小）、测定次数越多（n 值越大）时，置信区间越窄，即平均值越接近真值，平均值越可靠。

需要注意：对于置信区间的概念必须正确理解，如 $\mu=(47.50\pm0.10)\%$（置信度为95%），应当理解为在（47.50±0.10)%的区间内包括总体平均值 μ 的概率为95%。因为 μ 是客观存在的，没有随机性，不能说它落在某一区间的概率为多少。

1.5.1.2　Q 检验法

当测定次数 $3\leqslant n\leqslant10$ 时，根据所要求的置信度，按照下列步骤检验可疑数据是否应舍去：

（1）将各数据按递增的顺序排列：x_1，x_2，…，x_n；

（2）求出最大值与最小值之差 x_n-x_1；

（3）求出可疑数据与其最邻近数据之间的差 x_n-x_{n-1} 或 x_2-x_1；

（4）求出 $Q=\dfrac{x_n-x_{n-1}}{x_n-x_1}$ 或 $Q=\dfrac{x_2-x_1}{x_n-x_1}$；

（5）根据测定次数 n 和要求的置信度，查表1-7，得出 $Q_{表}$；

（6）将 Q 与 $Q_{表}$ 相比，若 $Q>Q_{表}$，则舍去可疑值，否则应予以保留。

表 1-7　舍弃可疑数据的 *Q* 值（置信度90%和95%）

测定次数	3	4	5	6	7	8	9	10
$Q_{0.90}$	0.94	0.76	0.64	0.56	0.51	0.47	0.44	0.41
$Q_{0.95}$	1.53	1.05	0.86	0.76	0.69	0.64	0.60	0.58

1.5.1.3 $4\bar{d}$ 检验法

对于一些实验数据也可以用 $4\bar{d}$ 检验法判断可疑值的取舍。首先求出可疑值除外的其余数据的平均值 $\bar{x}$ 和平均偏差 $\bar{d}$ ，然后将可疑值与平均值进行比较，如绝对值大于 $4\bar{d}$ ，则可疑值舍去，否则保留。

用 $4\bar{d}$ 检验法处理可疑数据的取舍是存有较大误差的，但是，由于这种方法比较简单，不必查表，故至今仍为人们所采用。显然，这种方法只能用于处理一些要求不高的实验数据。

1.5.2 滴定分析结果计算

微课 1-12 实验结果计算和表示

滴定分析是用标准溶液滴定待测物的溶液。滴定分析结果计算的依据为：当滴定到化学计量点时，它们的物质的量之间的关系恰好符合其化学反应所表示的化学计量关系。根据这个基本的化学计量关系，可以计算待测组分物质的量浓度，或待测组分在试样中所占的质量分数。计算过程中注意选取的分子、离子或原子的基本单元，避免不同物质间化学计量关系错误。

1.5.2.1 滴定分析的化学计量关系

在滴定分析法中，设待测物质 A 与滴定剂 B 直接发生作用，反应式如下：

$$a\mathrm{A} + b\mathrm{B} = c\mathrm{C} + d\mathrm{D}$$

当到达化学计量点时，$a$mol 的 A 物质恰好与 $b$mol 的 B 滴定剂作用完全，所以

$$n_\mathrm{A} : n_\mathrm{B} = a : b \tag{1-3}$$

故

$$n_\mathrm{A} = \frac{a}{b} n_\mathrm{B} \tag{1-4}$$

上述关系式也能用于有关溶液稀释的计算。因为溶液稀释后，浓度虽然降低，但所含溶质的物质的量没有改变。所以配制溶液时，如果是将浓度高的溶液稀释为浓度低的溶液，可采用计算公式：

$$c_1 V_1 = c_2 V_2 \tag{1-5}$$

式中，c_1，V_1 分别为稀释前某溶液的浓度和体积；c_2，V_2 分别为稀释后溶液的浓度和体积。

实际应用中，常用基准物质标定标准溶液的浓度，而基准物质往往是固体，因此必须准确称取基准物质的质量 m，溶解后再用于标定标准溶液的浓度。

例 1-1 准确称取基准物质无水 Na_2CO_3 0.1098g，溶于 20~30mL 水中，采用甲基橙作指示剂，标定 HCl 标准溶液的浓度，到达化学计量点时，用去 V_{HCl} 20.54mL，计算 c_{HCl} 为多少？（Na_2CO_3 的摩尔质量为 105.99g/mol）

解：滴定反应式为：

$$2HCl + Na_2CO_3 = H_2CO_3 + 2NaCl$$

因为

$$n_{HCl} = 2n_{Na_2CO_3}$$

$$n_{HCl} = c_{HCl} \cdot V_{HCl}$$

$$n_{Na_2CO_3} = \frac{m_{Na_2CO_3}}{M_{Na_2CO_3}}$$

故

$$c_{HCl} = 2 \times \frac{m_{Na_2CO_3}}{M_{Na_2CO_3} \cdot V_{HCl}} = \frac{2 \times 0.1098}{105.99 \times 20.54 \times 10^{-3}} = 0.1009\text{mol/L}$$

若滴定反应较为复杂时，应注意从总的反应过程中找出滴定剂与被测物质之间的计量关系。例如，用 $K_2Cr_2O_7$ 标定 $Na_2S_2O_3$ 标准溶液的浓度时，它们之间并不是直接发生滴定反应，而是在酸性溶液中首先由 $K_2Cr_2O_7$ 与过量的 KI 反应析出 I_2，然后再用 $Na_2S_2O_3$ 标准溶液滴定析出的 I_2，从而计算 $c_{Na_2S_2O_3}$。

反应式：

$$Cr_2O_7^{2-} + 6I^- + 14H^+ = 2Cr^{3+} + 3I_2 + 7H_2O$$

滴定反应式：

$$I_2 + 2S_2O_3^{2-} = 2I^- + S_4O_6^{2-}$$

在反应式中，1mol $K_2Cr_2O_7$ 产生 3mol I_2；在滴定反应中，1mol I_2 和 2mol $Na_2S_2O_3$ 反应。由此可知：

$$n_{Na_2S_2O_3} = 6n_{K_2Cr_2O_7}$$

1.5.2.2　根据基本单元计算

假如选取分子、离子或这些粒子的某种特定组合作为反应物的基本单元，这样滴定分析结果的计算采用等物质的量规则：滴定到化学计量点时，待测物质的物质的量与标准溶液的物质的量相等。例如，对于酸碱反应，应根据反应中转移质子数来确定酸碱的基本单元，即以转移一个质子的特定组合作为反应物的基本单元。例如，H_2SO_4 与 NaOH 之间的反应式为：

$$2NaOH + H_2SO_4 = Na_2SO_4 + 2H_2O$$

在反应中 NaOH 转移一个质子，因此选取 NaOH 作为基本单元；H_2SO_4 转移两个质子，选取$\frac{1}{2}H_2SO_4$，作为基本单元；这样 1mol 酸与 1mol 碱将转移 1mol 质子。

由于反应中 H_2SO_4 给出质子数必定等于 NaOH 接受质子数，因此反应到化学计量点时两反应物的物质的量相等，即：

$$n_{NaOH} = n_{\frac{1}{2}H_2SO_4}$$

$$c_{NaOH}V_{NaOH} = c_{\frac{1}{2}H_2SO_4}V_{H_2SO_4}$$

氧化还原反应是电子转移的反应，其反应物基本单元选取应该根据反应中转移的电子数。例如，$KMnO_4$ 与 $Na_2C_2O_4$ 的反应式为：

$$MnO_4^- + 8H^+ + 5e^- = Mn^{2+} + 4H_2O$$

$$C_2O_4^{2-} - 2e^- = 2CO_2\uparrow$$

反应中 MnO_4^- 得到五个电子，$C_2O_4^{2-}$ 失去两个电子，因此，应选取 $\frac{1}{5}KMnO_4$ 和 $\frac{1}{2}Na_2C_2O_4$分别作为氧化剂和还原剂的基本单元，这样 1mol 氧化剂和 1mol 还原剂反应时就转移 1mol 的电子。由于反应中还原剂给出的电子数和氧化剂所获得的电子数是相等的，因此在化学计量点时氧化剂和还原剂的物质的量也相等。

例 1-2　称取 0.1500g $Na_2C_2O_4$ 基准物质，溶解后在强酸溶液中用 $KMnO_4$ 溶液滴定，用去 20.00mL，计算该溶液的浓度 $c_{\frac{1}{5}KMnO_4}$。

解：分别选取 $\frac{1}{5}KMnO_4$、$\frac{1}{2}Na_2C_2O_4$ 作为基本单元，反应达到化学计量点时，两反应物的物质的量相等，即

$$n_{\frac{1}{5}KMnO_4}=n_{\frac{1}{2}Na_2C_2O_4}$$

故

$$c_{\frac{1}{5}KMnO_4}V_{KMnO_4}=\frac{m_{Na_2C_2O_4}}{M_{\frac{1}{2}Na_2C_2O_4}}$$

$$c_{\frac{1}{5}KMnO_4}=\frac{0.1500}{20.00\times10^{-3}\times\frac{134.0}{2}}=0.1119\text{mol/L}$$

由上述分析可知，选择基本单元的标准不同，所列计算式也不相同。总之，如果取一个分子或离子作为基本单元，则在列出反应物 A 与 B 的物质的量 n_A 与 n_B 的数量关系时，要考虑反应式的系数比；若从反应式的系数出发，以分子或离子的某种特定组合作为基本单元（如 $\frac{1}{2}H_2SO_4$、$\frac{1}{6}KBrO_3$），则 $n_A=n_B$。

1.5.2.3　滴定度

滴定度是指 1mL 滴定剂溶液相当于待测物质的质量（单位为 g），用 $T_{待测物/滴定剂}$ 表示。滴定度的单位为 g/mL。

在生产实际中，对大批试样进行某组分的例行分析，若用 $T_{待测物/滴定剂}$ 表示方便，如滴定消耗 V(mL) 标准溶液，则待测物质的质量为：

$$m_{待测物}=T_{待测物/滴定剂}V_{滴定剂} \tag{1-6}$$

例如，氧化还原滴定分析中，用 $K_2Cr_2O_7$ 标准溶液测定 Fe 的含量时，$T_{Fe/K_2Cr_2O_7}=0.003489$g/mL，欲测定一试样中的铁含量，消耗滴定剂为 24.75mL，则该试样中含铁的质量为：

$$m_{Fe}=T_{Fe/K_2Cr_2O_7}V_{K_2Cr_2O_7}=0.003489\times24.75=0.08635\text{g}$$

有时滴定度也可用每毫升标准溶液中所含溶质的质量（单位 g）来表示。例如，$T_{NaOH}=0.04000$g/mL，即 1mL NaOH 标准溶液中含有 NaOH 0.04000g，这种表示方法在配制专用标准溶液时广泛应用。

例 1-3　称取基准试剂 $K_2Cr_2O_7$ 1.4709g，配制成 500mL 溶液，试计算：

(1) $K_2Cr_2O_7$ 溶液的浓度 $c_{\frac{1}{6}K_2Cr_2O_7}$；

（2）$K_2Cr_2O_7$ 溶液对于 Fe、Fe_2O_3、Fe_3O_4 的滴定度。

解：（1）根据公式

$$c_B = \frac{m_B}{M_B V_B}$$

得出 $K_2Cr_2O_7$ 溶液的物质的量浓度：

$$c_{\frac{1}{6}K_2Cr_2O_7} = \frac{m_{K_2Cr_2O_7}}{M_{\frac{1}{6}K_2Cr_2O_7} \cdot V_{K_2Cr_2O_7}} = \frac{1.4709}{\frac{294.2}{6} \times \frac{500.0}{1000}} = 0.06000\text{mol/L}$$

（2）$K_2Cr_2O_7$ 标准溶液滴定 Fe^{2+} 溶液反应式为：

$$Cr_2O_7^{2-} + 6Fe^{2+} + 14H^+ = 2Cr^{3+} + 6Fe^{3+} + 7H_2O$$

$$n_{\frac{1}{6}K_2Cr_2O_7} = n_{Fe} = n_{\frac{1}{2}Fe_2O_3} = n_{\frac{1}{3}Fe_3O_4}$$

所以 $K_2Cr_2O_7$ 溶液对于 Fe、Fe_2O_3、Fe_3O_4 的滴定度为：

$$T_{Fe/K_2Cr_2O_7} = \frac{c_{\frac{1}{6}K_2Cr_2O_7} \cdot M_{Fe}}{1000} = \frac{0.06000 \times 55.85}{1000} = 0.003351\text{g/mL}$$

$$T_{Fe_2O_3/K_2Cr_2O_7} = \frac{c_{\frac{1}{6}K_2Cr_2O_7} \cdot M_{\frac{1}{2}Fe_2O_3}}{1000} = \frac{0.06000 \times \frac{159.7}{2}}{1000} = 0.004791\text{g/mL}$$

$$T_{Fe_3O_4/K_2Cr_2O_7} = \frac{c_{\frac{1}{6}K_2Cr_2O_7} \cdot M_{\frac{1}{3}Fe_3O_4}}{1000} = \frac{0.06000 \times \frac{231.54}{3}}{1000} = 0.004631\text{g/mL}$$

1.5.3　定量分析结果表示

1.5.3.1　定量分析结果的有效数字位数

在表示定量分析结果时，高含量（大于 10%）组分的测定，一般要求 4 位有效数字；含量在 1%~10%的组分一般要求 3 位有效数字；含量小于 1%的组分一般只要求两位有效数字。对于表达定量分析结果准确度、精密度的误差和偏差可保留 1~2 位有效数字，一般最多保留两位。

1.5.3.2　待测组分的化学表达形式

定量分析结果通常以待测组分实际存在形式的含量表示。例如，测得试样中氮的含量以后，根据实际情况，以 NH_3、NO_3^-、NO_2^-、N_2O_3 或 N_2O_5 等形式的含量表示。

如果待测组分的实际存在形式不清楚，则分析结果最好以氧化物或元素形式的含量表示。例如，在矿石分析中，各种元素的含量常以其氧化物形式（如 K_2O、Na_2O、CaO、MgO、Fe_2O_3、SO_3、P_2O_5、SiO_2 等）的含量表示；在金属材料和有机分析中，常以元素形式（Fe、Cu、Mo、W 和 C、H、O、N、S 等）的含量表示。

电解质溶液的定量分析结果常以所存在离子（如 K^+、Na^+、Ca^{2+}、Mg^{2+}、Cl^-、SO_4^{2-} 等）的含量表示。

1.5.3.3　待测组分含量的表示方法

不同状态的试样，其待测组分含量的表示方法有所不同。

A　固体试样

固体试样中待测组分的含量通常以质量分数 w_B 表示，即试样中待测组分 B 的质量 m_B 与试样质量 m_S 之比：

$$w_B = \frac{m_B}{m_S}$$

应注意的是 m_B 与 m_S 单位应当一致，实际工作中使用的百分比符号"%"是质量分数的一种表示方法，可以理解为 1×10^{-2}。例如，某铁矿石中铁的质量分数为 0.5643 时，可以表示为 56.43%。

当待测组分含量非常低时，可以采用 μg/g(或 1×10^{-6})、ng/g(或 1×10^{-9}) 和 pg/g(或 1×10^{-12}) 来表示。

B　液体试样

液体试样中待测组分含量可以用下列方式来表示。

(1) 物质的量浓度。表示待测组分的物质的量 n_B 除以试液的体积 V_S，用符号 c_B 表示，常用单位 mol/L。

(2) 质量浓度。表示待测组分的质量 m_B 除以试液的体积 V_S，用符号 ρ_B 表示，常用单位 g/L、mg/L、μg/L 或 μg/mL、ng/mL、pg/mL 等表示。

(3) 质量分数。表示待测组分的质量 m_B 除以试液的质量 m_S，以符号 w_B 表示。

(4) 体积分数。表示待测组分的体积 V_B 除以试液的体积 V_S，以符号 φ_B 表示。

C　气体试样

气体试样中常量或微量组分的含量常以体积分数 φ_B 表示。

学习任务 1.6　实验结果评价和误差分析

微课 1-13　实验结果评价

定量分析的任务是测定试样中组分的含量。测定的结果必须达到一定的准确度，才能满足生产和科学研究的需要，而不准确的分析结果则会导致生产的损失、资源的浪费及科学上的错误结论。在实际分析测试过程中，由于主、客观条件的限制，测定结果不可能和真实含量完全一致。即使是技术很熟练的人，用同一完善的分析方法和最精密的仪器，对同一试样仔细地进行多次分析，其结果也不会完全一样，而是在一定范围内波动，这就说明分析过程中客观上存在难以避免的误差。因此，人们在进行定量分析时，不仅要得到被检验组分的含量，而且必须对分析结果进行评价，判断分析结果的可靠程度，检查产生误差的原因，以便采取相应措施减小误差，使分析结果尽量接近客观真实值。

1.6.1　分析结果评价

思政课堂　技能大赛案例中领悟职业素养

1.6.1.1　准确度与误差

准确度是指分析结果与真值之间的接近程度。准确度的高低以误差的大小来衡量。测定值与真值之间的差值称为**误差**。误差越小，表示测定结果与真值越相近，准确度越高；反之，则测定结果的准确度越低。

误差有两种表达方式，即绝对误差 E 和相对误差 E_r。

绝对误差 E：测定值 x_i 与真值 x_T 之差。

$$E = x_i - x_T$$

相对误差 E_r：绝对误差在真值中所占百分数。

$$E_r = \frac{x_i - x_T}{x_T} \times 100\%$$

相关知识

真值：某一物理量本身具有的客观存在的真实数值。一般来说，真值是未知的，在分析化学中，常将以下的值当做真值来处理。

(1) 理论真值：如化合物的理论组成等。

(2) 计量学约定真值：国际计量大会确定的长度、质量、物质的量单位等。

(3) 相对真值：认定准确度高一级的测定值作为低一级的测定值的真值。这种真值是相对比较而言的，例如，厂矿实验室中的标准试样及管理试样中组分的含量等，可视为真值。

例 1-4　用分析天平称量两物体的质量分别为 1.7348g 和 0.1735g，假定两者的真实质量分别为 1.7349g 和 0.1736g，计算两者称量的绝对误差和相对误差。

解：绝对误差分别为：

$$E_1 = x_1 - x_{T1} = 1.7348 - 1.7349 = -0.0001\text{g}$$

$$E_2 = x_2 - x_{T2} = 0.1735 - 0.1736 = -0.0001\text{g}$$

相对误差分别为：

$$E_{r1} = \frac{x_1 - x_{T1}}{x_{T1}} \times 100\% = \frac{-0.0001}{1.7349} \times 100\% = -0.006\%$$

$$E_{r2} = \frac{x_2 - x_{T2}}{x_{T2}} \times 100\% = \frac{-0.0001}{0.1736} \times 100\% = -0.06\%$$

由例 1-4 可见，绝对误差相等，相对误差不一定相同。当被测定的量较大时，相对误差比较小，测定的准确度就比较高。因此，用相对误差来表示或比较各种情况下测定结果的准确度更确切。需要注意的是，有时为了说明一些仪器测量的准确度，用绝对误差更清楚。例如，万分之一分析天平的称量误差是 ±0.0001g，常量滴定管的读数误差是 ±0.01mL，分光光度计的透射比读数误差为 ±0.5%等，这些都是用绝对误差来说明的。

绝对误差和相对误差都有正、负之分，正值表示分析结果偏高，负值表示分析结果偏低。

在实际工作中，通常在相同的条件下对一个试样进行多次重复测定（称为平行测定），获得一组测定值 x_1、x_2、…、x_n，该试样的测定结果一般用各次测定值的平均值 $\bar{x}$ 来表示：

$$\bar{x} = \frac{x_1 + x_2 + \cdots + x_n}{n} = \frac{\sum_{i=1}^{n} x_i}{n}$$

此时，测定结果的绝对误差和相对误差可分别按下式计算：

$$E = \bar{x} - x_T$$

$$E_r = \frac{\bar{x} - x_T}{x_T} \times 100\%$$

1.6.1.2　精密度与偏差

精密度是指一组平行测定数据相近的程度。平行测定的结果相互越接近，则测定的精密度越高。精密度通常用与平均值相关的各种偏差来表示。

A　偏差

偏差是测定值与平均值的差值。与误差类似，偏差也有绝对偏差和相对偏差。

绝对偏差 d：单次测定值与平均值之差。

$$d = x_i - \bar{x}$$

相对偏差 d_r：绝对偏差在平均值中所占的百分数。

$$d_r = \frac{x_i - \bar{x}}{\bar{x}} \times 100\%$$

绝对偏差和相对偏差只能衡量单次测定值与平均值的偏离程度，其值有正有负。若将一组平行测定值的偏差相加，其代数和应为零，因此不能用来表示一组测定值的精密度。

B　平均偏差

平均偏差是各次测定偏差的绝对值的平均值，用 $\bar{d}$ 表示：

$$\bar{d} = \frac{\sum_{i=1}^{n} |x_i - \bar{x}|}{n} = \frac{\sum_{i=1}^{n} |d_i|}{n}$$

取绝对值后避免了正、负偏差相互抵消，可用来表示一组测定值的精密度。

相对平均偏差 $\bar{d}_r$：平均偏差在平均值所占的百分数。

$$\bar{d}_r = \frac{\bar{d}}{\bar{x}} \times 100\%$$

C　标准偏差

用统计学方法处理实验数据时，常使用标准偏差和相对标准偏差来表示一组平行测定值的精密度，标准偏差又称为**均方根偏差**。

对于有限次数测定，标准偏差 s 的表达式为：

$$s = \sqrt{\frac{\sum_{i=1}^{n} (x_i - \bar{x})^2}{n - 1}}$$

式中，$n-1$ 称为**自由度**，表示在 n 次平行测定中，只有 $n-1$ 个独立可变的偏差，因为 n 个测定值的绝对偏差之和等于零，所以只要知道 $n-1$ 个测定值的偏差，就可以确定第 n 个测定值的偏差。

相对标准偏差 RSD：标准偏差在平均值中所占的百分数。

$$\mathrm{RSD} = \frac{s}{\bar{x}} \times 100\%$$

相对标准偏差也称为**变异系数**。

标准偏差通过平方运算，能将较大的偏差更显著地表现出来，因此标准偏差能更好地反映一组测定值的精密度。

例 1-5　有两组测试数据：

甲组	2.9	2.9	3.0	3.1	3.1
乙组	2.8	3.0	3.0	3.0	3.2

试比较其精密度差异。

解：甲组平均值：$\bar{x}_{甲} = \dfrac{2.9 + 2.9 + 3.0 + 3.1 + 3.1}{5} = 3.0$

甲组平均偏差：$\bar{d}_{甲} = \dfrac{\sum_{i=1}^{n} |x_i - \bar{x}_{甲}|}{n} = \dfrac{0.1 + 0.1 + 0 + 0.1 + 0.1}{5} = 0.08$

甲组标准偏差：$s_{甲} = \sqrt{\dfrac{\sum_{i=1}^{n} (x_i - \bar{x}_{甲})^2}{n - 1}} = \sqrt{\dfrac{0.1^2 + 0.1^2 + 0^2 + 0.1^2 + 0.1^2}{5 - 1}} = 0.10$

乙组平均值：$\bar{x}_{乙} = \dfrac{2.8 + 3.0 + 3.0 + 3.0 + 3.2}{5} = 3.0$

乙组平均偏差：$\bar{d} = \dfrac{\sum_{i=1}^{n} |x_i - \bar{x}_{乙}|}{n} = \dfrac{0.2 + 0 + 0 + 0 + 0.2}{5} = 0.08$

乙组标准偏差：$s_{乙} = \sqrt{\dfrac{\sum_{i=1}^{n} (x_i - \bar{x}_{乙})^2}{n - 1}} = \sqrt{\dfrac{0.2^2 + 0^2 + 0^2 + 0^2 + 0.2^2}{5 - 1}} = 0.14$

可见，甲、乙两组测定值的平均偏差相同，但两组数据的分散程度是不一样的，乙组的数据更为分散，说明用平均偏差有时不能客观地反映出精密度的高低；而用标准偏差来判断，乙组的标准偏差大些，即精密度差些，反映了真实情况。因此在一般情况下，对于平行测定数据应表示出其标准偏差或相对标准偏差。

D　极差

一般分析工作中，平行测定次数不多，偏差也可以用极差或称为全距 R 来表示，它是一组测定数据中最大值与最小值之差，即：

$$R = x_{\max} - x_{\min}$$

相对极差 R_r：

$$R_r = \frac{R}{\bar{x}} \times 100\%$$

用极差表示偏差，简单直观，便于计算，不足之处是没有利用全部测定数据。

在分析化学中，有时还用重现性和再现性表示不同情况下的精密度。前者是指同一操作者、在相同条件下，获得一系列分析结果之间的一致程度；后者是指不同操作者、在不同条件下，用相同方法获得分析结果之间的一致程度。

1.6.1.3 准确度和精密度的关系

评价一个分析结果要从准确度和精密度两方面考虑，两者之间的关系可以通过下面的例子说明。图 1-22 是甲、乙、丙、丁四人分析同一水泥试样中氧化钙含量的示意图。图中 65.15%处的虚线表示真值，短实线表示的分别是四人测定结果的平均值。由图可见：甲所得结果准确度与精密度均好，结果可靠；乙的精密度虽高，但准确度较低；丙的精密度与准确度均很差；丁的平均值虽也接近于真值，但几个数据彼此相差很远，而仅是由于正负误差相互抵消才凑巧使结果接近真值，因而其结果也是不可靠的。

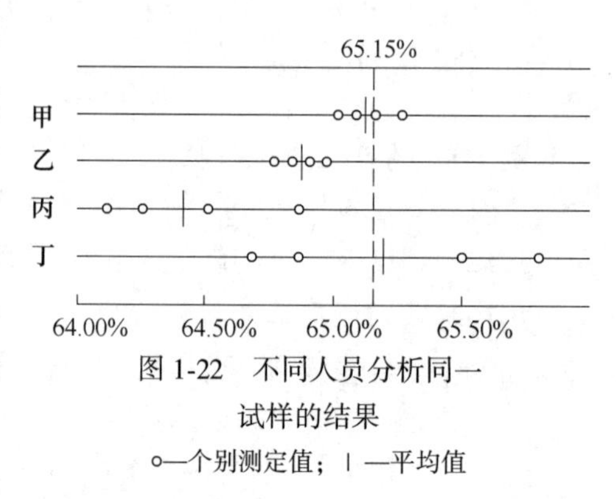

图 1-22 不同人员分析同一试样的结果

○—个别测定值；| —平均值

综上所述：

（1）精密度是保证准确度的先决条件；

（2）精密度高，准确度不一定高（可能存在系统误差）；

（3）消除系统误差后，精密度高，准确度也高。

1.6.1.4 公差

由前面的讨论可以知道，误差与偏差具有不同的含义，前者以真值为标准，后者是以多次测定值的算术平均值为标准。严格地说，人们只能通过多次反复的测定，得到一个接近于真值的平均结果，用这个平均值代替真值来计算误差。显然，这样计算出来的误差还是偏差。因此，在生产部门并不强调误差与偏差的区别，而用“公差”范围来表示允许误差的大小。

公差是生产部门对分析结果允许误差的一种限量，又称为**允许误差**。若分析结果超出允许的公差范围，则称为**超差**。遇到这种情况，则该项分析应该重做。公差范围的确定一般是根据生产需要和实际情况而制定的，根据实际情况是指试样组成的复杂情况和所用分析方法的准确度。对于每一项具体的分析工作，各主管部门都规定了具体的公差范围，例如钢铁中碳含量的公差范围，国家标准规定见表 1-8。

表 1-8 钢铁中碳质量分数的公差范围（用绝对误差表示）

碳质量分数/%	0.10~0.20	0.20~0.50	0.50~1.00	1.00~2.00	2.00~3.00	3.00~4.00	>4.00
公差范围/%	±0.015	±0.020	±0.025	±0.035	±0.045	±0.050	±0.060

目前，国家标准中，对含量与公差之间的关系常用回归方程表示。

微课 1-14　误差分析

1.6.2　误差分类及减免

想一想

图 1-22 的例子中为什么乙的分析结果精密度好而准确度差呢？为什么每人所做的四次平行测定结果都有或大或小的差别呢？

定量分析过程中，误差是客观存在的。为了将误差减小到允许的范围内，需要了解误差发生的原因和性质，以便找到减免误差的方法。

根据误差的来源和性质不同，误差可分为系统误差和随机误差两大类。

1.6.2.1　系统误差

系统误差是由某些固定的原因造成的，具有重复性、单向性，即重复测定时，会重复出现，测定结果系统的偏高或偏低。理论上，系统误差的大小和正负是可以测定的，所以也称为**可测误差**。根据系统误差产生的原因，可以分为如下几类。

（1）方法误差。由于分析方法本身不够完美造成的误差。例如，滴定分析中，由指示剂确定的滴定终点与化学计量点不完全符合及副反应的发生等，都将系统地使测定结果偏高或偏低。

（2）仪器误差。主要是由仪器本身不够准确或未经校准所引起的。例如，容量器皿的刻度不准确，分析天平砝码未经校准等。

（3）试剂误差。由于试剂不纯或蒸馏水中含有微量杂质所引起的。

（4）操作误差。由于操作人员的主观原因造成的。例如，对终点颜色变化的判断，有人敏锐，有人迟钝；滴定管读数时个人习惯偏高或偏低等。

1.6.2.2　随机误差

随机误差也称为**偶然误差**，是由某些难以控制且无法避免的偶然因素造成的。例如，测定过程中，由于环境温度、湿度、电压、污染情况等变化引起试样质量、组成、仪器性能等微小变化；分析人员对各份试样处理时的微小差别等。由于随机误差是由一些不确定的偶然因素造成的，其大小和正负都不是固定的，因此无法测量，也不能加以校正，所以随机误差也称为不可测误差。随机误差的产生难以找到确切的原因，似乎没有规律性，但是当测定次数足够多时，从整体上看是服从统计分布规律的，因此可以用数据统计的方法来处理随机误差。

由于随机误差的存在，同一试样的多次平行测定所得数据不完全一致，即具有分散性。如果测定次数很多，且消除了系统误差的情况，这些数据一般服从正态分布规律：

$$y = F(x) = \frac{1}{\sigma\sqrt{2\pi}} e^{-\frac{(x-\mu)^2}{2\sigma^2}} \tag{1-7}$$

式中，x 为单次测定值；y 为测定值 x 在总体中出现的概率密度。

以 y 为纵坐标作图，得到测定值的正态分布图，如图 1-23 所示。从图 1-23 可以发现大量测定数据的分布规律。

（1）在总体平均值 μ 附近，测定值 x 所对应的 y 值都比较大；当 $x=\mu$ 时，y 值最大，这说明大部分的测定值集中在 μ 附近，即随机误差小的测定值出现的概率大。

（2）x 偏离 μ 越远，y 值越小，说明大误差出现的概率很小。

（3）正态分布曲线以 $x=\mu$ 的直线为轴，呈对称分布，说明正误差和负误差出现的概率相等。

为了减小随机误差，定量分析时应该多做几次平行测定并取其平均值作为分析结果，这样正、负随机误差可以相互抵消。在消除了系统误差的情况下，平均值比任何一次测定值都更接近真值。

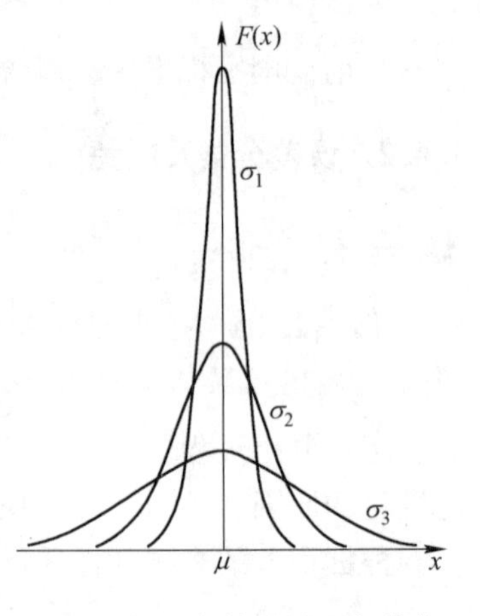

图 1-23　测定数据的正态分布

温馨提示

除了系统误差和随机误差外，在分析过程中有时会遇到由于疏忽或差错引起的“过失”，有人称之为过失误差或粗差，其实质是一种错误。例如，称样时试样洒落在容器之外；试样溶解不完全或转移时损失；溅失溶液；读错刻度；记录或计算错误；违反操作规程和加错试剂等，这些都属于不该发生的“过失”。一旦发生，只能重做实验，这种结果决不能纳入平均值的计算中。实际上，只要工作认真、操作正确，“过失”是完全可以避免的。

课程思政

定量分析工作中，不断提高分析数据的准确度是分析工作者对自身工作的一种职业追求。尽管误差客观存在，但不能作为个人工作失误的借口，我们应该根据误差不同的来源和类别，采取相应措施减免误差，尽可能提高分析结果的准确度，使分析工作达到更好更高的质量要求。分析数据的可靠和准确，关系到产品的质量，是企业的生命线。这就要求我们在分析工作中，保持严谨与细致的科学态度，坚决摒弃推诿、不负责任等不良工作作风，培养认真负责、精益求精的职业素养。

1.6.2.3　提高分析结果准确度的方法

为了提高分析结果的准确度，应根据分析过程中可能产生误差的原因，有针对性地采取措施，将误差减小到允许的范围内。

A　选择合适的分析方法

各种分析方法具有不同的准确度和灵敏度，在实际工作中首先要根据具体情况来选择分析方法。化学分析中的滴定分析方法和重量分析法的相对误差小，准确度高，但灵敏度低，适合常量组分的分析；而仪器分析方法的相对误差较大，准确度低，但灵敏度高，适合微量组分的分析。例如，用 $K_2Cr_2O_7$ 滴定法测得某一试样中铁的质量分数为 40.20%，若方法的相对误差为±0.2%，则铁的质量分数为 40.12%～40.28%；这一试样如果直接用吸光光度法测定，由于方法的相对误差为±2%，测得铁的质量分数范围将在 39.4%～41.0%。显然，化学分析法测定结果相当准确，而仪器分析法的结果不能令人满意。反之，若对铁含量为 0.40%的试样进行测定，因化学分析法灵敏度低，难以检测，若采用灵敏度高的吸光光度法测定，虽然相对误差较大，但因含量低，其绝对误差小，测得铁质量分数的范围将在 0.39%～0.41%，这样的结果是能满足要求的。因此，选择分析方法时应考虑待测组分的含量及对准确度的要求。

B　减小测量误差

测量时不可避免地会有误差存在，但是如果对测量对象的量进行合理选择，则会减小测量误差，提高分析结果的准确度。例如，万分之一分析天平的一次称量误差为±0.0001g，无论直接称量还是减量称量，都要读两次平衡点，则两次称量可能引入的最大误差为±0.0002g。为了使称量的相对误差小于±0.1%，试样的质量就不能太小。从相对误差的定义可知：

$$相对称量误差 = \frac{绝对误差}{试样质量} \times 100\%$$

$$试样质量 = \frac{称量绝对误差}{称量相对误差} \times 100\% = \frac{0.0002}{0.1\%} \times 100\% = 0.2g$$

可见试样质量必须在 0.2g 以上才能保证称量相对误差在 0.1%以内。

在滴定分析中，一般滴定管读数误差为±0.01mL，在一次滴定中需要读数两次，因此可能造成的最大误差为±0.02mL。所以，为了使滴定分析的相对误差小于±0.1%，消耗滴定剂的体积必须在 20mL 以上，最好控制在 30mL 左右，以减小测量误差。

不同的分析方法准确度要求不同，应根据具体情况来控制各测量步骤的误差，使测量的准确度与分析方法的准确度相适应即可，不必要求像重量分析法和滴定分析法那样高。例如，用吸光光度法测定铁，设方法的相对误差为±2%，则在称取 0.5g 试样时，试样的称量误差小于±2%×0.5=±0.01g 就可以了，没有必要称准至±0.0001g。不过在实际工作中，为了使称量误差可以忽略不计，一般将称量的准确度提高约一个数量级，如在本例中，宜称准至±0.001g。

C　消除系统误差

系统误差的检验，为了检查测定过程或分析方法是否存在系统误差，做对照试验是最有效的方法。对照试验有以下三种。

（1）标准品对照。用选定的方法对组成与待测试样相近的标准品进行测定，将所得结果与标准值进行对照，用 t 检验法确定是否存在系统误差。

（2）标准方法对照。用标准方法和所选方法测定同一试样，由测定结果作 F 检验和 t 检验，判断是否存在系统误差。

（3）加标回收试验。取等量试样两份，向其中一份加入已知量的待测组分，对两份试样进行平行测定；根据两份试样测定结果，计算加入待测组分的回收率，以判断测定过程是否存在系统误差，这种方法在对试样组成情况不清楚时适用。

对照试验的结果同时也能说明系统误差的大小。

若对照试验或统计检验说明有系统误差存在，则应设法找出产生系统误差的原因，并加以消除，通常可采用以下方法。

（1）空白试验。为了检查试验用水、试剂是否有杂质、所用器皿是否被沾污等造成的系统误差，可以做空白试验。空白试验就是在不加试样的情况下，按照与试样分析同样的步骤和条件进行的测定，试验得到的结果称为空白值。从试样分析结果中扣除空白值即可消除试剂、蒸馏水和试验器皿带进杂质所引起的误差，得到比较可靠的结果。空白值一般不应很大，否则应采取提纯试剂或改用适当器皿等措施来减小误差。

（2）校准仪器。校准仪器可以减小或消除由于仪器不准确引起的系统误差。例如，砝码、移液管、滴定管、容量瓶等，在要求精确的分析中，必须对这些计量仪器进行校准，并在计算结果时采用校正值。

（3）方法校正。由于方法不完善引入的系统误差可以用其他方法作校正。例如，沉淀重量法测定硅含量时会因为微量硅的溶解损失而引起负误差，这时可用吸光光度法测定滤液中的微量硅，然后加到沉淀重量法结果中去。

D 减小随机误差

在消除系统误差的前提下，平行测定次数越多，平均值越接近真值，因此增加平行测定次数可以减小随机误差；但测定次数过多意义不大，在一般的分析工作中平行测定3~5次即可。

实训任务1.1 滴定分析基本操作

实验目的

（1）掌握滴定管、移液管和容量瓶的使用方法。

（2）了解玻璃量器容量校准的意义和方法。

（3）初步掌握称量校准及容量瓶与移液管间相对校准的方法。

基本原理

滴定管、移液管和容量瓶的规范操作见1.1.4节相关部分。

欲使分析结果准确，所用量具必须有足够的准确度，但容量器皿的实际容积与其所标示的容积往往不完全相符，而且通常的容器校正以20℃为标准；但使用时的温度不一定是20℃，温度改变时，容器的容积及溶液的体积都将发生改变，因此，精密分析时需进行容量器皿的校准。校准方法分为称量校准和相对校准。称量校准通常是称量容器中放出或容纳纯水的质量，并根据该温度下纯水的密度，计算出该量器在20℃（玻璃量器的标准温度）时的容积。但是，由质量换算成容积时必须考虑纯水的密度、空气浮力、玻璃的膨胀系数三个方面的影响。为了方便起见，表1-9列出了三个因素综合校准后的换算系数。根据表1-9中换算系数（f），即可算出某一温度（t）下一定质量（m）的纯水在20℃时所占的实际容积（V），公式为：

$$V = f \cdot m$$

例如，校准移液管时，在15℃称得纯水质量为24.94g，查表1-9得15℃时的综合换算系数为1.0021，由此算得它在20℃时的实际体积为：

$$V_{20℃} = 1.0021 \times 24.94 = 24.99\text{mL}$$

表 1-9　在不同温度下纯水体积的综合换算系数 (f)

t/℃	f/mL · g^{-1}	t/℃	f/mL · g^{-1}	t/℃	f/mL · g^{-1}	t/℃	f/mL · g^{-1}
0	1.00176	11	1.00168	22	1.00321	33	1.00599
1	1.00168	12	1.00177	23	1.00341	34	1.00629
2	1.00161	13	1.00186	24	1.00363	35	1.00660
3	1.00156	14	1.00196	25	1.00385	36	1.00693
4	1.00152	15	1.00207	26	1.00409	37	1.00725
5	1.00150	16	1.00221	27	1.00433	38	1.00760
6	1.00149	17	1.00234	28	1.00458	39	1.00794
7	1.00150	18	1.00249	29	1.00484	40	1.00830
8	1.00152	19	1.00265	30	1.00512		
9	1.00156	20	1.00283	31	1.00535		
10	1.00161	21	1.00301	32	1.00569		

在实际工作中，容量瓶和移液管常常配合使用，故可以用相对校准法。例如，要用25mL移液管从250mL容量瓶中取1/10容积的液体，则移液管与容量瓶的容积比只要1∶10就可以。此时，可采用相对校准的方法。其步骤如下：使用移液管准确移取25mL去离子水，放入已洗净、干燥的250mL容量瓶中。重复移取10次后，观察溶液的弯月面是否与标准线正好相切；否则，应另作一标号。相对校准后的容量瓶和移液管，应贴上标签，以便以后更好地配套使用。

仪器与试剂

（1）仪器：酸式滴定管，碱式滴定管，移液管，容量瓶，锥形瓶，电子天平。

（2）试剂：纯水，铬酸洗液，甲基橙指示液（0.2%），盐酸（0.1mol/L），氢氧化钠溶液（0.1mol/L），酚酞指示液（0.2%）。

实验步骤

微课 1-15　滴定管校准

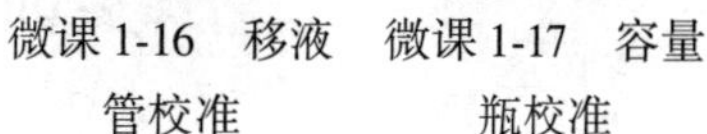

微课 1-16　移液管校准

微课 1-17　容量瓶校准

（1）滴定管的使用。参考教材相关内容，对滴定管进行涂油、洗涤、检漏、装溶液、排气泡、滴定、读数等操作训练。

（2）移液管的使用。按教材相关内容，进行移液管的洗涤、润洗和移液操作训练。

（3）容量瓶的使用。按教材相关内容，进行容量瓶的准备、检漏、洗涤、移液、混匀、定容操作。

（4）容量器皿的校准方法如下。

1）滴定管的校准。将欲校准的滴定管洗净，加入与室温达到平衡的蒸馏水（可事先用烧杯盛装，放在天平室内，杯中插有温度计，用于测定水温）至“0”刻线，记录水温

(℃) 及滴定管中弯液面的起始读数 (mL)。

称量 50mL 磨口锥形瓶 (具塞磨口处及瓶体外部应保持洁净和干燥) 的质量，再以正确操作由滴定管中放出 15. 0mL 水于上述锥形瓶中 (勿将水滴在瓶口上)，迅速盖紧瓶塞，称量。两次称量值之差，即为滴定管中放出水的质量。

用同样方法分别测取自滴定管 “0” 刻线依次放出 20. 0mL、25. 0mL、30. 0mL、35. 0mL、40. 0mL 五刻度间水的质量。由表 1-9 查得校准温度下纯水体积的综合换算系数 f，计算所测滴定管各段的真正容积，再按表 1-10 列出滴定管不同刻度区间的校准数据。

表 1-10 滴定管校准表

校准温度下纯水体积的综合换算系数 $f=$ mL/g

滴定管放出水的间隔读数/mL			放出水的质量/g			真正容积/mL	校准值/mL
$V_{起始}$	$V_{放水后}$	$V=V_{放水后}-V_{起始}$	$m_{瓶}$	$m_{瓶+水}$	$m_{水}$	$V_{20}=f\cdot m_{水}$	$V_{20}-V$

每段重复测定 1 次，两次校准值之差不得超过 0. 02mL，取其平均值作为测定结果。将所得结果绘制成以滴定管读数为横坐标，以校准值为纵坐标的校正曲线。

2) 移液管的校准。由 25mL 移液管放出水的质量，计算其真正容积。校准方法及误差要求同上。

3) 容量瓶的校准。用上述已校准的移液管进行相对校准。由移液管取 25mL 水至洗净且干燥的 250mL 容量瓶中，注入 10 次后，仔细观察瓶中弯液面是否与标线相切，否则另作一新的标线。由移液管的真正容积可知容量瓶的容积 (至新标线)，经相对校准后的移液管和容量瓶应配套使用。

思考题

(1) 为什么将移液管称为量出式量器，容量瓶称为量入式量器?

(2) 为什么要对滴定管、移液管、容量瓶进行校准，未校准会带来何种误差?

实训任务 1. 2 分析天平的称量

实验目的

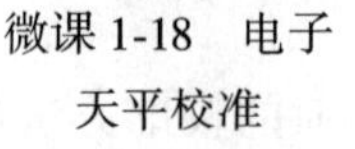

微课 1-18 电子天平校准

微课 1-19 电子天平使用

(1) 了解分析天平的结构及原理。

(2) 掌握电子天平的正确使用方法。

(3) 熟悉直接称量法、固定质量称量法和减量称量法的操作方法。

(4) 培养准确、简明地记录实验原始数据的习惯。

基本原理

见学习任务 1.2 节相关部分。

微课 1-20　固定质量称量

仪器与试剂

（1）仪器：电子天平，称量瓶，干燥器，50mL 烧杯，牛角匙。

（2）试剂：无水碳酸钠或重铬酸钾。

实验步骤

（1）称量准备如下。

微课 1-21　减量法称量

1）使用前戴手套。检查天平是否水平（看水平指示器中的气泡是否居中，否则调节垫脚居中）；秤盘周围是否干净，否则用小毛刷清扫干净。

2）根据说明书要求，接通电源预热天平至少 30min 或更长时间。

3）根据说明书方法启动天平校准程序（自校或外校）。电子天平会因温度等条件改变而失去原有准确度，故需要经常进行校准，尤其在新安装或一段时间不用后。

4）天平调零。每次称量之前按“去皮”键调零。

5）称量过程中原则上称量物不直接接触秤盘，垫上干燥洁净的烧杯或者称量纸，读数时要关好两侧的拉门。

（2）指定（固体）质量称量法：称量（1.0000±0.0001）g 质量的无水碳酸钠。

（3）减量称量法：称量 0.3~0.5g 质量的无水碳酸钠。注意：减量法称量时，如果样品倾倒过量，必须重新称量。

思考题

（1）分析天平在称量前应做好哪些准备工作?

（2）指定（固定）质量称量法和减量称量法各宜在何种情况下采用?

实训任务 1.3　标准溶液的配制

实验目的

（1）熟悉分析天平的称量操作和容量瓶配制标准溶液的规范操作。

（2）学会直接法配制标准溶液和近似浓度溶液的配制方法。

实验原理

标准溶液的配制方法有直接配制法和间接配制法两种。直接配制法是用基准物质（如 $K_2Cr_2O_7$）来直接配制标准溶液，方法是准确称取一定质量的基准物质，溶解后定量转入容量瓶中，用水稀释至标线；根据基准物质的质量和容量瓶的体积，计算出该溶液的标准浓度。间接配制法是将不符合基准物条件的物质（如 NaOH 、HCl）先配制成近似所需浓度的标准溶液，再用基准物质或另一种已知浓度的标准溶液来标定它的准确浓度。

仪器与试剂

（1）仪器：量筒，试剂瓶，容量瓶，移液管，台秤，电子天平。

（2）试剂：NaOH(s)，HCl(1∶1)，NaCl(s)。

实验步骤

微课 1-22　盐酸溶液配制

微课 1-23　氢氧化钠溶液配制

（1）酸、碱溶液的配制方法如下。

1）0.1mol/L HCl 溶液的配制。用量筒量取 1∶1 HCl 约 8.5mL，倒入 500mL 试剂瓶中，加水稀释至 500mL，盖好玻璃塞，充分摇匀，贴上标签，注明名称、日期。

2）0.1mol/L NaOH 溶液的配制。在台秤上称取 2g 固体 NaOH 于小烧杯中，加 100mL 水，使之完全溶解，转入 500mL 塑料试剂瓶中，稀释至 500mL，用橡皮塞塞紧，充分摇匀，贴上标签。

（2）NaCl 标准溶液的配制方法如下。

1）0.1000mol/L NaCl 标准溶液的配制。准确称取基准物质 NaCl 0.5844g 于小烧杯中，加入少量水溶解后，定量转移至 100mL 容量瓶，稀释至刻度并摇匀。

2）0.01000mol/L NaCl 标准溶液的配制。准确移取 0.1000mol/L NaCl 标准溶液 10.00mL 于 100mL 容量瓶中，稀释至刻度并摇匀。

思考题

（1）量筒在使用之前需要润洗吗？

（2）能不能使用容量瓶直接配制准确浓度的 NaOH 标准溶液？

（3）0.1000mol/L NaCl 标准溶液在配制过程中，称量固体 NaCl 时应保留几位有效数字，应采用何种方法称量？

微课 1-24　氯化钠标准溶液配制

综合练习 1.1

综合练习 1.1 答案

1. 选择题

（1）滴定分析中，对化学反应的主要要求是（　　）。

A. 反应必须定量完成

B. 反应必须有颜色变化

C. 滴定剂与被测物必须是 1∶1 的计量关系

D. 滴定剂必须是基准物

（2）在滴定分析中，一般用指示剂颜色的突变来判断化学计量点的到达，在指示剂变色时停止滴定，这一点称为（　　）。

A. 化学计量点　　B. 滴定误差　　C. 滴定终点　　D. 滴定分析

（3）直接法配制标准溶液必须使用（　　）。

A. 基准试剂　　B. 化学纯试剂　　C. 分析纯试剂　　D. 优级纯试剂

（4）将称好的基准物倒入湿烧杯，对分析结果产生的影响是（　　）。

A. 正误差　　B. 负误差　　C. 无影响　　D. 结果混乱

（5）硼砂（$Na_2B_4O_7 \cdot 10H_2O$）作为基准物质用于标定盐酸溶液的浓度，若事先将其置于干燥器中保存，则对所标定盐酸溶液浓度的结果影响是（　　）。

A. 偏高　　B. 偏低　　C. 无影响　　D. 不能确定

(6) 滴定管可估读到±0.01mL，若要求滴定的相对误差小于 0.1%，至少应耗用体积（　　）mL。

A. 10　　B. 20　　C. 30　　D. 40

(7) 0.2000mol/L NaOH 溶液对 H_2SO_4 的滴定度为（　　）g/mL。

A. 0.00049　　B. 0.0049　　C. 0.00098　　D. 0.0098

(8) 欲配制 1000mL 0.1mol/L HCl 溶液，应取浓盐酸（12mol/L HCl）（　　）mL。

A. 0.84　　B. 8.4　　C. 1.2　　D. 12

(9) 既可用来标定 NaOH 溶液，也可用作标定 $KMnO_4$ 的物质为（　　）。

A. $H_2C_2O_4 \cdot 2H_2O$　　B. $Na_2C_2O_4$

C. HCl　　D. H_2SO_4

(10) 下列滴定分析仪器使用前不需要润洗的是（　　）。

A. 滴定管　　B. 移液管　　C. 吸量管　　D. 锥形瓶

(11) 若被测组分含量在 1%~0.01%，则对其进行分析属（　　）。

A. 微量分析　　B. 微量组分分析

C. 痕量组分分析　　D. 半微量分析

(12) 分析工作中实际能够测量到的数字称为（　　）。

A. 精密数字　　B. 准确数字　　C. 可靠数字　　D. 有效数字

(13) 定量分析中，精密度与准确度之间的关系是（　　）。

A. 精密度高，准确度必然高　　B. 准确度高，精密度也就高

C. 精密度是保证准确度的前提　　D. 准确度是保证精密度的前提

(14) 下列各项定义中不正确的是（　　）。

A. 绝对误差是测定值和真值之差

B. 相对误差是绝对误差在真值中所占百分率

C. 偏差是指测定值与平均值之差

D. 总体平均值就是真值

(15)（　　）可以减少分析测试中的系统误差。

A. 进行仪器校正　　B. 增加测定次数

C. 认真细心操作　　D. 测定时保证环境的湿度一致

(16) 偶然误差具有（　　）。

A. 可测性　　B. 重复性　　C. 非单向性　　D. 可校正性

(17) 下列（　　）方法可以减小分析测试中的偶然误差。

A. 对照试验　　B. 空白试验

C. 仪器校正　　D. 增加平行试验的次数

(18) 在进行样品称量时，由于汽车经过天平室附近引起天平振动是属于（　　）。

A. 系统误差　　B. 偶然误差　　C. 过失误差　　D. 操作误差

(19) 下列（　　）情况不属于系统误差。

A. 滴定管未经校正　　B. 所用试剂中含有干扰离子

C. 天平两臂不等长　　D. 砝码读错

（20）下列叙述中错误的是（　　）。

A. 方法误差属于系统误差　　B. 终点误差属于系统误差

C. 系统误差呈正态分布　　D. 系统误差可以测定

（21）测定试样中 CaO 的质量分数，称取试样 0.9080g，滴定耗去 EDTA 标准溶液 20.50mL，以下结果表示正确的是（　　）。

A. 10%　　B. 10.1%　　C. 10.08%　　D. 10.077%

（22）按有效数字运算规则，$0.854\times2.187+9.6\times10^{-5}-0.0326\times0.00814$ =（　　）。

A. 1.9　　B. 1.87　　C. 1.868　　D. 1.8680

（23）在不加样品的情况下，用测定样品同样的方法、步骤，对空白样品进行定量分析，称为（　　）。

A. 对照试验　　B. 空白试验　　C. 平行试验　　D. 预试验

2. 填空题

（1）分析化学按任务可分为________分析和________分析；按测定原理可分为________分析和________分析。

（2）滴定分析常用于测定含量________的组分。

（3）滴定分析法包括________、________、________和________四大类，滴定方式有________、________、________、________四种。

（4）酸式滴定管进行滴定分析规范操作是：左手________，右手________，眼睛________。

（5）化学试剂按照所含杂质不同可分为基准试剂和通用试剂两个门类，通用试剂又分为________、________、________三个等级，其试剂瓶标签颜色分别为________、________、________。

（6）准确度的高低用________来衡量，它是测定结果与________之间的差异；精密度的高低用________来衡量，它是测定结果与________之间的差异。

（7）误差按性质可分为________误差和________误差。

（8）减免系统误差的方法主要有________、________、________、________等；减小随机误差的有效方法是________。

（9）在分析工作中，________得到的数字称为有效数字。指出下列测量结果的有效数字位数：0.1000 ________，1.00×10^{-5} ________，pH = 4.30 ________。

（10）$9.3\times2.456\times0.3543$ 计算结果的有效数字应保留________位。

3. 判断题

（1）（　　）化学计量点和滴定终点是一回事。

（2）（　　）终点误差是由于操作者终点判断失误或操作不熟练而引起的。

（3）（　　）化学分析中用于准确移取一定体积溶液的量器有移液管和量筒。

（4）（　　）凡是优级纯的物质都可用于直接法配制标准溶液。

（5）（　　）滴定分析仪器中，移液管是量入式仪器，容量瓶是量出式仪器。

（6）（　　）测量的准确度要求较高时，容量瓶在使用前应进行体积校正。

(7)(　　)盐酸标准溶液和氢氧化钠标准溶液都可以用直接法配制。
(8)(　　)用浓溶液配制稀溶液的计算依据是稀释前后溶质的物质的量不变。
(9)(　　)玻璃器皿不可盛放浓碱液，但可以盛酸性溶液。
(10)(　　)在没有系统误差的前提条件下，总体平均值就是真实值。
(11)(　　)测定的精密度好，但准确度不一定好，消除了系统误差后，精密度好的，结果准确度就好。
(12)(　　)分析测定结果的偶然误差可通过适当增加平行测定次数来减小。
(13)(　　)将 7.63350 修约为四位有效数字的结果是 7.634。
(14)(　　)标准偏差可以使大偏差能更显著地反映出来。
(15)(　　)两位分析者同时测定某一试样中硫的质量分数，称取试样均为 3.5g，分别报告结果如下：甲为 0.042%，0.041%；乙为 0.04099%，0.04201%。甲的报告是合理的。

4. 计算题

(1) 将下列数据修约为两位有效数字：4.149、1.352、6.3612、22.5101、25.5、14.5。
(2) 计算：1) 0.213+31.24+3.06162=________；2) 0.0223×21.78×2.05631=________。
(3) 分析天平的称量误差为±0.1mg，称样量分别为 0.05g、0.02g、1.0g 时可能引起的相对误差是多少，这些结果说明什么问题?
(4) 对某一样品进行分析，A 测定结果的平均值为 6.96%，标准偏差为 0.03；B 测定结果的平均值为 7.10%，标准偏差为 0.05；其真值为 7.02%。试比较 A 的测定结果与 B 的测定结果的好坏。
(5) 某人测定一溶液的摩尔浓度（mol/L），获得以下结果：0.2038、0.2042、0.2052、0.2039。第三个结果应否弃去，结果应该如何表示? 测了第五次，结果为 0.2041，这时第三个结果可以弃去吗?
(6) 将 10mg NaCl 溶于 100mL 水中，请用 c、w、ρ 表示该溶液中 NaCl 的含量。
(7) 市售浓盐酸的密度为 1.18g/mL，HCl 的质量分数为 36%~38%，欲用此盐酸配制 500mL 0.1mol/L 的 HCl 溶液，应量取此浓盐酸多少毫升?

5. 简答题

(1) 简述什么是滴定分析法，说明滴定操作的要领。
(2) 说明什么是化学计量点、滴定终点、终点误差。
(3) 说明滴定反应的要求。
(4) 举例说明滴定方式。
(5) 什么是标准溶液，如何配制?
(6) 什么是基准物质，应符合哪些要求?
(7) 定量分析结果的衡量指标是什么，两者之间关系如何?
(8) 定量分析的误差有几种，如何减免?

项目2　酸碱滴定分析与测定

知识目标

(1) 掌握酸碱质子理论，会比较各类酸（碱）酸性（碱性）的强弱。

(2) 理解强酸滴定强碱的基本原理。

(3) 理解酸碱指示剂的作用原理，掌握指示剂的选择依据。

(4) 了解弱酸碱平衡体系的组分分布，会计算弱酸（碱）、两性物质 pH 值。

(5) 了解缓冲溶液组成、缓冲范围及选择原则。

(6) 理解强碱滴定弱酸的测定原理及指示剂的选择原则。

(7) 理解食用醋酸度测定的原理、实验仪器、实验步骤。

(8) 掌握酸碱标准溶液的配制、标定方法。

(9) 理解多元酸碱分步滴定的判据、意义、应用。

(10) 掌握双指示剂法测定混合碱中氢氧化钠、碳酸钠含量的原理，指示剂的选择原则。

技能目标

(1) 进一步熟练使用滴定管、移液管，会选择合适的指示剂，进行酸碱溶液的滴定操作，正确判断滴定终点。

(2) 会进行试剂溶液的配制，酸碱标准溶液的标定操作。

(3) 会比较酸碱相对强弱，用最简式计算酸（碱）溶液的 pH 值。

(4) 比较熟练地进行食用醋酸度测定的滴定操作，准确判断指示剂的终点。

(5) 会制定合适的实验方案，进行混合碱中氢氧化钠、碳酸钠含量的测定。

(6) 能正确进行实验数据记录，正确计算并表达分析结果，给出规范实验报告。

素养目标

(1) 培养学生善于发现、勇于探索的科学精神。

(2) 培养学生脚踏实地、勤奋努力的职业精神。

(3) 培养学生具备创新思维，灵活运用所学知识解决问题的能力。

思政课堂　认识酸碱，传承科学精神

学习任务 2.1　酸碱基本知识

2.1.1　酸碱质子理论

1923 年，布朗斯特在酸碱电离理论的基础上，提出了酸碱质子理论。**酸碱质子理论**认为：凡是能给出质子 H^+的物质是酸；凡是能接受质子的物质是碱。当某种酸 HA 失去质子

后形成酸根 A^-，它自然对质子具有一定的亲和力，故 A^- 是碱。由于一个质子的转移，HA 与 A^- 形成一对能互相转化的酸碱，称为**共轭酸碱对**，这种关系表示为：

$$HA \rightleftharpoons H^+ + A^-$$

酸　　　　碱

例如：

$$HOAc \rightleftharpoons H^+ + OAc^-$$

$$NH_4^+ \rightleftharpoons H^+ + NH_3$$

$$H_2CO_3 \rightleftharpoons H^+ + HCO_3^-$$

$$HCO_3^- \rightleftharpoons H^+ + CO_3^{2-}$$

上述各共轭酸碱对的质子得失反应，称为**酸碱半反应**。与氧化还原反应中的半电池反应相类似，酸碱半反应在溶液中是不能单独进行的。当一种酸给出质子时，溶液中必定有一种碱接受质子。例如，醋酸（HOAc）在水溶液中解离时，溶剂水就是接受质子的碱，两个酸碱对相互作用而达平衡。反应式如下：

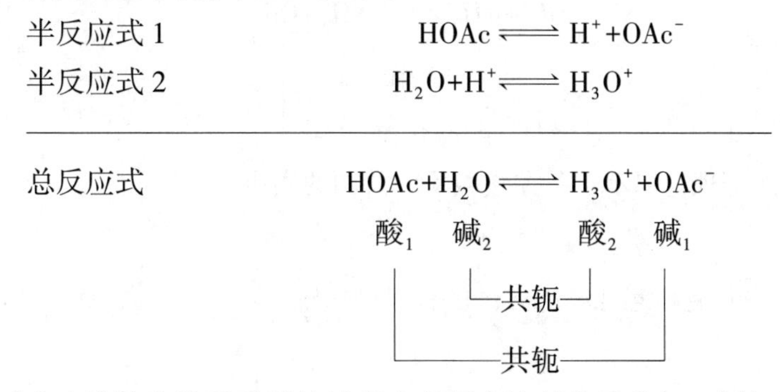

同样的，碱在水溶液中接受质子的过程也必须有溶剂分子参加。例如，NH_3 与水的反应式如下：

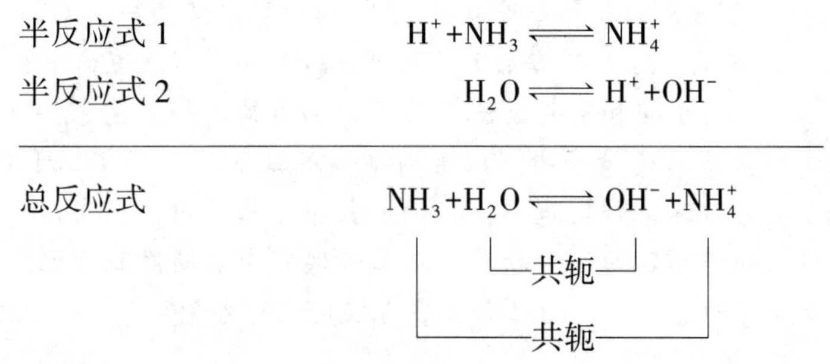

在上述两个酸碱对相互作用而达成的平衡中，H_2O 分子起的作用不相同，在后一个平衡中，溶剂水起了酸的作用。

按照酸碱质子理论，酸碱可以是阳离子、阴离子，也可以是中性分子。同一种物质，在某一条件下可能是酸，在另一条件下可能是碱，这主要取决于它们对质子亲和力的相对大小。例如，HCO_3^- 在 H_2CO_3-HCO_3^- 体系中表现为碱，而在 HCO_3^--CO_3^{2-} 体系中表现为酸，这种既可以给出质子表现为酸，又可以接受质子表现为碱的物质，称为两性物质。

由 HOAc 与 H_2O 的相互作用和 NH_3 与 H_2O 的相互作用可知，水也是一种两性物质，通常称之为**两性溶剂**。水分子之间也可以发生质子的转移作用，例如：

$$H_2O+H_2O \rightleftharpoons H_3O^++OH^-$$

共轭

共轭

这种在溶剂水分子之间发生的质子传递作用，称为溶剂**水的质子自递反应**，反应的平衡常数称为**水的质子自递常数 K_w**。

$$K_w=[H_3O^+]\cdot[OH^-]=1\times10^{-14}\ (25℃)$$

在水溶液中，水化质子用 H_3O^+ 表示，但为了简便起见，通常写成 H^+。所以 K_w 的表达式可以简写为

$$K_w=[H^+]\cdot[OH^-]$$

根据酸碱质子理论，酸碱中和反应、盐的水解等，其实质也是一种质子的转移过程。例如，HCl 与 NH_3 的中和反应式为：

$$HCl+NH_3 \rightleftharpoons NH_4^++Cl^-$$

共轭

共轭

可见，酸碱质子理论揭示了各类酸碱反应共同的实质。

想一想

酸碱质子理论与酸碱电离理论有何区别？

课程思政

关于什么是酸、什么是碱，在化学史上已经探讨了 300 年。科学家对酸碱的探索经历了以下几个阶段：(1) 从味道定义酸碱；(2) 从性质定义酸碱；(3) 从组成定义酸碱；(4) 从电离定义酸碱；(5) 从溶剂定义酸碱；(6) 从质子定义酸碱；(7) 从电子定义酸碱。到目前为止，关于酸和碱的概念及其理论仍有待进一步完善，可以想象，这一过程亦将随着人类的求索而延续下去。人类对酸碱的认识反映了辩证唯物主义认识论，这一理论指导我们在学习和工作实践中，要向无数科学家学习，在实践中认识真理、发展真理，学习科学家探寻真理的科学精神，在工作实践中不断修正自己的认识，提升自己的认识，与时俱进、勇于探索，为社会发展贡献自己的力量。

2.1.2　酸碱的强度及解离常数

根据酸碱质子理论，当酸或碱溶于溶剂后，就发生质子的转移过程，并生成相应的共轭碱或共轭酸。例如，HOAc 在水中发生解离反应式：

$$HOAc+H_2O \rightleftharpoons H_3O^++OAc^-$$

酸解离平衡常数用 K_a 表示：

$$K_a=\frac{[H^+]\cdot[OAc^-]}{[HOAc]},\ K_a=1.8\times10^{-5}$$

HOAc 的共轭碱 OAc^- 的解离反应及平衡常数 K_b 为：

$$OAc^- + H_2O \rightleftharpoons HOAc + OH^-$$

$$K_b = \frac{[HOAc] \cdot [OH^-]}{[OAc^-]}$$

显然，一元共轭酸碱对的 K_a 和 K_b 有关系：

$$K_a \cdot K_b = \frac{[H^+] \cdot [OAc^-]}{[HOAc]} \cdot \frac{[HOAc] \cdot [OH^-]}{[OAc^-]}$$

$$= [H^+] \cdot [OH^-] = K_w = 1 \times 10^{-14} \ (25℃) \tag{2-1}$$

则 HOAc 的共轭碱 OAc^- 的 $K_b = K_w / K_a = 5.6 \times 10^{-10}$。

练一练

已知 NH_3 的 $K_b = 1.8 \times 10^{-5}$，试求 NH_3 的共轭酸 NH_4^+ 的 K_a。

酸碱的强弱取决于酸碱本身给出质子或接受质子能力的强弱。物质给出质子的能力越强，其酸性就越强；反之就越弱。同样的，物质接受质子的能力越强，其碱性就越强；反之就越弱。酸碱的解离常数 K_a、K_b(见附录 A) 的大小，可以定量地说明酸或碱的强弱程度。

在共轭酸碱对中，如果酸越易给出质子，酸性越强，则其共轭碱对质子的亲和力越弱，就不容易接受质子，其碱性就越弱。如 $HClO_4$、H_2SO_4、HCl、HNO_3 都是强酸，它们在水溶液中给出质子的能力很强，$K_a \gg 1$，但它们相应的共轭碱几乎没有能力从 H_2O 中获得质子转化为共轭酸，K_b小到无法测出，这些共轭碱都是极弱的碱。而 NH_4^+、HS^-的 K_a 分别为 5.6×10^{-10}、7.1×10^{-15}，是弱酸，它们的共轭碱 NH_3是较强的碱、S^{2-}是强碱。

对于多元酸，它们在水溶液中是分级解离的，存在多个共轭酸碱对，这些共轭酸碱对的 K_a和 K_b之间也有一定的对应关系。例如，二元酸 $H_2C_2O_4$ 分两步解离：

$$H_2C_2O_4 \xrightleftharpoons{K_{a1}} H^+ + HC_2O_4^-$$

$$HC_2O_4^- \xrightleftharpoons{K_{a2}} H^+ + C_2O_4^{2-}$$

$$C_2O_4^{2-} + H_2O \xrightleftharpoons{K_{b1}} HC_2O_4^- + OH^-$$

$$HC_2O_4^- + H_2O \xrightleftharpoons{K_{b2}} H_2C_2O_4 + OH^-$$

$$K_{a1} = \frac{[H^+] \cdot [HC_2O_4^-]}{[H_2C_2O_4]} \qquad K_{b2} = \frac{[H_2C_2O_4] \cdot [OH^-]}{[HC_2O_4^-]}$$

$$K_{a2} = \frac{[H^+] \cdot [C_2O_4^{2-}]}{[HC_2O_4^-]} \qquad K_{b1} = \frac{[HC_2O_4^-] \cdot [OH^-]}{[C_2O_4^{2-}]}$$

由上述平衡可得：

$$K_{a1} \cdot K_{b2} = K_{a2} \cdot K_{b1} = [H^+] \cdot [OH^-] = K_w \tag{2-2}$$

对于三元酸，同样可得到如下关系：

$$K_{a1} \cdot K_{b3} = K_{a2} \cdot K_{b2} = K_{a3} \cdot K_{b1} = [H^+] \cdot [OH^-] = K_w \tag{2-3}$$

多元酸或碱在水溶液中存在多种酸碱平衡，计算这些酸碱平衡常数时要注意它们的对应关系。

2.1.3　弱酸碱平衡中有关组分浓度的分布

在弱酸（碱）的平衡体系中，一种物质可能以多种型体存在。各存在型体的浓度称为

平衡浓度，各平衡浓度之和称为**总浓度**或**分析浓度**。某一存在型体占总浓度的分数，称为该存在型体的分布分数，用符号 δ 表示。各存在型体平衡浓度的大小由溶液氢离子浓度所决定，因此每种型体的分布分数也随着溶液氢离子浓度的变化而变化。分布分数 δ 与溶液 pH 值间的关系曲线称为**分布曲线**。学习分布曲线，可以帮助我们深入理解酸碱滴定、配位滴定、沉淀反应等过程，并且对于反应条件的选择和控制具有指导意义。下面分别对一元弱酸、二元弱酸、三元弱酸分布分数的计算及其分布曲线进行介绍。

2.1.3.1　一元弱酸的分布

以 HOAc 为例，由于 HOAc 在水溶液中的解离平衡，它以 HOAc 和 OAc^- 两种型体存在。设 c_{HOAc} 为 HOAc 的总浓度，$[HOAc]$、$[OAc^-]$ 分别为 HOAc、OAc^- 的平衡浓度，δ_{HOAc}、δ_{OAc^-} 分别为 HOAc、OAc^- 的分布分数。根据定义：

$$c_{HOAc}=[HOAc]+[OAc^-]$$

$$\delta_{HOAc}=\frac{[HOAc]}{c_{HOAc}}=\frac{[HOAc]}{[HOAc]+[OAc^-]}$$

$$=\frac{1}{1+[OAc^-]/[HOAc]}=\frac{1}{1+K_a/[H^+]}$$

故

$$\delta_{HOAc}=\frac{[H^+]}{[H^+]+K_a} \tag{2-4}$$

同理可得：

$$\delta_{OAc^-}=\frac{K_a}{[H^+]+K_a} \tag{2-5}$$

显然，各存在型体分布分数之和等于1，即：

$$\delta_{HOAc}+\delta_{OAc^-}=1$$

如果以 pH 值为横坐标，δ_{HOAc}、δ_{OAc^-} 为纵坐标作图，得到图 2-1 所示 HOAc 的分布曲线图。从图中可以看到：

（1）当 pH<pK_a，HOAc 为主要存在型体；

（2）当 pH>pK_a，OAc^- 为主要存在型体；

（3）当 pH = pK_a，HOAc 与 OAc^- 各占一半，两种型体的分布分数均为 0.5。

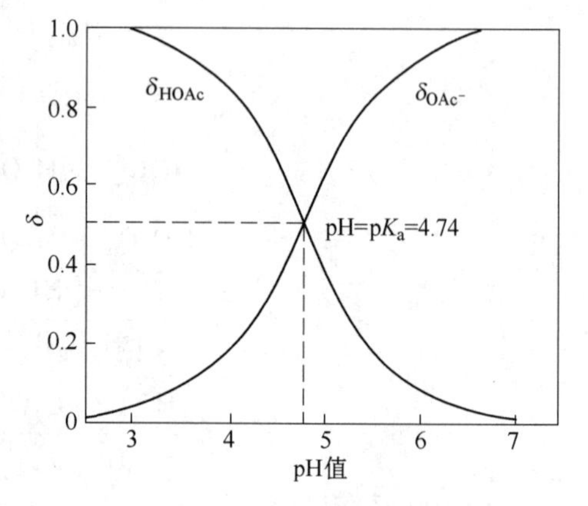

图 2-1　HOAc、OAc^- 分布分数与溶液 pH 值的关系曲线

2.1.3.2　二元弱酸的分布

二元弱酸在溶液中有三种存在形式，如 $H_2C_2O_4$ 在水溶液中有 $H_2C_2O_4$、$HC_2O_4^-$ 和 $C_2O_4^{2-}$ 三种型体。根据质量平衡，草酸的总浓度应等于各型体平衡浓度之和。

$$c_{H_2C_2O_4}=[H_2C_2O_4]+[HC_2O_4^-]+[C_2O_4^{2-}]$$

根据分布分数定义：

$$\delta_{H_2C_2O_4}=\frac{[H_2C_2O_4]}{c_{H_2C_2O_4}}=\frac{[H_2C_2O_4]}{[H_2C_2O_4]+[HC_2O_4^-]+[C_2O_4^{2-}]}=\frac{1}{1+\frac{[HC_2O_4^-]}{[H_2C_2O_4]}+\frac{[C_2O_4^{2-}]}{[H_2C_2O_4]}}$$

$$= \frac{1}{1 + (K_{a1}/[H^+]) + (K_{a1} \cdot K_{a2}/[H^+]^2)}$$

$$= \frac{[H^+]^2}{[H^+]^2 + K_{a1} \cdot [H^+] + K_{a1} \cdot K_{a2}} \tag{2-6}$$

同理可得：

$$\delta_{HC_2O_4^-} = \frac{K_{a1} \cdot [H^+]}{[H^+]^2 + K_{a1} \cdot [H^+] + K_{a1} \cdot K_{a2}} \tag{2-7}$$

$$\delta_{C_2O_4^{2-}} = \frac{K_{a1} \cdot K_{a2}}{[H^+]^2 + K_{a1} \cdot [H^+] + K_{a1} \cdot K_{a2}} \tag{2-8}$$

显然，

$$\delta_{H_2C_2O_4} + \delta_{HC_2O_4^-} + \delta_{C_2O_4^{2-}} = 1$$

以 $\delta_{H_2C_2O_4}$、$\delta_{HC_2O_4^-}$、$\delta_{C_2O_4^{2-}}$值为纵坐标，以 pH 值为横坐标，可得到图 2-2 所示 $H_2C_2O_4$ 的分布曲线图。由图 2-2 可知：

（1）当 pH<pK_{a1}时，$H_2C_2O_4$ 为主要存在型体；

（2）当 pH>pK_{a2}时，$C_2O_4^{2-}$ 为主要存在型体；

（3）当 pK_{a1}<pH<pK_{a2}时，$HC_2O_4^-$ 为主要存在型体。

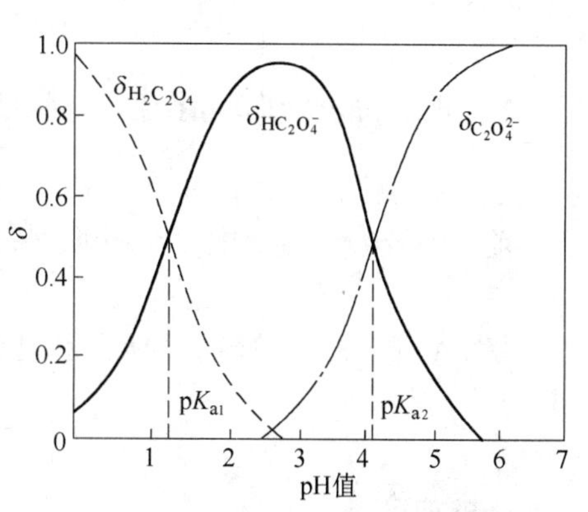

图 2-2　$H_2C_2O_4$ 溶液中各种存在型体的分布分数与溶液 pH 值的关系曲线

分布曲线很直观地反映存在型体与溶液 pH 值的关系，在选择反应条件时，可以按所需组分查图，即可得到相应的 pH 值。例如，欲测定 Ca^{2+}，采用 $C_2O_4^{2-}$ 为沉淀剂，反应时，溶液的 pH 值应维持在多少？从图 2-2 可知，在 pH≥5.0 时，$C_2O_4^{2-}$ 为主要存在型体，有利于沉淀形成，所以应使溶液的 pH≥5.0。

2.1.3.3　*三元弱酸的分布*

三元弱酸如 H_3PO_4 在溶液中有 H_3PO_4、$H_2PO_4^-$、HPO_4^{2-} 和 PO_4^{3-} 四种型体存在，同理推导出 $\delta_{H_3PO_4}$、$\delta_{H_2PO_4^-}$、$\delta_{HPO_4^{2-}}$和 $\delta_{PO_4^{3-}}$的计算公式：

$$\delta_{H_3PO_4} = \frac{[H^+]^3}{[H^+]^3 + K_{a1} \cdot [H^+]^2 + K_{a1} \cdot K_{a2} \cdot [H^+] + K_{a1} \cdot K_{a2} \cdot K_{a3}} \tag{2-9}$$

其余三种型体的分布分数计算式，读者可参照二元弱酸情况自行推出。

H_3PO_4 溶液中各种存在型体的分布曲线，如图 2-3 所示。

需要指出：在 pH = 4.7 时，$H_2PO_4^-$ 型体占 99.4%；同样，当 pH = 9.8 时，HPO_4^{2-} 型体占绝对优势为 99.5%。

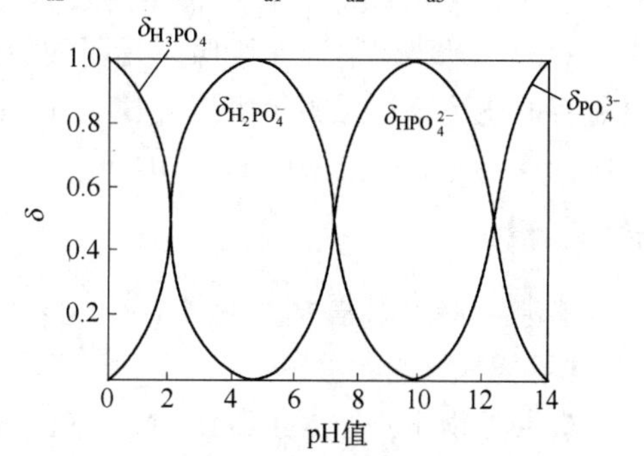

图 2-3　H_3PO_4 溶液中各种存在型体的分布分数与溶液 pH 值的关系曲线

2.1.4　酸碱溶液 pH 值的计算

酸碱滴定的过程，也就是溶液的 pH 值不断变化的过程。为揭示滴定过程中溶液 pH 值的变化规律，需要学习几类典型酸碱溶液 pH 值的计算方法。

2.1.4.1 质子条件

酸碱反应的本质是质子的转移。当反应达到平衡时，酸失去的质子数与碱得到的质子数一定相等，这种数量关系的数学表达式称为**质子条件**。由质子条件，可以计算溶液的 $[H^+]$。

例如，在一元弱酸（HA）的水溶液中，大量存在并参与质子转移的物质是 HA 和 H_2O，整个平衡体系中的质子转移反应式有：

HA 的解离反应式 $HA + H_2O \rightleftharpoons H_3O^+ + A^-$

水的质子自递反应式 $H_2O + H_2O \rightleftharpoons H_3O^+ + OH^-$

选择 HA 和 H_2O 作为参考水平，得质子的产物是 H_3O^+（以下简化为 H^+），失质子的产物是 A^- 和 OH^-。根据得失质子数相等的原则，可写出质子条件如下：

$$[H^+] = [A^-] + [OH^-]$$

2.1.4.2 酸碱溶液 pH 值的计算

A 一元弱酸（碱）溶液

前已叙及，水溶液中一元弱酸 HA 的质子条件为：

$$[H^+] = [A^-] + [OH^-]$$

将 $[A^-] = K_a \cdot [HA]/[H^+]$ 和 $[OH^-] = K_w/[H^+]$ 代入上式可得：

$$[H^+] = \frac{K_a \cdot [HA]}{[H^+]} + \frac{K_w}{[H^+]}$$

经整理可得：

$$[H^+] = \sqrt{K_a \cdot [HA] + K_w} \tag{2-10}$$

式（2-10）为计算一元弱酸溶液中 $[H^+]$ 的精确公式。式中的 [HA] 为 HA 的平衡浓度，需利用分布分数的公式求得，是相当烦琐的。若计算 $[H^+]$ 允许有 5%的误差，同时满足 $c/K_a \geqslant 105$ 和 $cK_a \geqslant 10K_w$（c 表示一元弱酸的分析浓度）两个条件，式（2-10）可进一步简化为：

$$[H^+] = \sqrt{cK_a} \tag{2-11}$$

这就是计算一元弱酸 $[H^+]$ 常用的最简式。

对于一元弱碱溶液，按照一元弱酸的思路，同样可以得到计算其 pH 值的最简式，即只需将上述计算一元弱酸溶液 $[H^+]$ 式（2-11）中的 K_a 换成 K_b，$[H^+]$ 换成 $[OH^-]$，就可以计算一元弱碱溶液中的 $[OH^-]$。

想一想

按照酸碱电离理论，如何求解弱酸、弱碱溶液的 pH 值？

B 两性物质溶液

有一类物质，如 $NaHCO_3$、NaH_2PO_4 和邻苯二甲酸氢钾等，在水溶液中既可给出质子显示酸性，又可接受质子显示碱性，其酸碱平衡是较为复杂的，但在计算 $[H^+]$ 时，仍可以作合理的简化处理。简化方法这里不再赘述。

一元弱酸、两性物质溶液 pH 值的计算是最常用的，现将计算几种酸溶液 pH 值的最简式及使用条件列于表 2-1 中。

表 2-1 计算几种酸溶液 $[H^+]$ 的最简式及使用条件

酸溶液种类	计 算 公 式	使用条件（允许相对误差±5%）
强酸	$[H^+]=c$ $[H^+]=\sqrt{K_w}$	$c \geqslant 4.7\times10^{-7}$ mol/L $c \leqslant 1.0\times10^{-8}$ mol/L
一元弱酸	$[H^+]=\sqrt{cK_a}$	$c/K_a \geqslant 105$ $cK_a \geqslant 10K_w$
二元弱酸	$[H^+]=\sqrt{cK_{a1}}$	$cK_{a1} \geqslant 10K_w$ $c/K_{a1} \geqslant 105$ $2K_{a2}/[H^+] \ll 1$
两性物质	$[H^+]=\sqrt{K_{a1}K_{a2}}$	$cK_{a2} \geqslant 10K_w$ $c/K_{a1} \geqslant 10$

若计算 Na_2HPO_4 溶液的 $[H^+]$，则公式中的 K_{a1} 和 K_{a2} 应分别改成 K_{a2} 和 K_{a3}。

2.1.5 缓冲溶液

能够抵抗外加少量强酸、强碱或稍加稀释，其自身 pH 值不发生显著变化的性质，称为缓冲作用。具有缓冲作用的溶液称为**缓冲溶液**。

分析化学中要用到很多缓冲溶液，大多数是作为控制溶液酸度用的，有些则是测量其他溶液 pH 值时作为参照标准用的，称为**标准缓冲溶液**。

缓冲溶液一般由浓度较大的弱酸（或弱碱）及其共轭碱（或共轭酸）组成，如 $HOAc\text{-}OAc^-$、$NH_4^+\text{-}NH_3$ 等。由于共轭酸碱对的 K_a、K_b 值不同，所形成的缓冲溶液能调节和控制的 pH 值范围也不同，常用的缓冲溶液可控制的 pH 值范围见表 2-2。

表 2-2 常用的缓冲溶液

编号	缓冲溶液名称	酸的存在形态	碱的存在形态	pK_a	可控制的 pH 值范围
1	甲酸-NaOH	HCOOH	$HCOO^-$	3.76	2.8~4.8
2	HOAc-NaOAc	HOAc	OAc^-	4.74	3.8~5.8
3	六亚甲基四胺-HCl	$(CH_2)_6N_4H^+$	$(CH_2)_6N_4$	5.15	4.2~6.2
4	$NaH_2PO_4\text{-}Na_2HPO_4$	$H_2PO_4^-$	HPO_4^{2-}	7.20(pK_{a1})	6.2~8.2
5	$Na_2B_4O_7\text{-}HCl$	H_3BO_3	$H_2BO_3^-$	9.24	8.0~9.0
6	$NH_4Cl\text{-}NH_3$	NH_4^+	NH_3	9.26	8.3~10.3
7	氨基乙酸-NaOH	$^+NH_3CH_2COO^-$	$NH_2CH_2COO^-$	9.60	8.6~10.6
8	$NaHCO_3\text{-}Na_2CO_3$	HCO_3^-	CO_3^{2-}	10.25	9.3~11.3
9	$Na_2HPO_4\text{-}NaOH$	HPO_4^{2-}	PO_4^{3-}	12.32	11.3~12.0

由弱酸 HA 与其共轭碱 A^- 组成的缓冲溶液，若用 c_{HA}、c_{A^-} 分别表示 HA、A^- 的分析浓度，可推出计算此缓冲溶液中 $[H^+]$ 及 pH 值的最简式，即：

$$[H^+]=K_a\frac{c_{HA}}{c_{A^-}},\ pH=pK_a+\lg\frac{c_{A^-}}{c_{HA}} \tag{2-12}$$

在高浓度的强酸强碱溶液中，由于 H^+或 OH^-的浓度本来就很高，外加的少量酸或碱不会对溶液的酸度产生太大的影响。在这种情况下，强酸、强碱也就是缓冲溶液，它们主要是高酸度（$pH<2$）和高碱度（$pH>12$）时的缓冲溶液。

酸碱滴定的基础是酸碱反应。以上讨论了酸碱质子理论、酸碱平衡、水溶液中酸碱组分不同型体的分布、酸碱溶液 pH 值的计算等内容。酸碱滴定的过程，就是酸与碱不断反应的过程，是水溶液中酸碱组分不同型体的分布不断变化的过程，也是酸碱溶液 pH 值不断变化的过程。学习上述内容的根本目的，是要明确酸碱反应进行到一定程度时，溶液中主要酸碱型体是什么，并能正确计算该酸碱溶液的 pH 值，为学习酸碱滴定法的原理打下必要的理论基础。

学习任务 2.2　酸碱指示剂

2.2.1　酸碱指示剂的变色原理

酸碱指示剂一般是有机弱酸或弱碱。当溶液的 pH 值变化时，指示剂失去质子由酸式变为碱式，或得到质子由碱式转化为酸式，它们的酸式与碱式具有不同的颜色。因此，溶液 pH 值变化，引起指示剂结构的变化，从而导致溶液颜色的变化，指示滴定终点的到达。例如，甲基橙是一种有机弱碱，在水溶液中有如下解离平衡和颜色变化。

$$(H_3C)_2N-C_6H_4-N=N-C_6H_4-SO_3^- \underset{OH^-}{\overset{H^+}{\rightleftharpoons}} (H_3C)_2\overset{+}{N}=C_6H_4=N-NH-C_6H_4-SO_3^-$$

黄色（偶氮式）　　　　　　　　红色（醌式）

由平衡关系可见，当溶液中 H^+浓度增大时，反应向右移动，甲基橙主要以醌式存在，呈现红色；当溶液中 OH^-浓度增大时，则平衡向左移动，以偶氮式存在，呈现黄色。当溶液的 $pH<3.1$ 时甲基橙为红色，$pH>4.4$ 则为黄色。常将指示剂颜色变化的 pH 值区间称为**变色范围**，因此 $pH=3.1\sim4.4$ 为甲基橙的变色范围。

又如，酚酞是一种有机弱酸，其结构在不同 pH 值溶液中的变化可用下列简式表示：

$$\text{无色分子} \underset{H^+}{\overset{OH^-}{\rightleftharpoons}} \text{无色离子} \underset{H^+}{\overset{OH^-}{\rightleftharpoons}} \text{红色离子} \underset{H^+}{\overset{\text{浓碱}}{\rightleftharpoons}} \text{无色离子}$$

这个变化过程是可逆的。当 H^+浓度增大时，平衡自右往左方向移动，酚酞变成无色分子；当 OH^-浓度增大时，平衡自左往右方向移动，当 pH 值约为 8 时酚酞呈现红色，但在浓碱溶液中酚酞的结构由醌式又变为羧酸盐式，呈现为无色。因此，$pH=8.0\sim9.6$ 是酚酞指示剂的变色范围。

课程思政

酸碱指示剂的发现：英国著名化学家、近代化学的奠基人罗伯特 · 波义耳（Robert Boyle，1627—1691 年）在一次实验中，不小心将浓盐酸溅到一束紫罗兰上，为了洗掉花瓣上的酸，他把花浸泡在水中，过了一会儿，他惊奇地发现紫罗兰变成了红色。他请助手把紫罗兰花瓣分成小片投到其他的酸性溶液中，结果花瓣都变成了红色。波义耳从一些植物中提取汁液，并用它们制成了试纸。波义耳用试纸对酸性溶液和碱性溶液进行了多次试验，终于发明了我们今天仍在使用的酸碱指示剂。我们要学习化学家波义耳善于发现、勇于探索的科学精神和创新精神。

2.2.2 酸碱指示剂的变色范围

为了进一步说明指示剂颜色变化与酸度的关系，现以 HIn 表示指示剂酸式，以 In^- 代表指示剂碱式，在溶液中指示剂的解离平衡表示为：

$$HIn \rightleftharpoons H^+ + In^-$$

$$K_{HIn}=\frac{[H^+]\cdot[In^-]}{[HIn]} \text{或} \frac{K_{HIn}}{[H^+]}=\frac{[In^-]}{[HIn]} \tag{2-13}$$

当 $[H^+]=K_{HIn}$，式（2-13）中 $\frac{[In^-]}{[HIn]}=1$，两者浓度相等，溶液表现出酸式色和碱式色的中间颜色，此时 $pH=pK_{HIn}$，称为**指示剂的理论变色点**。一般来说：

（1）当 $\frac{[In^-]}{[HIn]}>\frac{10}{1}$ 时，观察到的是 In^- 的颜色；

（2）当 $\frac{[In^-]}{[HIn]}=\frac{10}{1}$ 时，可在 In^- 颜色中勉强看出 HIn 的颜色，此时 $pH=pK_{HIn}+1$；

（3）当 $\frac{[In^-]}{[HIn]}<\frac{1}{10}$ 时，观察到的是 HIn 的颜色；

（4）当 $\frac{[In^-]}{[HIn]}=\frac{1}{10}$ 时，可在 HIn 颜色中勉强看出 In^- 的颜色，此时 $pH=pK_{HIn}-1$。

由上述讨论可知，指示剂的理论变色范围为 $pH=pK_{HIn}\pm1$，为 2 个 pH 单位。但实际观察到的大多数指示剂的变化范围小于 2 个 pH 值单位，且指示剂的理论变色点不是变色范围的中间点，这是由于人们对不同颜色敏感程度的差别造成的。溶液的温度也影响指示剂的变色范围。常用的酸碱指示剂列于表 2-3 中。

表 2-3 常用酸碱指示剂

指示剂	酸式色	碱式色	pK_a	变色范围（pH 值）	用　法
甲基橙	红色	黄色	3.4	3.1~4.4	0.05%的水溶液
溴酚蓝	黄色	紫色	4.1	3.1~4.6	0.1%的 20%乙醇或其钠盐
溴甲酚绿	黄色	蓝色	4.9	3.8~5.4	0.1%水溶液，每 100mg 指示剂加 0.05mol/L NaOH 9mL
甲基红	红色	黄色	5.2	4.4~6.2	0.1%的 60%乙醇或其钠盐水溶液
溴百里酚蓝	黄色	蓝色	7.3	6.0~7.6	0.1%的 20%乙醇或其钠盐水溶液
中性红	红色	黄橙色	7.4	6.8~8.0	0.1%的 60%乙醇
酚红	黄色	红色	8.0	6.7~8.4	0.1%的 60%乙醇或其钠盐水溶液
酚酞	无色	红色	9.1	8.0~9.6	0.1%的 90%乙醇
百里酚酞	无色	蓝色	10.0	9.4~10.6	0.1%的 90%乙醇

2.2.3 混合指示剂

在酸碱滴定中，有时需要将滴定终点控制在很窄的 pH 值范围内，此时可采用混合指示剂。混合指示剂有以下两类。

（1）由两种或两种以上的指示剂混合而成，利用颜色的互补作用，使指示剂变色范围变窄，颜色更敏锐，有利于判断终点，减少滴定误差，提高分析的准确度。例如，溴甲酚绿（$pK_a=4.9$）和甲基红（$pK_a=5.2$）两者按 3∶1 混合后，在 pH<5.1 的溶液中呈酒红色，而在 pH>5.1 的溶液中呈绿色，且变色非常敏锐。

（2）在某种指示剂中加入另一种惰性染料组成。例如，采用中性红与亚甲基蓝混合而配制的指示剂，当配比为 1∶1 时，混合指示剂在 pH=7.0 时呈现蓝紫色，其酸色为蓝紫色，碱色为绿色，变色也很敏锐。

常用的几种混合指示剂列于表 2-4 中。

表 2-4　几种常用的混合指示剂

指示剂组成	变色点（pH 值）	酸式色	碱式色	备注
3 份 0.1%溴甲酚绿乙醇溶液 1 份 0.2%甲基红乙醇溶液	5.1	酒红	绿	pH=5.1 灰色
1 份 0.1%中性红乙醇溶液 1 份 0.1%亚甲基蓝乙醇溶液	7.0	蓝紫	绿	
1 份 0.1%百里酚蓝的 50%乙醇溶液 3 份 0.1%酚酞的 50%乙醇溶液	9.0	黄	紫	黄→绿→紫

如果把甲基红、溴百里酚蓝、百里酚蓝、酚酞按一定比例混合，溶于乙醇，配成混合指示剂，可随溶液 pH 值的变化而呈现不同的颜色。实验室中使用的 pH 值试纸，就是基于混合指示剂的原理而制成的。

还应指出，滴定分析中指示剂加入量的多少也会影响变色的敏锐程度；况且，指示剂本身就是有机弱酸或弱碱，也要消耗滴定剂，影响分析结果的准确度。因此，一般地讲，指示剂应适当少用，变色会明显一些，引入的误差也小一些。

学习任务 2.3　强酸碱的滴定分析

酸碱滴定过程中，随着滴定剂不断地加入到被测溶液中，溶液的 pH 值不断地变化。根据滴定过程中溶液 pH 值的变化规律，选择合适的指示剂，就能正确地指示滴定终点，从而对被测溶液的浓度进行定量计算，达到酸碱滴定的目的。

本节讨论一元酸碱滴定过程中 pH 值的变化规律和指示剂的选择原则。

现以 0.1000mol/L NaOH 溶液滴定 20.00mL 0.1000mol/L HCl 溶液为例，讨论强碱滴定强酸的情况。

被滴定的 HCl 溶液，起始 pH 值较低。随着 NaOH 的加入，中和反应不断进行，溶液的 pH 值不断升高。当加入的 NaOH 物质的量恰好等于 HCl 物质的量时，中和反应恰好进行完全，滴定到达化学计量点，溶液中仅存在 NaCl 和 H_2O，溶液的 $[H^+]=[OH^-]=1\times10^{-7}$mol/L。超过化学计量点后，继续加入 NaOH 溶液，pH 值继续升高。为了解整个滴定过程中的 pH 值变化规律，将其分为以下 4 个阶段。

（1）滴定开始前。溶液的 pH 值取决于 HCl 的原始浓度，即分析浓度，因为 HCl 是强酸，故 $[H^+]=0.1000$mol/L，pH=1.00。

（2）滴定开始至化学计量点前。溶液的 pH 值由剩余 HCl 物质的量决定，如加入 NaOH 溶液 19.98mL，溶液中：

$$[H^+] = \frac{c_{HCl} \times \text{剩余 HCl 溶液的体积}}{\text{溶液总体积}}$$

$$= \frac{0.1000 \times 0.02}{20.00 + 19.98}$$

$$= 5 \times 10^{-5} \text{mol/L}$$

$$pH = 4.30$$

化学计量点前其他各点的 pH 值均按上述方法计算。

（3）化学计量点时。在化学计量点时 NaOH 与 HCl 恰好全部中和完全，此时溶液中 $[H^+] = [OH^-] = 1 \times 10^{-7}$mol/L，故化学计量点时 pH 值为 7.00，溶液呈中性。

（4）化学计量点后。此时溶液的 pH 值根据过量碱的量进行计算，如滴入 NaOH 溶液 20.02mL，即过量 0.1%。

$$[OH^-] = \frac{c_{NaOH} \times \text{过量 NaOH 溶液的体积}}{\text{溶液总体积}}$$

$$= \frac{0.1000 \times 0.02}{20.00 + 20.02}$$

$$= 5 \times 10^{-5} \text{mol/L}$$

$$pOH = 4.30, \quad pH = 9.70$$

化学计量点后的各点，均可按此方法逐一计算。

将上述计算值列于表 2-5 中，以 NaOH 加入量为横坐标，对应的 pH 值为纵坐标，绘制 pH 值-V 关系曲线，称为酸碱滴定曲线，如图 2-4 所示。

表 2-5　用 0.1000mol/L NaOH 溶液滴定 20.00mL 浓度为 0.1000mol/L 的 HCl 溶液

加入 NaOH 溶液		剩余 HCl 溶液的体积 V/mL	过量 NaOH 溶液的体积 V/mL	pH 值	
a①/%	V/mL				
0	0.00	20.00		1.00	
90.0	18.00	2.00		2.28	
99.0	19.80	0.20		3.30	
99.9	19.98	0.02		4.30（A 点）	滴定突跃
100.0	20.00	0.00		7.00	滴定突跃
100.1	20.02		0.02	9.70（B 点）	滴定突跃
101.0	20.20		0.20	10.70	
110.0	22.00		2.00	11.70	
200.0	40.00		20.00	12.50	

①a 为滴定分数，其定义为 $a = \frac{\text{酸被滴定的物质的量}}{\text{酸起始的物质的量}}$。

从表 2-5 和图 2-4 可见，滴定开始时曲线比较平坦，这是因为溶液中还存在着较多的 HCl，酸度较大。随着 NaOH 不断滴入，HCl 的量逐渐减少，pH 值逐渐增大，当滴定至只

思政课堂　滴定曲线中量变与质变的启示

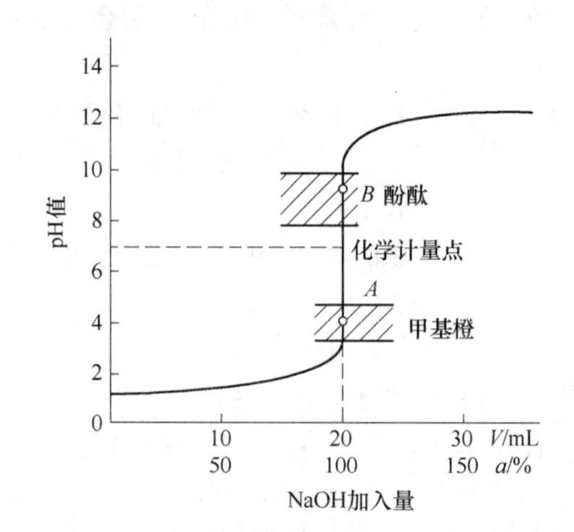

图 2-4　0.1000mol/L NaOH 溶液滴定 20.00mL 0.1000mol/L HCl 的滴定曲线

剩下 0.1% HCl，即剩余 0.02mL HCl 时，pH 值为 4.30，再继续滴入 1 滴滴定剂（大约 0.04mL），即中和剩余的半滴 HCl 后，仅过量 0.02mL NaOH，溶液的 pH 值从 4.30 急剧升高到 9.70。即 1 滴 NaOH 溶液就使溶液 pH 值增加 5.40 个 pH 单位，从图 2-4 和表 2-5 的 A 点至 B 点可知，在化学计量点前后 0.1%，滴定曲线上出现了一段垂直线，这称为**滴定突跃**。指示剂的选择主要以滴定突跃为依据，凡在 pH = 4.30 ~ 9.70 内变色的，如甲基橙、甲基红、酚酞、溴百里酚蓝、苯酚红等，均能作为该滴定的指示剂。

课程思政

在酸碱滴定曲线中，化学计量点前，滴定曲线较为平坦，在化学计量点附近，滴定曲线发生了急剧变化，称为滴定突跃。滴定曲线的变化规律体现了量变到质变的哲学思想，当量变积累到一定程度时，就会发生飞跃性的质变。我们的生活中也处处存在着量变与质变的道理，俗话说“台上一分钟，台下十年功”，“不积跬步，无以成千里”，没有谁能随随便便成功，哪里有天上掉馅饼的美事！正如诺贝尔奖获得者屠呦呦和莫言，只有经历了前期脚踏实地的努力奋斗，有了积极正向的量的积累，有朝一日，才会厚积薄发，实现人生质的突跃，实现更有意义的人生价值。

例如，当滴定至甲基橙颜色由红色突变为橙色时，溶液的 pH 值约为 4.4，这时加入 NaOH 的量与化学计量点时应加入量的差值不足 0.02mL，终点误差小于-0.1%，符合滴定分析的要求。若改用酚酞为指示剂，溶液呈微红色时 pH 值略大于 8.0，此时 NaOH 的加入量超过化学计量点时应加入的量也不到 0.02mL，终点误差小于 0.1%，仍然符合滴定分析的要求。因此，选择变色范围处于或部分处于滴定突跃范围内的指示剂，都能够准确地指示滴定终点。这是正确选择指示剂的原则，也是本节的一个重要结论。

以上讨论的是 0.1mol/L NaOH 溶液滴定 0.1mol/L HCl 溶液的情况。如改变 NaOH 溶液浓度，化学计量点的 pH 值仍然是 7.00，但滴定突跃的长短不同，如图 2-5 所示。酸碱溶液浓度越大，滴定曲线中化学计量点附近的滴定突跃越长，可供选择的指示剂越多。如果酸碱溶液的浓度越小，则化学计量点附近的滴定突跃越短，可供选择的指示剂就越少。例如，若用 0.01mol/L NaOH 溶液滴定 0.01mol/L HCl 溶液，滴定突跃减小为 5.30 ~ 8.70；

若仍用甲基橙作指示剂，终点误差将大于 0.1%，此时只能用酚酞、甲基红等，才能符合滴定分析的要求。

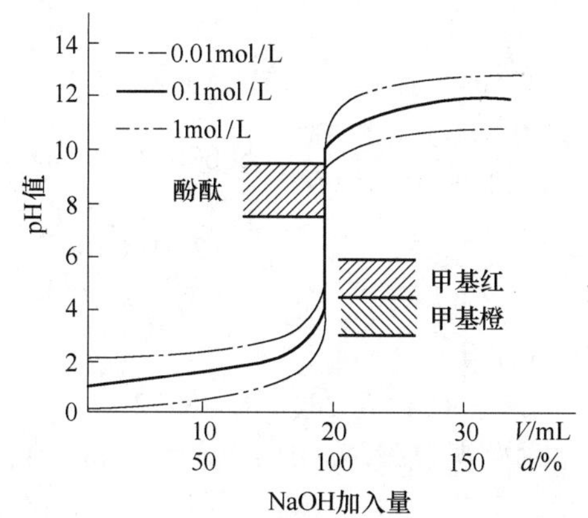

图 2-5　不同浓度 NaOH 溶液滴定不同浓度 HCl 溶液的滴定曲线

练一练

用 0.1000mol/L HCl 溶液滴定 20.00mL 0.1000mol/L NaOH 溶液时：

（1）滴定过程中，溶液 pH 值有何变化规律？

（2）滴定突跃是多少？

（3）选择哪些指示剂能够满足终点误差小于±0.1%的要求？

学习任务 2.4　弱酸碱的滴定分析

2.4.1　强碱滴定弱酸

现以 0.1000mol/L NaOH 溶液滴定 20.00mL 0.1000mol/L HOAc 溶液为例，介绍强碱滴定弱酸的情况，滴定过程中溶液 pH 值可用下面的计算方法。

（1）滴定开始前。溶液的 pH 值根据 HOAc 解离平衡来计算（已知 HOAc 的解离常数 $pK_a = 4.74$）：

$$[H^+] = \sqrt{c_{HOAc} \cdot K_a} = \sqrt{0.1000 \times 1.8 \times 10^{-5}} = 1.3 \times 10^{-3} \text{mol/L}$$

$$pH = 2.87$$

（2）化学计量点前。该阶段溶液的 pH 值应根据剩余的 HOAc 及反应产物 OAc^- 所组成的缓冲溶液按式（2-12）计算。现设滴入 NaOH 19.98mL，与 HOAc 中和后形成 NaOAc，剩余 HOAc 0.02mL 未被中和。pH 值计算如下：

$$c_{HOAc} = \frac{0.02 \times 0.1000}{20.00 + 19.98} = 5.000 \times 10^{-5} \text{mol/L}$$

$$c_{OAc^-} = \frac{19.98 \times 0.1000}{20.00 + 19.98} = 5.000 \times 10^{-2} \text{mol/L}$$

$$pH = pK_a + \lg\frac{c_{OAc^-}}{c_{HOAc}} = 4.74 + \lg\frac{5.000\times10^{-2}}{5.000\times10^{-5}} = 7.74$$

（3）化学计量点时。NaOH 与 HOAc 完全中和，反应产物为 NaOAc，根据共轭碱的解离平衡计算如下：

$$OAc^- + H_2O \rightleftharpoons HOAc + OH^-$$

$$c_{OAc^-} = \frac{0.1000\times20.00}{20.00+20.00} = 5.000\times10^{-2}\text{mol/L}$$

$$[OH^-] = \sqrt{K_b\cdot c_{OAc^-}} = \sqrt{\frac{K_w}{K_a}\cdot c_{OAc^-}} = \sqrt{\frac{1.0\times10^{-14}}{1.8\times10^{-5}}\times5.000\times10^{-2}}$$

$$=5.3\times10^{-6}\text{mol/L}$$

$$pOH=5.28,\ pH=8.72$$

（4）化学计量点后。此时根据过量 NaOH 的量计算 pH 值，设加入 20.02mL NaOH，溶液中 OH^-浓度为：

$$[OH^-] = \frac{0.02\times0.1000}{20.00+20.02} = 5\times10^{-5}\text{mol/L}$$

$$pOH=4.30,\ pH=9.70$$

将上述计算结果列于表 2-6 中。根据表 2-6 值绘制的滴定曲线与图 2-6 中的Ⅰ接近，图中的虚线是强碱滴定强酸滴定曲线的前半部分。

表 2-6　0.1000mol/L NaOH 溶液滴定 20.00mL 0.1000mol/L HOAc 溶液

加入 NaOH 溶液		剩余 HOAc 溶液的体积 V/mL	过量 NaOH 溶液的体积 V/mL	pH 值	
a/%	V/mL				
0	0.00	20.00		2.87	
50.0	10.00	10.00		4.74	
90.0	18.00	2.00		5.70	
99.0	19.80	0.20		6.74	
99.9	19.98	0.02		7.74（A 点）	滴定突跃
100.0	20.00	0.00		8.72	
100.1	20.02		0.02	9.70（B 点）	
101.0	20.20		0.20	10.70	
110.0	22.00		2.00	11.68	
200.0	40.00		20.00	12.52	

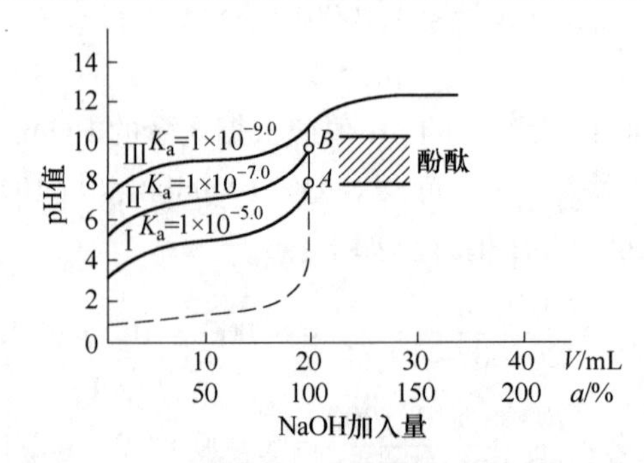

图 2-6　NaOH 溶液滴定不同弱酸溶液的滴定曲线

将 NaOH 滴定 HOAc 的滴定曲线与 NaOH 滴定 HCl 的滴定曲线相比较，可以看到它们有以下不同点：

（1）由于 HOAc 是弱酸，滴定前，溶液中的 H^+ 浓度要低，因此起始的 pH 值要高一些；

（2）化学计量点之前，溶液中未反应的 HOAc 组成了 $HOAc\text{-}OAc^-$ 缓冲体系，溶液的 pH 值由该缓冲体系决定，pH 值的变化相对较慢；

（3）化学计量点附近，溶液的 pH 值发生突变，滴定突跃为 pH = 7.74 ~ 9.70，相对滴定 HCl 而言，滴定突跃小得多；

（4）化学计量点时，溶液中仅含 NaOAc，pH 值为 8.72，因而化学计量点时溶液呈碱性。

温馨提示

强碱滴定弱酸还需重点关注以下两个问题。

（1）强碱滴定弱酸时，滴定突跃范围较小，指示剂的选择受限制，只能选择在弱碱性范围内变色的指示剂，如酚酞、百里酚酞等。若仍选择在酸性范围内变色的指示剂，如甲基橙，则溶液变色时，HOAc 被中和的分数还不到 50%，显然，指示剂选择是错误的。滴定弱酸时，一般都是先计算出化学计量点时的 pH 值，选择那些变色点接近化学计量点的指示剂来确定终点，而不必计算整个滴定过程的 pH 值变化。

（2）强碱滴定弱酸时的滴定突跃大小，取决于弱酸溶液的浓度和它的解离常数 K_a 两个因素。如果要求终点误差小于等于±0.1%，必须使滴定突跃超过 0.3pH 单位，此时人眼才可以辨别出指示剂颜色的变化，滴定才可以顺利地进行。由图 2-6 可以看出，浓度为 0.1mol/L，$K_a = 1\times10^{-7}$ 的弱酸还能出现 0.3pH 单位的滴定突跃。对于 $K_a = 1\times10^{-8}$ 的弱酸，其浓度若为 0.1mol/L 将不能目视直接滴定。通常，以 $cK_a \geq 1\times10^{-8}$ 作为弱酸能被强碱溶液目视准确滴定的判据，这是本节的另一个重要结论。

2.4.2　强酸滴定弱碱

强酸滴定弱碱，用 HCl 溶液滴定 NH_3 溶液即属此例。滴定反应式为：

$$NH_3 + H^+ \rightleftharpoons NH_4^+$$

随着 HCl 的滴入，溶液组成经历 NH_3 到 $NH_4Cl\text{-}NH_3$，再到 NH_4Cl，最后到 $NH_4Cl\text{-}HCl$ 的变化过程，pH 值也逐渐由高向低变化。这类滴定与用 NaOH 滴定 HOAc 十分相似。现仍采取分四个阶段的思路，将具体计算结果列于表 2-7 中，其滴定曲线如图 2-7 所示。

强酸滴定弱碱的化学计量点及滴定突跃都在弱酸性范围内，本例可选用甲基红、溴甲酚绿为指示剂。

强酸滴定弱碱时，当碱的浓度一定时，K_b 越大即碱性越强，滴定曲线上滴定突跃范围也越大；反之，突跃范围越小。与强碱滴定弱酸的情况相似。因此强酸滴定弱碱时，只有当 $cK_b \geq 1\times10^{-8}$，此弱碱才能用标准酸溶液直接目视滴定。

表 2-7　用 0. 1000mol/L HCl 溶液滴定 20. 00mL 0. 1000mol/L NH_3 溶液

加入 HCl 溶液		溶液组成	溶液[OH^-]或[H^+]计算公式	pH 值	
V/mL	a/%				
0. 00	0	NH_3	$[OH^-]=\sqrt{cK_b}$	11. 13	
18. 00	90. 0	$NH_4^+ + NH_3$	$[OH^-]=K_b \cdot \frac{c_{NH_3}}{c_{NH_4^+}}$	8. 30	
19. 98	99. 9			6. 26（A 点）	滴定突跃
20. 00	100. 0	NH_4^+	$[H^+]=\sqrt{\frac{K_w}{K_b} \cdot c_{NH_4^+}}$	5. 28	
20. 02	100. 1	$H^+ + NH_4^+$	$[H^+] \approx c_{HCl(过量)}$	4. 30（B 点）	
22. 00	110. 0			2. 32	
40. 00	200. 0			1. 48	

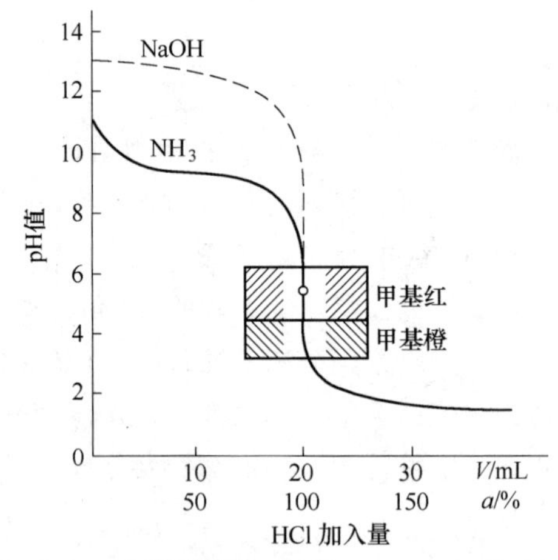

图 2-7　0. 1000mol/L HCl 溶液滴定 20. 00mL 0. 1000mol/L NH_3 的滴定曲线

温馨提示

以上讨论了强碱滴定强酸、强碱滴定弱酸、强酸滴定弱碱过程中溶液 pH 值的变化规律，目的是使读者理解酸碱滴定法的原理。在酸碱滴定的实际应用中，不必绘制滴定曲线，也不必计算滴定突跃，只需掌握以下两点：

（1）强碱（或强酸）能否准确滴定弱酸（或弱碱），必须根据 cK_a（或 cK_b）是否≥1×10^{-8}进行判断；

（2）当能够准确滴定时，先写出滴定反应式，确定滴定进行到化学计量点时，是溶液中何种组分决定溶液的［H^+］（pH 值），然后选用正确的公式计算出化学计量点时溶液的 pH 值，选择变色范围包括化学计量点 pH 值的指示剂，就可以进行一元酸碱的滴定。

2. 4. 3　弱酸（碱）的间接滴定法

有些物质的$cK_a<1\times10^{-8}$，$cK_b<1\times10^{-8}$时，不能用酸、碱标准溶液直接滴定。为了解决这些问题，可采用间接滴定，通常有两种测定方法。

（1）非水体系中酸碱滴定。酸碱反应中质子传递过程是通过溶剂来实现的，因此，物质的酸碱强度与物质本身的性质及溶剂的酸碱性有关。同一种酸在不同溶剂中，其强度不同，如苯酚在水溶剂中是一种极弱的酸，不能用碱标准溶液直接滴定，但是苯酚在碱性的乙二胺溶剂中就可表现出较强的酸性，以致可用电位法滴定。同样，吡啶或胺类等在水中是极弱的碱，不能直接被滴定，但在冰醋酸介质中就可增强其碱性，可以被滴定。所以，非水滴定就是要选择适当的溶剂，增强弱酸或弱碱的强度，使之能被准确滴定。

一般滴定弱碱时，通过选用酸性溶剂使滴定反应更完全；同理，滴定弱酸时，则要选用碱性溶剂。另外，溶剂应有一定的纯度，黏度小，挥发性低，易于回收，低廉，安全等。

（2）采用化学反应或其他方式使弱酸转化为较强的酸。肥料或土壤试样中常要测定氮的含量，如硫酸铵化肥中含氮量的测定。由于铵盐（NH_4^+）为酸，它的 K_a 为：

$$K_a = \frac{K_w}{K_b} = \frac{1 \times 10^{-14}}{1.8 \times 10^{-5}} = 5.6 \times 10^{-10}$$

不能直接用碱标准溶液滴定，而需采取间接的测定方法。铵盐在水中全部解离，甲醛与 NH_4^+ 发生下列反应：

$$6HCHO + 4NH_4^+ \longrightarrow (CH_2)_6N_4H^+ + 3H^+ + 6H_2O$$

生成物 $(CH_2)_6N_4H^+$ 是六亚甲基四铵 $(CH_2)_6N_4$ 的共轭酸，六亚甲基四铵的 $K_b \approx 1 \times 10^{-9}$，为一元弱碱，其共轭酸的 $K_a \approx 1 \times 10^{-5}$，可用碱直接滴定；所以加入滴定剂 NaOH 时，将与上一反应式中游离的 3 个 H^+ 和共轭酸中质子化的 H^+ 反应：

$$4NaOH + (CH_2)_6N_4H^+ + 3H^+ \longrightarrow 4H_2O + (CH_2)_6N_4 + 4Na^+$$

总反应式为：

$$4NH_4^+ + 4NaOH + 6HCHO \longrightarrow (CH_2)_6N_4 + 4Na^+ + 10H_2O$$

从滴定反应可知，1mol NH_4^+ 与 1mol NaOH 相当。滴定到达化学计量点时 pH 值约为 9，可选用酚酞为指示剂，溶液呈现淡红色即为滴定终点。

硼酸是极弱的酸（$K_a = 5.7 \times 10^{-10}$），故不能用 NaOH 直接滴定。但是，如在硼酸中加入甘油或甘露醇等多元醇，可与硼酸形成稳定的配合物，从而增强硼酸在水溶液中的酸性，使弱酸强化。其反应式如下：

$$2\ \begin{matrix} H \\ | \\ R—C—OH \\ | \\ R—C—OH \\ | \\ H \end{matrix} + H_3BO_3 \longrightarrow H^+ + \left[\begin{matrix} H & & H \\ | & & | \\ R—C—O & & O—C—R \\ | & \gt B \lt & | \\ R—C—O & & O—C—R \\ | & & | \\ H & & H \end{matrix} \right]^- + 3H_2O$$

生成的酸 $K_a = 5.5 \times 10^{-5}$，故可用强碱 NaOH 标准溶液滴定。化学计量点 pH 值在 9 左右，可选用酚酞或百里酚酞作为指示剂。

为了使反应进行完全，需加入过量的甘露醇或甘油，本法常用于硼镁砂中硼含量的测定。但硼镁矿中常伴随有铁、铝等杂质，易水解出相应的酸或碱，对测定有影响，应采取措施消除其干扰，如用离子交换树脂分离，然后进行测定。

学习任务2.5　多元酸碱的滴定分析

2.5.1　多元酸的滴定

现以 NaOH 溶液滴定 H_3PO_4 溶液为例。多元酸 H_3PO_4 的解离平衡如下：

$$H_3PO_4 \rightleftharpoons H^+ + H_2PO_4^- \quad K_{a1} = 7.6 \times 10^{-3} \quad pK_{a1} = 2.12$$

$$H_2PO_4^- \rightleftharpoons H^+ + HPO_4^{2-} \quad K_{a2} = 6.3 \times 10^{-8} \quad pK_{a2} = 7.20$$

$$HPO_4^{2-} \rightleftharpoons H^+ + PO_4^{3-} \quad K_{a3} = 4.4 \times 10^{-13} \quad pK_{a3} = 12.36$$

第一步，NaOH 将 H_3PO_4 定量中和至 $H_2PO_4^-$：

$$H_3PO_4 + NaOH = NaH_2PO_4 + H_2O$$

第二步，NaOH 再将 $H_2PO_4^-$ 中和至 HPO_4^{2-}：

$$NaH_2PO_4 + NaOH = Na_2HPO_4 + H_2O$$

能否在第一步中和反应定量完成后才开始第二步中和反应，这取决于 K_{a1} 与 K_{a2} 的比值。如果 $K_{a1}/K_{a2}>1\times10^4$，则用 NaOH 溶液滴定多元酸时，出现第一个滴定突跃，完成第一步反应；如果 $K_{a2}/K_{a3}>1\times10^4$，出现第二个滴定突跃，完成第二步反应。对于 H_3PO_4 而言，$K_{a1}/K_{a2}=1\times10^{5.08}$，$K_{a2}/K_{a3}=1\times10^{5.16}$，比值都大于 1×10^4，即 NaOH 滴定 H_3PO_4 的反应可以分步进行。实际上，能否完全如上述两步反应所示，待全部 H_3PO_4 反应生成 $H_2PO_4^-$ 后，$H_2PO_4^-$ 才开始反应生成 HPO_4^{2-} 呢？可以结合图 2-3 中 H_3PO_4 的分布曲线来考虑：当 pH=4.7 时，$H_2PO_4^-$ 占 99.4%，还同时存在的另两种型体 H_3PO_4 和 HPO_4^{2-}，各占约 0.3%，这就是说，当还有约 0.3% 的 H_3PO_4 尚未被中和为 $H_2PO_4^-$ 时，已有约 0.3% 的 $H_2PO_4^-$ 被中和为 HPO_4^{2-}。因此，严格地说，两步中和反应是稍有交叉地进行，但对于一般的分析工作而言，多元酸滴定准确度的要求不是太高，其误差在允许范围内即可，所以认为 H_3PO_4 能进行分步滴定。

与滴定一元弱酸相类似，多元弱酸能被准确滴定至某一级，也取决于酸的浓度与酸的某级解离常数的乘积，当满足 $cK_{ai}\geqslant1\times10^{-8}$ 时，就能够被准确滴定至那一级。就 H_3PO_4 来说，其 K_{a1}、K_{a2} 都大于 1×10^{-7}，当酸的浓度大于 0.1mol/L 时，H_3PO_4 的第一、第二级 H^+ 都能被直接滴定，但 H_3PO_4 的 K_{a3} 为 $1\times10^{-12.36}$，HPO_4^{2-} 就不可能直接被滴定至 PO_4^{3-}，因此不会出现第三个滴定突跃。

NaOH 溶液滴定 H_3PO_4 的过程中，pH 值的准确计算较为复杂，这里不做介绍。图 2-8 给出了由电位滴定法绘制的滴定曲线。与 NaOH 滴定一元弱酸相比，此曲线显得较为平坦，这是由于在滴定过程中溶液先后形成 H_3PO_4-$H_2PO_4^-$ 和 $H_2PO_4^-$-HPO_4^{2-} 两个缓冲体系的缘故。

通常，分析工作者只计算化学计量点的 pH 值，并据此选择合适的指示剂。

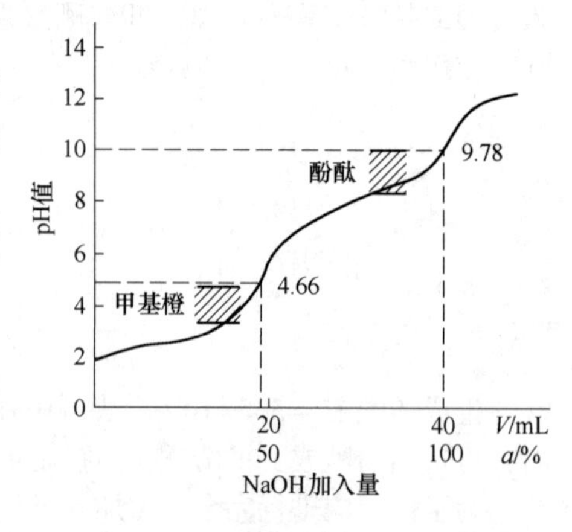

图 2-8　NaOH 溶液滴定 H_3PO_4 溶液的滴定曲线

NaOH 溶液滴定 H_3PO_4 至第一化学计量点时，溶液组成主要为 $H_2PO_4^-$，是两性物质，用最简式计算 H^+浓度。

第一化学计量点：

$$[H^+]_1 = \sqrt{K_{a1}K_{a2}} = \sqrt{1 \times 10^{-2.12} \times 1 \times 10^{-7.20}} = 1 \times 10^{-4.66}\text{mol/L}$$

$$pH = 4.66$$

同理，对于第二化学计量点时的主要存在形式 HPO_4^{2-}，也是两性物质，其计算如下：

$$[H^+]_2 = \sqrt{K_{a2}K_{a3}} = \sqrt{1 \times 10^{-7.20} \times 1 \times 10^{-12.36}} = 1 \times 10^{-9.78}\text{mol/L}$$

$$pH = 9.78$$

第一化学计量点可以选择甲基橙（由橙色→黄色）或甲基红（由红色→橙色）作指示剂。但用甲基橙时终点出现偏早，最好选用溴甲酚绿和甲基橙混合指示剂，其变色点为 pH=4.3，可较好地指示第一化学计量点的到达。

同理，对于第二化学计量点，最好选用酚酞和百里酚酞混合指示剂，其变色点为 pH=9.9，在终点时变色明显。

若用 NaOH 溶液滴定草酸（$H_2C_2O_4$），由于草酸的 $K_{a1}=1\times10^{-1.23}$，$K_{a2}=1\times10^{-4.19}$，其 $K_{a1}/K_{a2}=1\times10^{2.96}<1\times10^4$。当用 NaOH 溶液滴定 $H_2C_2O_4$ 时，第一步解离的 H^+ 尚未完全中和，第二步解离的 H^+ 也已开始反应，两步反应交叉进行较为严重，溶液中不可能出现仅有 $HC_2O_4^-$ 的情况。只有当两步解离的 H^+ 全被中和后，才出现一个滴定突跃，因此 $H_2C_2O_4$ 不能被分步滴定。

2.5.2　多元碱的滴定

多元碱的滴定和多元酸的滴定相类似。前述有关多元酸滴定的结论，也适用于多元碱的滴定。当 $K_{b1}/K_{b2}>1\times10^4$ 时，可以分步滴定；当 $cK_{bi}\geqslant1\times10^{-8}$ 时，则多元碱能够被滴定至 i 级。

分析实验室中常采用 Na_2CO_3 基准物质标定 HCl 溶液的浓度，就是最好的一个强酸滴定多元碱的实例。

假定 $c_{Na_2CO_3}=0.1000\text{mol/L}$，$Na_2CO_3$ 在水中的解离反应式为：

$$CO_3^{2-} + H_2O \xrightleftharpoons{K_{b1}} HCO_3^- + OH^-$$

$$K_{b1} = K_w/K_{a2} = 1.8 \times 10^{-4}$$

$$HCO_3^- + H_2O \xrightleftharpoons{K_{b2}} H_2CO_3 + OH^-$$

$$K_{b2} = K_w/K_{a1} = 2.4 \times 10^{-8}$$

由于 $K_{b1}/K_{b2}=0.75\times10^4(10^{3.88})\approx1\times10^4$，勉强可以分步滴定，但是确定第二化学计量点的准确度稍差。HCl 溶液滴定 Na_2CO_3 溶液的滴定曲线如图 2-9 所示。从图 2-9 可见，用 HCl 溶液滴定 Na_2CO_3 到达第一化学计量点时，生成 $NaHCO_3$，属两性物质。此时 pH 值可按下式计算：

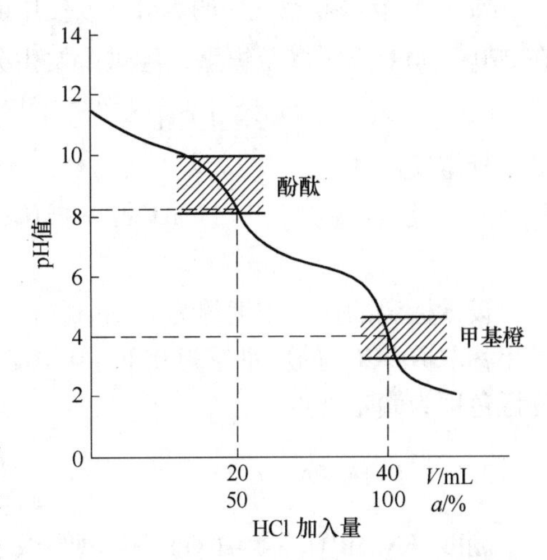

图 2-9　HCl 溶液滴定 Na_2CO_3 溶液的滴定曲线

$$[H^+]=\sqrt{K_{a1}K_{a2}}=\sqrt{4.2\times10^{-7}\times5.6\times10^{-11}}=4.85\times10^{-9}\text{mol/L}$$

$$pH=8.31$$

第二化学计量点时，产物为 $H_2CO_3(CO_2+H_2O)$，其饱和溶液的浓度约为 0.04mol/L，其计算如下：

$$[H^+]=\sqrt{cK_{a1}}=\sqrt{0.04\times4.2\times10^{-7}}=1.3\times10^{-4}\text{mol/L}$$

$$pH=3.89$$

根据指示剂选择的原则，上述情况第一化学计量点时可选用酚酞为指示剂，第二化学计量点时宜选用甲基橙作指示剂。

温馨提示

在滴定中以甲基橙为指示剂时，因过多产生 CO_2，可能会使滴定终点出现过程中，变色不敏锐，因此快到第二化学计量点时应剧烈摇动，必要时可加热煮沸溶液以除去 CO_2，冷却后再继续滴定至终点，以提高分析的准确度。

学习任务 2.6　酸碱标准溶液的配制和标定

2.6.1　酸标准溶液的配制和标定

在酸碱滴定中常用 HCl、H_2SO_4 溶液为滴定剂（标准溶液），尤其是 HCl 溶液，因其价格低廉，易于得到，稀 HCl 溶液无氧化还原性质，酸性强且稳定，因此用得较多。但市售盐酸中 HCl 含量不稳定，且常含有杂质，应采用间接法配制，再用基准物质标定，确定其准确浓度。常用基准物质有无水 Na_2CO_3 或硼砂（$Na_2B_4O_7\cdot10H_2O$）等。

2.6.1.1　无水 Na_2CO_3

Na_2CO_3 易吸收空气中的水分，故使用前应在 270~300℃下干燥至恒重；也可用$NaHCO_3$ 在 270~300℃下干燥至恒重，经烘干发生分解，转化为 Na_2CO_3，然后放在干燥器中保存。

$$2NaHCO_3\xrightarrow{270\sim300^\circ C}Na_2CO_3+CO_2\uparrow+H_2O$$

标定反应式：

$$Na_2CO_3+2HCl=\!=\!=2NaCl+H_2CO_3$$

$$\quad\quad\quad\quad\quad\quad\quad\quad\quad\quad\quad\quad\quad \llcorner\!\!\rightarrow CO_2\uparrow+H_2O$$

设欲标定的盐酸浓度约为 0.1mol/L，欲使消耗盐酸体积 20~30mL，根据滴定反应可算出称取 Na_2CO_3 的质量应为 0.11~0.16g。滴定时可采用甲基橙为指示剂，溶液由黄色变为橙色即为滴定终点。

2.6.1.2　硼砂

硼砂（$Na_2B_4O_7\cdot10H_2O$）不易吸水，但易失水，因而要求保存在相对湿度为 40%~60%的环境中，以确保其所含的结晶水数量与计算时所用的化学式相符。实验室常采用在干燥器底部装入食盐和蔗糖的饱和水溶液的方法，使相对湿度维持在 60%。

硼砂标定 HCl 的反应式：

$$B_4O_7^{2-} + 5H_2O \longrightarrow 2H_3BO_3 + 2H_2BO_3^-$$

$$2H_2BO_3^- + 2HCl \longrightarrow 2H_3BO_3 + 2Cl^-$$

总反应式：

$$B_4O_7^{2-} + 5H_2O + 2HCl \longrightarrow 4H_3BO_3 + 2Cl^-$$

1 个 $B_4O_7^{2-}$ 与水作用产生 2 个 $H_2BO_3^-$ 和 2 个 H_3BO_3，其中仅有 2 个 $H_2BO_3^-$ 能被 HCl 作用，故 $1B_4O_7^{2-} \rightarrow 2H_2BO_3^- \rightarrow 2H^+$。

由于反应产物是 H_3BO_3，若化学计量点时 $c_{H_3BO_3} = 5.0 \times 10^{-2}mol/L$，已知 H_3BO_3 的 $K_a = 5.7\times10^{-10}$，则化学计量点时 $[H^+]$ 计算式为：

$$[H^+] = \sqrt{cK_a} = \sqrt{5.0 \times 10^{-2} \times 5.7 \times 10^{-10}} = 5.3 \times 10^{-6}mol/L$$

$$pH = 5.28$$

滴定时可选择甲基红为指示剂，溶液由黄色变为橙色即为滴定终点。

设待标定的 HCl 浓度为 0.1mol/L，欲使消耗的 HCl 溶液体积为 20～30mL，可算出应称取硼砂的质量为 0.38～0.57g。由于硼砂的摩尔质量（381.4g/mol）比 Na_2CO_3 大，标定同样浓度的盐酸所需的硼砂质量也比 Na_2CO_3 多，因而称量的相对误差就小，所以硼砂作为标定 HCl 溶液的基准物质优于 Na_2CO_3。

除上述两种基准物质外，还有 $KHCO_3$、酒石酸氢钾等基准物质也可用于标定 HCl 标准溶液。

2.6.2　碱标准溶液的配制和标定

氢氧化钠是最常用的碱标准溶液。固体氢氧化钠具有很强的吸湿性，易吸收 CO_2 和水分，生成少量 Na_2CO_3，且含少量的硅酸盐、硫酸盐和氯化物等，因而不能直接配制成标准溶液，只能用间接法配制，再以基准物质标定其浓度。常用邻苯二甲酸氢钾基准物质标定。

邻苯二甲酸氢钾的分子式为 $C_8H_4O_4HK$，其结构式为：

O
‖
C—OH

C—OK
‖
O

邻苯二甲酸氢钾的摩尔质量为 204.2g/mol，属有机弱酸盐，在水溶液中呈酸性，因 $cK_{a2} > 1\times10^{-8}$，故可用 NaOH 溶液滴定。滴定的产物是邻苯二甲酸钾钠，它在水溶液中能接受质子，显示碱的性质。

设邻苯二甲酸氢钾溶液开始时浓度为 0.1mol/L，到达化学计量点时，体积增加一倍；邻苯二甲酸钾钠的浓度 $c = 0.050mol/L$，到达化学计量点时，pH 值计算式为：

$$[OH^-] = \sqrt{cK_{b1}} = \sqrt{\frac{cK_w}{K_{a2}}} = \sqrt{\frac{0.050 \times 1.0 \times 10^{-14}}{2.9 \times 10^{-6}}} = 1.3 \times 10^{-5}mol/L$$

$$pOH = 4.89,\quad pH = 9.11$$

此时溶液呈碱性，可选用酚酞或百里酚蓝为指示剂。

除邻苯二甲酸氢钾外，还有草酸、苯甲酸、硫酸肼（$N_2H_4 \cdot H_2SO_4$）等基准物质用于标定 NaOH 溶液。

学习任务 2.7　酸碱滴定法的应用

2.7.1　食用醋中总酸度的测定

HOAc 是一种重要的农产加工品，又是合成有机农药的一种重要原料。而食醋中的主要成分是 HOAc，也有少量其他弱酸，如乳酸等。

测定时，将食醋用不含 CO_2 的蒸馏水适当稀释后，用 NaOH 标准溶液滴定。中和后产物为 NaOAc，化学计量点时 pH=8.7 左右，应选用酚酞为指示剂，滴定至呈现微红色即为滴定终点。

由所消耗的标准溶液的体积及浓度计算食用醋中的总酸度。

2.7.2　混合碱的分析测定原理

工业品烧碱（NaOH）中常含有 Na_2CO_3，纯碱 Na_2CO_3 中也常含有 $NaHCO_3$，这两种工业品都称为混合碱。这是酸碱滴定法在生产中应用的经典实例。

在混合碱碱度测定之前，用无水 Na_2CO_3 为基准物标定 HCl 标准溶液的浓度。由于 Na_2CO_3 易吸收空气中的水分，因此采用市售基准试剂级的 Na_2CO_3 时应预先于 180℃下使之充分干燥，并保存于干燥器中，标定时常以甲基橙为指示剂。

测定混合碱成分时，可以在同一份试液中用两种不同的指示剂来测定，这种测定方法即为“双指示剂法”。此法方便、快速，在生产中应用普遍。

课程思政

混合碱测定时，使用一种指示剂无法解决问题，可以联合使用两种指示剂，巧妙解决问题。工作和学习生活中，我们也要相信办法总比困难多，遇到挫折和困难，要开动脑筋，积极应对，灵活运用所学知识解决实际问题。

2.7.2.1　$NaOH+Na_2CO_3$ 的测定

采用双指示剂法测定。称取试样质量为 m（单位为 mg），溶解于水，用 HCl 标准溶液滴定，先用酚酞为指示剂，滴定过程中，溶液 pH 值由高到低变化。滴定反应式为：

$$NaOH + HCl = NaCl + H_2O$$

$$Na_2CO_3 + HCl = NaHCO_3 + NaCl$$

此时溶液由 $NaHCO_3$、NaCl 和 H_2O 组成，溶液的 pH 值由 $NaHCO_3$ 决定，它是两性物质，所以第一化学计量点时，有：

$$[H^+] = \sqrt{K_{a1} \cdot K_{a2}} = 1 \times 10^{-8.32}$$

$$pH = 8.32$$

滴定至溶液由红色恰好变为无色则达到第一个滴定终点，此时 NaOH 全部被中和，而 Na_2CO_3 被中和一半，所消耗的 HCl 标准溶液的体积记为 V_1。然后加入甲基橙，继续用 HCl

标准溶液滴定使 $NaHCO_3$ 转化为 H_2CO_3，溶液由黄色恰好变为橙色，到达第二个滴定终点，所消耗 HCl 标准溶液的体积记为 V_2。因 Na_2CO_3 在两步滴定中所需 HCl 量相等，故 V_1-V_2 为中和 NaOH 所消耗 HCl 的体积，$2V_2$ 为滴定 Na_2CO_3 所需 HCl 的体积。分析结果计算公式为：

$$w_{Na_2CO_3} = \frac{\frac{1}{2}c_{HCl} \times 2V_2 \times M_{Na_2CO_3}}{m} \times 100\%$$

$$w_{NaOH} = \frac{c_{HCl} \times (V_1 - V_2) \times M_{NaOH}}{m} \times 100\%$$

2.7.2.2　Na_2CO_3+$NaHCO_3$ 的测定

工业纯碱中常含有 $NaHCO_3$，此两组分的测定可参照上述 NaOH+Na_2CO_3 的测定方法。滴定过程中，pH 值的变化规律、化学计量点 pH 值的计算、滴定终点、指示剂的颜色变化、分析结果的计算等，同学们可自行分析解决。

例 2-1　有一碱液，已知其相对密度为 1.200，其中可能含 NaOH 与 Na_2CO_3，也可能含 Na_2CO_3 与 $NaHCO_3$。现取试样 1.00mL，加适量水后再加酚酞指示剂，用 0.3000mol/L HCl 标准溶液滴定至酚酞变色时，消耗 HCl 溶液 28.40mL。再加入甲基橙指示剂，继续用同浓度的 HCl 滴定至甲基橙变色为终点，又消耗 HCl 溶液 3.60mL。问此碱液是何混合物，并计算各组分的质量分数。已知 $M_{NaOH}=40.01$g/mol，$M_{Na_2CO_3}=106.0$g/mol，$M_{NaHCO_3}=84.01$g/mol。

解：依题意，此碱液可能发生的滴定反应式为：

$$NaOH + HCl = NaCl + H_2O \qquad (\text{酚酞变色})$$

$$Na_2CO_3 + HCl = NaHCO_3 + NaCl \qquad (\text{酚酞变色})$$

$$NaHCO_3 + HCl = CO_2 + H_2O + NaCl \qquad (\text{甲基橙变色})$$

设 V_1 是以酚酞为指示剂时消耗 HCl 溶液的体积；V_2 为再加甲基橙指示剂后又耗去 HCl 溶液的体积。由上述反应式可知，在同一份溶液中：

只含 NaOH 时，$V_1>0$，$V_2=0$；

只含 $NaHCO_3$ 时，$V_1=0$，$V_2>0$；

含 NaOH 和 Na_2CO_3 时，$V_1>V_2$；

含 Na_2CO_3 和 $NaHCO_3$ 时，$V_1<V_2$。

现 $V_1>V_2$，说明此碱液是 NaOH 和 Na_2CO_3 的混合物，它们的质量分数可计算如下：

$$w_{Na_2CO_3} = \frac{0.3000 \times 3.60 \times 10^{-3} \times 106.0}{1.200 \times 1.00} \times 100\% = 9.54\%$$

$$w_{NaOH} = \frac{0.3000 \times (28.40 - 3.60) \times 10^{-3} \times 40.01}{1.200 \times 1.00} \times 100\% = 24.81\%$$

实训任务 2.1　盐酸溶液和氢氧化钠溶液的相互滴定

实验目的

（1）学习相关仪器的使用方法，掌握酸碱滴定的原理及操作步骤。

（2）熟悉甲基橙和酚酞指示剂的滴定终点判断。

（3）培养“通过实验手段用已知测未知”的实验思想。

微课 2-1　盐酸滴定氢氧化钠

实验原理

见学习任务 2.3 节相关内容。

仪器与试剂

（1）仪器：滴定台，50mL 酸（碱）滴定管，25mL 移液管，250mL 锥形瓶。

（2）试剂：0.1mol/L NaOH 溶液，0.1mol/L 盐酸，酚酞指示液（0.2%），甲基橙指示液（0.2%）。

实验步骤

微课 2-2　氢氧化钠滴定盐酸

（1）仪器检漏，对酸（碱）式滴定管进行检漏。

（2）仪器洗涤，按要求洗涤滴定管及锥形瓶，并对滴定管进行润洗。

（3）用移液管分别向清洗过的 3 个锥形瓶中加入 25.00mL 氢氧化钠溶液，再分别滴入两滴甲基橙。向酸式滴定管中加入盐酸溶液至零刻线以上 2~3cm，排尽气泡，调整液面至零刻线，记录读数。

（4）用盐酸溶液滴定氢氧化钠溶液，待锥形瓶中溶液由黄色变为橙色，并保持 30s 不变色时，即可认为达到滴定终点，记录读数。平行测定三次。

（5）用移液管分别向清洗过的 3 个锥形瓶中加入 25.00mL 盐酸溶液，再分别滴入两滴酚酞。向碱式滴定管中加入氢氧化钠溶液至零刻线以上 2~3cm，排尽气泡，调整液面至零刻线，记录读数。

（6）用氢氧化钠溶液滴定盐酸溶液，待锥形瓶中溶液由无色变为粉红色，并保持 30s 不变色时，即可认为达到滴定终点，记录读数。平行测定三次。

（7）根据已知盐酸的浓度和酸碱溶液的体积计算氢氧化钠浓度。

（8）清洗并整理实验仪器，清理实验台。

实验数据记录与处理

（1）盐酸溶液滴定氢氧化钠溶液，将实验数据填入表 2-8 中。

表 2-8　实验数据记录　　　指示剂：甲基橙

实验项目	Ⅰ	Ⅱ	Ⅲ
已知盐酸溶液浓度/mol · L^{-1}			
氢氧化钠溶液体积/mL			
消耗盐酸溶液体积/mL			
测得氢氧化钠溶液浓度/mol · L^{-1}			
氢氧化钠溶液平均浓度/mol · L^{-1}			

（2）氢氧化钠溶液滴定盐酸溶液，将实验数据填入表2-9中。

表2-9 实验数据记录 指示剂：酚酞

实验项目	Ⅰ	Ⅱ	Ⅲ
已知盐酸溶液浓度/mol · L^{-1}			
盐酸溶液体积/mL			
消耗氢氧化钠溶液体积/mL			
测得氢氧化钠溶液浓度/mol · L^{-1}			
氢氧化钠溶液平均浓度/mol · L^{-1}			

误差分析

引起误差的可能因素有视（读数）、洗（仪器洗涤）、漏（液体溅漏）、泡（滴定管尖嘴气泡）、色（指示剂变色控制与选择）。

注意事项

（1）滴定管必须用相应待测液润洗2~3次。

（2）锥形瓶不可以用待测液润洗。

（3）滴定管尖端气泡必须排尽。

（4）确保滴定终点已到，滴定管尖嘴处没有液滴。

（5）滴定时成滴不成线，待锥形瓶中液体颜色变化较慢时，逐滴加入，加一滴后把溶液摇匀，观察颜色变化。接近滴定终点时，控制液滴悬而不落，用锥形瓶靠下来，再用洗瓶吹洗，摇匀。

（6）读数时，视线必须平视液面凹面最低处。

思考题

（1）滴定管、移液管、容量瓶、锥形瓶使用前需要润洗的是哪些容量器具？

（2）分析下列操作带来的误差会使测定NaOH溶液浓度偏高还是偏低：

1）滴定管尖端气泡未排尽，滴定过程中有气泡排出；

2）滴定结束后，读数时俯视；

3）移取氢氧化钠溶液时，未润洗移液管。

实训任务2.2 食醋中总酸度的测定

实验目的

（1）熟练滴定管、容量瓶、移液管的使用方法和滴定操作技术。

（2）掌握氢氧化钠标准溶液的配制和标定方法。

（3）巩固强碱滴定弱酸的反应原理及指示剂的选择。

（4）学会食醋中总酸度的测定方法。

实验原理

（1）NaOH的标定。NaOH易吸收水分及空气中的CO_2，因此，不能用直接法配制标准溶液。需要先配成近似浓度的溶液（通常为 0. 1mol/L），然后用基准物质标定。

邻苯二甲酸氢钾和草酸常用作标定碱的基准物质。邻苯二甲酸氢钾易制得纯品，在空气中不吸水，容易保存，摩尔质量大，是一种较好的基准物质。

（2）醋酸总酸度的测定。见 2. 7. 1 节相关内容。

仪器与试剂

微课 2-3　氢氧化钠溶液的标定

微课 2-4　食用醋总酸度的测定

（1）仪器：电子天平，50mL 碱式滴定管，25mL 移液管，250mL 容量瓶，250mL 锥形瓶。

（2）试剂：邻苯二甲酸氢钾，0. 1mol/L NaOH 溶液，酚酞指示液（0. 2%）。

实验步骤

（1）NaOH 溶液的标定。准确称取 0. 3～0. 4g 邻苯二甲酸氢钾三份，分别置于 250mL 锥形瓶中，加水 40～50mL溶解后，滴加酚酞指示剂 1～2 滴，用 NaOH 溶液滴定至溶液呈微红色，30s 内不褪色，即为滴定终点。平行测定三次，计算 NaOH 溶液的准确浓度。

（2）食醋中醋酸含量测定。准确移取 25. 00mL 食醋于 250mL 容量瓶中，以蒸馏水稀释至标线，摇匀。用移液管吸取上述稀释后的试液 25. 00mL 于锥形瓶中，加入 25mL H_2O、1～2 滴酚酞指示剂，摇匀，用已标定的 NaOH 标准溶液滴定至溶液呈微红色，30s 内不褪色，即为滴定终点。平行测定三次，同时做试剂空白，计算食醋中醋酸含量（g/100mL）。

实验数据记录与处理

（1）NaOH 的标定，将实验数据填入表 2-10 中。

表 2-10　实验数据记录

实验项目	Ⅰ	Ⅱ	Ⅲ
$m_1(KHC_8O_4H_4)$/g			
$m_2(KHC_8O_4H_4)$/g			
NaOH 滴定起点读数/mL			
NaOH 滴定终点读数/mL			
NaOH 用量 V/mL			
减空白 NaOH 用量 V/mL			
c_{NaOH}/mol · L^{-1}			
c_{NaOH}平均值/mol · L^{-1}			

（2）食醋中醋酸含量测定，将实验数据填入表 2-11 中。

表 2-11　实验数据记录

实验项目	Ⅰ	Ⅱ	Ⅲ	空白
V（食醋）/mL				
食醋稀释体积/mL				
吸取食醋稀释液体积/mL				

续表 2-11

实验项目	Ⅰ	Ⅱ	Ⅲ	空白
NaOH 滴定起点读数/mL				
NaOH 滴定终点读数/mL				
NaOH 用量 V/mL				
减空白 NaOH 用量 V/mL				—
公式：$\rho_{(食醋)}=$				—
$\rho_{(食醋)}$/g · 100mL^{-1}				—
$\rho_{(食醋)}$平均值/g · 100mL^{-1}				—
极差				—
相对极差				—

思考题

写出邻苯二甲酸氢钾标定 NaOH 溶液的反应方程式，计算化学计量点时的 pH 值，说明指示剂选择的依据。

实训任务 2.3　混合碱碱度的测定

实验目的

（1）熟练滴定管、移液管、容量瓶的规范操作。

（2）学会酸标准溶液的浓度标定方法。

（3）巩固双指示剂法测定碱液中 NaOH 和 Na_2CO_3 含量的原理。

实验原理

见 2.7.2 节相关内容。

微课 2-5　盐酸标准溶液的标定

微课 2-6　混合碱碱度的测定

仪器与试剂

（1）仪器：电子天平，50mL 酸式滴定管，10mL 移液管，250mL 锥形瓶。

（2）试剂：无水碳酸钠，0.5mol/L HCl 溶液，混合碱试液，甲基橙指示液（0.2%）。

实验步骤

（1）HCl 溶液的配制及标定。粗配 0.5mol/L HCl 溶液 500mL 于试剂瓶中，准确称取已烘干的无水碳酸钠三份（其质量按消耗 20~40mL 0.5mol/L HCl 溶液计，请自己计算），置于 3 只 250mL 锥形瓶中，加水约 30mL，温热，摇动使之溶解；以甲基橙为指示剂，以 0.5mol/L HCl 标准溶液滴定至溶液由黄色转变为橙色，记下 HCl 标准溶液的耗用量，并计算出 HCl 标准溶液的浓度 c_{HCl}。

（2）混合碱液的测定。用移液管吸取碱液试样 10.00mL，加酚酞指示剂 1~2 滴，用已标定的 HCl 标准溶液滴定，边滴加边充分摇动，以免局部 Na_2CO_3 直接被滴至 H_2CO_3。滴定至酚酞恰好褪色为止，此时即为滴定终点，记下所用标准溶液的体积 V_1。然后再加 2

滴甲基橙指示剂，此时溶液呈黄色，继续以 HCl 溶液滴定至溶液呈橙色，此时即为滴定终点，记下所用 HCl 溶液的体积 V_2。平行测定三次，计算碱试液中各组分的浓度。

实验数据记录与处理

（1）HCl 溶液的标定，计算公式：

$$c_{HCl} = \frac{2m_{Na_2CO_3}}{V_{HCl}M_{Na_2CO_3}}$$

（2）混合碱的测定，根据例 2-1 结合实验步骤推导公式。

思考题

（1）溶解基准物质 Na_2CO_3 所用水的体积的量度，是否需要准确，为什么？

（2）用于标定的锥形瓶，其内壁是否要预先干燥，为什么？

（3）用 Na_2CO_3 为基准物质标定 0.5mol/L HCl 溶液时，基准物质称取量如何计算？

（4）用 Na_2CO_3 为基准物质标定 HCl 溶液时，为什么不用酚酞作指示剂？

综合练习 2.1

综合练习 2.1 答案

1. 选择题

（1）共轭酸碱对 K_a 与 K_b 的关系是（　　）。

A. $K_aK_b=1$　　B. $K_aK_b=K_w$　　C. $K_a/K_b=K_w$　　D. $K_b/K_a=K_w$

（2）$H_2PO_4^-$ 的共轭碱是（　　）。

A. H_3PO_4　　B. HPO_4^{2-}　　C. PO_4^{3-}　　D. OH^-

（3）NH_3 的共轭酸是（　　）。

A. NH_2^-　　B. NH_2OH^{2-}　　C. NH_4^+　　D. NH_4OH

（4）下列各组酸碱组分中，属于共轭酸碱对的是（　　）。

A. HCN-NaCN　　B. H_3PO_4-Na_2HPO_4

C. $^+NH_3CH_2COOH$-$NH_2CH_2COO^-$　　D. H_3O^+-OH^-

（5）下列各组酸碱组分中，不属于共轭酸碱对的是（　　）。

A. H_2CO_3-CO_3^{2-}　　B. NH_3-NH_2^-

C. HCl-Cl^-　　D. HSO_4^--SO_4^{2-}

（6）下列说法错误的是（　　）。

A. H_2O 作为酸的共轭碱是 OH^-

B. H_2O 作为碱的共轭酸是 H_3O^+

C. 因为 HOAc 的酸性强，故 HOAc 的碱性必弱

D. HOAc 碱性弱，则 H_2OAc^+ 的酸性强

（7）按质子理论，Na_2HPO_4 是（　　）。

A. 中性物质　　B. 酸性物质　　C. 碱性物质　　D. 两性物质

（8）将甲基橙指示剂加入到无色水溶液中，溶液呈黄色，该溶液的酸碱性为（　　）。

A. 中性　　B. 碱性　　C. 酸性　　D. 不定

(9) 将酚酞指示剂加入无色水溶液中，溶液呈无色，该溶液的酸碱性为（　　）。

A. 中性　　B. 碱性　　C. 酸性　　D. 不定

(10) 用 0.1mol/L HCl 滴定 0.1mol/L NaOH 时的 pH 值突跃范围是 9.7~4.3，用 0.01mol/L HCl 滴定 0.01mol/L NaOH 的 pH 值突跃范围是（　　）。

A. 9.7~4.3　　B. 8.7~4.3　　C. 8.7~5.3　　D. 10.7~3.3

(11) 在酸碱滴定中，选择强酸强碱作为滴定剂的理由是（　　）。

A. 强酸强碱可以直接配制标准溶液　　B. 使滴定突跃尽量大

C. 加快滴定反应速率　　D. 使滴定曲线较完美

(12) 某酸碱指示剂的 $K_{HIn}=1.0\times10^{-5}$，则从理论上推算其变色 pH 值范围是（　　）。

A. 4~5　　B. 5~6　　C. 4~6　　D. 5~7

(13) 酸碱滴定中选择指示剂的原则是（　　）。

A. 指示剂变色范围与化学计量点完全符合

B. 指示剂应在 pH=7.00 时变色

C. 指示剂的变色范围应全部或部分落入滴定 pH 值突跃范围之内

D. 指示剂变色范围应全部落在滴定 pH 值突跃范围之内

2. 填空题

(1) 强酸（碱）滴定突跃大小与________有关，弱酸（碱）滴定突跃大小与________和________有关。

(2) 凡是能________质子的物质是酸；凡是能________质子的物质是碱。

(3) 各类酸碱反应共同的实质是________。

(4) 根据酸碱质子理论，物质给出质子的能力越强，酸性就越________，其共轭碱的碱性就越________。

(5) HPO_4^{2-} 是________的共轭酸，是________的共轭碱。

(6) NH_3 的 $K_b=1.8\times10^{-5}$，则其共轭酸________的 K_a 为________。

(7) 对于三元酸，$K_{a1}\cdot$ ________ $=K_w$。

(8) 甲基橙的变色范围是________，在 pH<3.1 时为________色。酚酞的变色范围是________，在 pH>9.6 时为________色。

(9) 实验室中使用的 pH 值试纸是根据________原理而制成的。

3. 判断题

(1)（　　）根据酸碱质子理论，能给出质子的物质是酸，能接受质子的物质是碱。

(2)（　　）按照质子理论，电离理论中的强碱弱酸盐属于碱。

(3)（　　）按照质子理论，酸碱溶于水的解离也属于酸碱反应。

(4)（　　）使酚酞呈无色的物质一定是酸性物质。

(5)（　　）强酸碱滴定突跃范围与酸碱浓度无关。

(6)（　　）酸碱滴定选择指示剂取决于指示剂的变色范围。

(7)（　　）酸碱指示剂多数是有机弱酸或弱碱，其酸式和碱式具有不同的颜色。

(8)（　　）只要是强酸强碱的滴定，就可以选择甲基橙作指示剂。

4. 简答题

(1) 根据酸碱质子理论，举例说明什么是酸，什么是碱，什么是两性物质。

(2) 判断下列各物质中哪些是酸，哪些是碱，试按强弱顺序排列起来。

HOAc，OAc^-；NH_3，NH_4^+；HCN，CN^-；HF，F^-

$(CH_2)_6N_4H^+$，$(CH_2)_6N_4$；HCO_3^-，CO_3^{2-}；H_3PO_4，$H_2PO_4^-$

(3) 酸碱指示剂的变色原理是什么？列举常用三种指示剂的变色范围与颜色变化。

(4) 简述强酸滴定强碱滴定过程 pH 值变化特点及指示剂的选择原则。

综合练习 2.2

综合练习 2.2 答案

1. 选择题

(1) 关于缓冲溶液，下列说法错误的是（　　）。

A. 能够抵抗外加少量强酸、强碱或稍加稀释，其自身 pH 值不发生显著变化的溶液称为缓冲溶液

B. 缓冲溶液一般由浓度较大的弱酸（或弱碱）及其共轭碱（或共轭酸）组成

C. 强酸强碱本身不能作为缓冲溶液

D. 缓冲容量的大小与产生缓冲作用组分的浓度及各组分浓度的比值有关

(2) 浓度为 0.1mol/L HOAc（$pK_a=4.74$）溶液的 pH 值是（　　）。

A. 4.87　　B. 3.87　　C. 2.87　　D. 1.87

(3) 浓度为 0.10mol/L NH_4Cl（$pK_b=4.74$）溶液的 pH 值是（　　）。

A. 5.13　　B. 4.13　　C. 3.13　　D. 2.13

(4) pH=1.00 的 HCl 溶液和 pH=13.00 的 NaOH 溶液等体积混合后 pH 值是（　　）。

A. 14　　B. 12　　C. 7　　D. 6

(5) 用 $c_{HCl}=0.1$mol/L HCl 溶液滴定 $c_{NH_3}=0.1$mol/L 氨水溶液化学计量点时溶液的 pH 值（　　）。

A. 等于 7.0　　B. 小于 7.0　　C. 等于 8.0　　D. 大于 7.0

(6) 欲配制 pH=5.0 缓冲溶液应选用的一对物质是（　　）。

A. HOAc（$K_a=1.8\times10^{-5}$）-NaOAc　　B. HOAc-NH_4OAc

C. $NH_3\cdot H_2O$（$K_b=1.8\times10^{-5}$）-NH_4Cl　　D. KH_2PO_4-Na_2HPO_4

(7) 欲配制 pH=10.0 缓冲溶液应选用的一对物质是（　　）。

A. HOAc（$K_a=1.8\times10^{-5}$）-NaOAc　　B. HOAc-NH_4OAc

C. $NH_3\cdot H_2O$（$K_b=1.8\times10^{-5}$）-NH_4Cl　　D. KH_2PO_4-Na_2HPO_4

(8) 下列弱酸或弱碱（设浓度为 0.1mol/L）能用酸碱滴定法直接准确滴定的是（　　）。

A. 氨水（$K_b=1.8\times10^{-5}$）　　B. 苯酚（$K_b=1.1\times10^{-10}$）

C. NH_4^+　　D. H_3BO_3（$K_a=5.8\times10^{-10}$）

(9) 浓度为 0.1mol/L 的下列酸，能用 NaOH 直接滴定的是（　　）。

A. HCOOH（$pK_a=3.45$） B. H_3BO_3（$pK_a=9.22$）

C. NH_4NO_2（$pK_b=4.74$） D. H_2O_2（$pK_a=12$）

（10）测定 $(NH_4)_2SO_4$ 中的氮时，不能用 NaOH 直接滴定，这是因为（　　）。

A. NH_3 的 K_b 太小 B. $(NH_4)_2SO_4$ 不是酸

C. NH_4^+ 的 K_a 太小 D. $(NH_4)_2SO_4$ 中含游离 H_2SO_4

（11）标定 NaOH 溶液常用的基准物质是（　　）。

A. 无水 Na_2CO_3 B. 邻苯二甲酸氢钾 C. 硼砂 D. $CaCO_3$

（12）已知邻苯二甲酸氢钾的摩尔质量为 204.2g/mol，用它来标定 0.1mol/L 的 NaOH 溶液，宜称取邻苯二甲酸氢钾（　　）。

A. 0.25g 左右 B. 1g 左右 C. 0.1g 左右 D. 0.45g 左右

（13）若将 $H_2C_2O_4 \cdot 2H_2O$ 基准物质长期保存于干燥器中，用于标定 NaOH 溶液的浓度时，结果将（　　）。

A. 偏高 B. 偏低 C. 产生随机误差 D. 没有影响

2. 填空题

（1）强酸（碱）滴定突跃大小与________有关，弱酸（碱）滴定突跃大小与________和________有关。

（2）在弱酸（碱）的平衡体系中，各存在型体平衡浓度的大小由________决定。

（3）0.1000mol/L HOAc 溶液的 pH=________，已知 $K_a=1.8\times10^{-5}$。

（4）0.1000mol/L NH_4^+ 溶液的 pH=________，已知 $K_b=1.8\times10^{-5}$。

（5）0.1000mol/L $NaHCO_3$ 溶液的 pH=________，已知 $K_{a1}=4.2\times10^{-7}$，$K_{a2}=5.6\times10^{-11}$。

（6）分析化学中用到的缓冲溶液，大多数是由________和________组成的，各种缓冲溶液的缓冲能力可用________来衡量，其大小与________和________有关。

（7）NaOH 滴定 HOAc 应选在________性范围内变色的指示剂，HCl 滴定 NH_3 应选在________性范围内变色的指示剂，这是由________决定的。

（8）称取 0.3280g $H_2C_2O_4 \cdot 2H_2O$ 来标定 NaOH 溶液，消耗 25.78mL，则 c_{NaOH}=________。

3. 判断题

（1）（　　）酚酞和甲基橙都可用于强碱滴定弱酸的指示剂。

（2）（　　）缓冲溶液在任何 pH 值条件下都能起缓冲作用。

（3）（　　）盐酸和硼酸都可以用 NaOH 标准溶液直接滴定。

（4）（　　）强酸滴定弱碱达到化学计量点时 pH>7。

（5）（　　）用因保存不当而部分风化的基准试剂 $H_2C_2O_4 \cdot 2H_2O$ 标定 NaOH 溶液的浓度时，结果偏高。

4. 计算题

（1）要求在滴定时消耗 0.2mol/L NaOH 溶液 25~30mL，问应称取基准试剂邻苯二甲酸氢钾（$KHC_8H_4O_4$）多少克？如果改用 $H_2C_2O_4 \cdot 2H_2O$ 作基准物质，应称取多少克？

（2）某一元弱酸 HA 试样 1.250g，加水 50.1mL 使其溶解，然后用 0.09000mol/L NaOH 标

准溶液滴定至化学计量点，用去 41.20mL。在滴定过程中发现，当加入 8.24mL NaOH 溶液时，溶液的 pH 值为 4.30。求：（1）HA 的相对分子质量；（2）HA 的 K_a；（3）化学计量点的 pH 值；（4）应选用什么指示剂？

（3）在一氮肥试样（试样质量 0.5000g）中加入过量的 NaOH 溶液，将产生的 NH_3 导入 40.00mL、$c_{\frac{1}{2}H_2SO_4}$ = 0.1020mol/L 的硫酸标准溶液吸收，剩余的硫酸用 c_{NaOH} = 0.09600mol/L 的 NaOH 滴定，消耗 17.00mL 到滴定终点，计算氮肥试样中 NH_3 的质量分数（或以 N 的质量分数表示）。

5. 简答题

（1）什么是分布分数？简述二元弱酸体系各型体的分布特点。
（2）什么是缓冲溶液，什么是缓冲范围？
（3）什么是质子条件？列出醋酸的质子条件式。
（4）举例说明强碱滴定弱酸的滴定曲线特点及指示剂的选择依据。
（5）简述食用醋总酸度的测定原理和结果计算公式。

综合练习 2.3 答案

综合练习 2.3

1. 选择题

（1）含 NaOH 和 Na_2CO_3 混合碱液，用 HCl 滴至酚酞变色，消耗 V_1mL，继续以甲基橙为指示剂滴定，又消耗 V_2mL，其关系为（　　）。

A. $V_1=V_2$　　B. $V_1>V_2$　　C. $V_1<V_2$　　D. $V_1=2V_2$

（2）某混合碱液，先用 HCl 滴至酚酞变色，消耗 V_1mL，继续以甲基橙为指示剂，又消耗 V_2mL，已知 $V_1<V_2$，其组成为（　　）。

A. NaOH-Na_2CO_3　　B. Na_2CO_3
C. $NaHCO_3$　　D. $NaHCO_3$-Na_2CO_3

（3）作为基准物质的无水碳酸钠吸水后，标定 HCl，则所标定的 HCl 浓度将（　　）。

A. 偏高　　B. 偏低　　C. 产生随机误差　　D. 没有影响

（4）标定盐酸溶液常用的基准物质是（　　）。

A. 无水 Na_2CO_3　　B. 草酸（$H_2C_2O_4 \cdot 2H_2O$）
C. $CaCO_3$　　D. 邻苯二甲酸氢钾

（5）用 NaOH 溶液分别滴定体积相等的 H_2SO_4 和 HOAc 溶液，消耗的体积相等，说明 H_2SO_4 和 HOAc 两溶液中（　　）。

A. 氢离子浓度相等　　B. H_2SO_4 和 HOAc 的浓度相等
C. H_2SO_4 的浓度为 HOAc 的 1/2　　D. 两个滴定的 pH 值突跃范围相同

（6）以 NaOH 滴定 H_3PO_4（$K_{a1}=7.6\times10^{-3}$，$K_{a2}=6.3\times10^{-8}$，$K_{a3}=4.4\times10^{-13}$）至生成 Na_2HPO_4 时，溶液的 pH 值应当是（　　）。

A. 7.7　　B. 8.7　　C. 9.8　　D. 10.7

（7）用 0.10 mol/L HCl 滴定 0.10mol/L Na_2CO_3 至酚酞终点，这里 Na_2CO_3 的基本单元数是（　　）。

A. $2Na_2CO_3$　　B. Na_2CO_3　　C. 1/3 Na_2CO_3　　D. 1/2 Na_2CO_3

（8）NaOH 滴定 H_3PO_4 以酚酞为指示剂，终点时生成（　　）（H_3PO_4：$K_{a1}=7.6\times10^{-3}$，$K_{a2}=6.3\times10^{-8}$，$K_{a3}=4.4\times10^{-13}$）。

A. NaH_2PO_4　　B. Na_2HPO_4

C. Na_3PO_4　　D. $NaH_2PO_4+Na_2HPO_4$

（9）用 NaOH 溶液滴定（　　）多元酸时，会出现两个 pH 值突跃。

A. H_2SO_3（$K_{a1}=1.3\times10^{-2}$，$K_{a2}=6.3\times10^{-8}$）

B. H_2CO_3（$K_{a1}=4.2\times10^{-7}$，$K_{a2}=5.6\times10^{-11}$）

C. H_2SO_4（$K_{a1}\geqslant1$，$K_{a2}=1.2\times10^{-2}$）

D. $H_2C_2O_4$（$K_{a1}=5.9\times10^{-2}$，$K_{a2}=6.4\times10^{-5}$）

（10）下列各组物质按等物质的量混合配成溶液后，其中不是缓冲溶液的是（　　）。

A. $NaHCO_3$ 和 Na_2CO_3　　B. NaCl 和 NaOH

C. NH_3 和 NH_4Cl　　D. HOAc 和 NaOAc

（11）在 HCl 滴定 NaOH 时，一般选择甲基橙而不是酚酞作为指示剂，主要是由于（　　）。

A. 甲基橙水溶液好　　B. 甲基橙终点 CO_2 影响小

C. 甲基橙变色范围较狭窄　　D. 甲基橙是双色指示剂

（12）用 0.1000mol/L NaOH 标准溶液滴定同浓度的 $H_2C_2O_4$（$K_{a1}=5.9\times10^{-2}$，$K_{a2}=6.4\times10^{-5}$）时，滴定突跃和应选用指示剂分别为（　　）。

A. 两个突跃，甲基橙（$pK_{HIn}=3.40$）

B. 两个突跃，甲基红（$pK_{HIn}=5.00$）

C. 一个突跃，溴百里酚蓝（$pK_{HIn}=7.30$）

D. 一个突跃，酚酞（$pK_{HIn}=9.10$）

（13）NaOH 溶液标签浓度为 0.300mol/L，该溶液从空气中吸收了少量的 CO_2，现以酚酞为指示剂，用标准 HCl 溶液标定，标定结果比标签浓度（　　）。

A. 高　　B. 低　　C. 不变　　D. 无法确定

2. 判断题

（1）（　　）双指示剂就是混合指示剂。

（2）（　　）滴定管属于量出式容量仪器。

（3）（　　）盐酸标准滴定溶液可用精制的草酸标定。

（4）（　　）$H_2C_2O_4$ 的两步离解常数为 $K_{a1}=5.9\times10^{-2}$，$K_{a2}=6.4\times10^{-5}$，因此不能分步滴定。

（5）（　　）以硼砂标定盐酸溶液时，硼砂的基本单元是 $Na_2B_4O_7\cdot10H_2O$。

（6）（　　）用 NaOH 标准溶液标定 HCl 溶液浓度时，以酚酞作指示剂，若 NaOH 溶液因贮存不当吸收了 CO_2，则测定结果偏高。

（7）（　　）H_2SO_4 是二元酸，因此用 NaOH 滴定有两个突跃。

（8）（　　）双指示剂法测定混合碱含量，已知试样消耗标准滴定溶液盐酸的体积 $V_1>V_2$，则混合碱的组成为 Na_2CO_3+NaOH。
（9）（　　）常用的酸碱指示剂，大多是弱酸或弱碱，所以滴加指示剂的多少及时间的早晚不会影响分析结果。

3. 计算题

（1）称取混合碱 2.2560g，溶解后转入 250mL 容量瓶中定容。移取此试液 25.00mL 两份：一份以酚酞为指示剂，用 0.1000mol/L HCl 滴定耗去 30.00mL；另一份以甲基橙作指示剂，耗去 HCl 35.00mL。问混合碱的组成是什么，含量各为多少？
（2）某试样含有 Na_2CO_3、$NaHCO_3$ 及其他惰性物质。称取试样 0.3010g，用酚酞作指示剂滴定，用去 0.1060mol/L 的 HCl 溶液 20.10mL，继续用甲基橙作指示剂滴定，共用去 HCl 47.70mL，计算试样中 Na_2CO_3、$NaHCO_3$ 的质量分数。

4. 简答题

（1）标定盐酸标准溶液的基准物质有哪两种？写出标定反应式、指示剂选择。
（2）根据多元酸分步滴定的判据，判断氢氧化钠滴定磷酸，草酸标定氢氧化钠溶液能利用哪步滴定反应？计算相应计量点 pH 值，并选择指示剂。
（3）简述双指示剂法测定试样中氢氧化钠、碳酸钠含量的测定原理，并写出计算公式。

5. 分析题

有一磷酸盐试液，用酸标准溶液滴定至酚酞终点，耗用酸溶液的体积为 V_1，继续以甲基橙为指示剂滴定至终点时又耗去酸溶液的体积为 V_2。根据 V_1 与 V_2 的关系（见表 2-12）判断试液组成，并填入表 2-12 中。

表 2-12　V_1 与 V_2 的关系及对应的组成

关　系	组　成
$V_1=V_2$	
$V_1<V_2$	
$V_1=0$，$V_2>0$	
$V_1=0$，$V_2=0$	

项目 3 氧化还原滴定分析与测定

知识目标

（1）了解氧化还原滴定反应基本知识。

（2）理解氧化还原指示剂的变色原理、选择原则。

（3）了解氧化还原滴定前预处理的必要性和要求。

（4）掌握重铬酸钾法标准溶液的配制及测定铁矿石中全铁含量的原理、步骤。

（5）掌握高锰酸钾标准溶液配制和标定知识。

（6）理解高锰酸钾法主要应用的测定原理、实验步骤。

（7）了解碘量法的分类、特点，掌握滴定反应条件。

（8）掌握碘标准溶液、硫代硫酸钠标准溶液配制与标定知识。

（9）理解碘量法主要应用的测定原理、实验步骤。

技能目标

（1）学会配制要求浓度的重铬酸钾标准溶液，完成铁矿石中全铁含量的测定。

（2）会选择合适的基准物质，在合适的酸度、温度下标定高锰酸钾溶液的准确浓度，完成过氧化氢溶液中 H_2O_2 含量的测定。

（3）会配制碘、硫代硫酸钠溶液，并能选择合适的基准物质，在合适的酸度和操作条件下标定其浓度。

（4）会控制合适的操作条件，正确判断淀粉指示剂滴定终点，测定药片中维生素 C 含量。

素养目标

（1）培养学生相互学习、相互尊重、取长补短、团结协作，营造文明和谐的集体环境。

（2）培养学生树立生态文明理念和家国情怀，立足本职工作增强环保意识，为创造良好生活环境，建设美丽中国贡献力量。

学习任务 3.1 氧化还原滴定法认知

思政课堂 氧化还原关系中悟“对立统一”思想

3.1.1 氧化还原滴定法的基本知识

3.1.1.1 氧化还原滴定法的特点

氧化还原滴定法是以氧化还原反应为基础的滴定分析法。本节主要学习几种常见的氧化还原滴定法的原理和应用。

与酸碱滴定法相比，氧化还原滴定法要复杂得多。因为氧化还原反应机理比较复杂，有些反应的完全程度很高但反应速率很慢，有时由于副反应的发生使反应物之间没有确定的化学计量关系。因此，控制适当的条件在氧化还原滴定中显得尤为重要。

氧化还原滴定以氧化剂或还原剂作为标准溶液，据此分为高锰酸钾法、重铬酸钾法、碘量法等多种滴定方法。

氧化还原滴定法应用广泛，既可直接测定本身具有氧化性或还原性的物质，也可间接测定能与氧化剂和还原剂定量发生反应的物质。测定对象可以是无机物，也可以是有机物。

3.1.1.2　标准电极电位和条件电极电位

在氧化还原反应中，氧化剂和还原剂的强弱，可以用有关电对的电极电位（简称为电位）来衡量。电对的电位越高，其氧化态的氧化能力越强；电位越低，其还原态的还原能力越强。氧化剂可以氧化电位比它低的还原剂，还原剂可以还原电位比它高的氧化剂，氧化还原电对的电极电位可用能斯特方程求得。例如，下列 Ox/Red 电对（省略离子的电荷）的半反应式为：

$$\mathrm{Ox} + ne^- \rightleftharpoons \mathrm{Red}$$

电对电极电位的能斯特方程为：

$$\varphi_{\mathrm{Ox/Red}} = \varphi^{\ominus}_{\mathrm{Ox/Red}} + \frac{RT}{nF}\ln\frac{a_{\mathrm{Ox}}}{a_{\mathrm{Red}}} \tag{3-1}$$

式中，$\varphi_{\mathrm{Ox/Red}}$ 为氧化态（Ox）或还原态（Red）电对的电极电位；$\varphi^{\ominus}_{\mathrm{Ox/Red}}$ 为标准电极电位；a_{Ox}，a_{Red} 分别为氧化态及还原态的活度，离子的活度 a 等于浓度 c 乘以活度系数 γ，即 $a=\gamma c$；R 为摩尔气体常数，8.314J/(mol · K)；T 为热力学温度，K；F 为法拉第常数，96485C/mol；n 为半反应中的电子转移数。

将以上数据代入式（3-1）中，在 25℃时可得：

$$\varphi_{\mathrm{Ox/Red}} = \varphi^{\ominus}_{\mathrm{Ox/Red}} + \frac{0.0592\mathrm{V}}{n}\lg\frac{a_{\mathrm{Ox}}}{a_{\mathrm{Red}}} \tag{3-2}$$

从式（3-2）可见，电对的电极电位与存在于溶液中氧化态和还原态的活度 a 有关。当 $a_{\mathrm{Ox}} = a_{\mathrm{Red}} = 1$ 时，$\varphi_{\mathrm{Ox/Red}} = \varphi^{\ominus}_{\mathrm{Ox/Red}}$，这时的电极电位等于标准电极电位。**标准电极电位**是指一定温度下（通常为 25℃），氧化还原半反应中各组分都处于标准状态，即离子或分子的活度等于 1mol/L，反应中若有气体参加则其分压等于 100kPa 时的电极电位，$\varphi^{\ominus}_{\mathrm{Ox/Red}}$ 仅随温度变化。常见电对的标准电极电位值参见附录 D。

实际应用中，通常知道的是氧化态和还原态的浓度，而不是其活度。为简化起见，在浓度极稀时，常常以浓度代替活度进行计算。当浓度较大，尤其是高价离子参与电极反应，或有其他强电解质存在时，计算结果就会与实际测定值产生较大偏差。

此外，当溶液中的介质不同时，氧化态、还原态还会因发生某些副反应（如酸度的影响、沉淀和配合物的形成等）而影响电极电位。因此，在实际中应予以校正。通常把这种校正了外界因素影响后所测得的电极电位称为**条件电极电位**，用 $\varphi^{\ominus'}_{\mathrm{Ox/Red}}$ 表示。

条件电极电位一般由实验测得。它表示在一定介质条件下，氧化态和还原态的分析浓度都为 1mol/L 时的实际电位，在一定条件下为常数。条件电极电位反映了离子强度与各种副反应影响的总结果，是氧化还原电对在一定条件下的实际氧化还原能力。一些氧化还原电对的条件电极电位参见附录 E。

引入条件电极电位后，能斯特方程可表示为：

$$\varphi_{Ox/Red} = \varphi_{Ox/Red}^{\ominus\prime} + \frac{0.0592V}{n} \times \lg \frac{c_{Ox}}{c_{Red}} \tag{3-3}$$

查一查

在 1mol/L HCl 溶液中，Ce^{4+}/Ce^{3+} 电对的条件电极电位和标准电极电位。

通过比较，可以发现两者相差还是比较大的。因此，在处理有关氧化还原反应的电位计算时，应尽量采用条件电极电位。当缺乏相同条件下的电极电位数据时，可采用条件相近的条件电极电位，这样所得结果比较接近实际情况。如果没有条件电极电位数据，只能采用标准电极电位计算，这时误差可能较大。

3.1.1.3　氧化还原反应进行的程度

在氧化还原滴定分析中，要求氧化还原反应进行得越完全越好，而反应的完全程度是以它的平衡常数大小来衡量。平衡常数可以根据能斯特公式和有关电对的条件电极电位或标准电极电位求得。若引用条件电极电位，求得的是条件平衡常数 K'，它更能说明反应实际进行的程度。

对于氧化还原反应：

$$n_2Ox_1 + n_1Red_2 \rightleftharpoons n_2Red_1 + n_1Ox_2 \tag{3-4}$$

两电对的氧化还原半反应和电极电位分别为：

$$Ox_1 + n_1e^- \rightleftharpoons Red_1$$

$$\varphi_1 = \varphi_1^{\ominus\prime} + \frac{0.0592V}{n_1} \times \lg \frac{c_{Ox_1}}{c_{Red_1}}$$

$$Ox_2 + n_2e^- \rightleftharpoons Red_2$$

$$\varphi_2 = \varphi_2^{\ominus\prime} + \frac{0.0592V}{n_2} \times \lg \frac{c_{Ox_2}}{c_{Red_2}}$$

当反应达到平衡时，$\varphi_1 = \varphi_2$，则：

$$\varphi_1^{\ominus\prime} + \frac{0.0592V}{n_1} \times \lg \frac{c_{Ox_1}}{c_{Red_1}} = \varphi_2^{\ominus\prime} + \frac{0.0592V}{n_2} \times \lg \frac{c_{Ox_2}}{c_{Red_2}} \tag{3-5}$$

$$\varphi_1^{\ominus\prime} - \varphi_2^{\ominus\prime} = \frac{0.0592V}{n_1n_2} \times \lg\left[\left(\frac{c_{Red_1}}{c_{Ox_1}}\right)^{n_2} \times \left(\frac{c_{Ox_2}}{c_{Red_2}}\right)^{n_1}\right]$$

根据定义，

$$K'(\text{条件平衡常数}) = \frac{(c_{Red_1})^{n_2} \times (c_{Ox_2})^{n_1}}{(c_{Ox_1})^{n_2} \times (c_{Red_2})^{n_1}} \tag{3-6}$$

故

$$\lg K' = \frac{(\varphi_1^{\ominus\prime} - \varphi_2^{\ominus\prime})n_1n_2}{0.0592V} \tag{3-7}$$

可见，两电对的条件电极电位相差越大，氧化还原反应的条件平衡常数 K' 就越大，反应进行得越完全。对于滴定反应来说，反应的完全程度应当在99.9%以上。根据式(3-7)可以得到氧化还原滴定反应定量进行的条件。

一般氧化还原反应要定量地进行，通常可以认为 $\lg K' \geq 6$，$\varphi_1^{\ominus'} - \varphi_2^{\ominus'} \geq 0.4V$，这样的氧化还原反应才能应用于滴定分析。

课程思政

生产生活中的化学电池、金属冶炼、火箭发射等都与氧化还原反应息息相关。氧化和还原是一个氧化还原反应的两个方面，又同时发生，氧化还原反应的实质可以总结为：还原剂失去电子被氧化剂氧化为其氧化态，同时，氧化剂得到电子被还原剂还原为其还原态。“氧化剂还原剂，相依相存永不离”的这种关系反映了马克思主义对立统一的哲学思想，这一哲学思想启示我们，生活中我们和竞争对手是相互依存的对立面，但不是敌人，厘清这一关系，有助于同学们之间形成相互促进、相互学习、取长补短、共同进步的良性竞争氛围。

3.1.1.4 影响氧化还原反应速率的因素

根据有关电对的条件电极电位，可以判断氧化还原反应的方向和完全程度，但这只能说明反应发生的可能性，不能表明反应速率的快慢。而在滴定分析中，要求氧化还原反应必须定量、迅速地进行，所以对于氧化还原反应除了要从平衡观点来了解反应的可能性外，还应考虑反应的速率，以判断用于滴定分析的可行性。

影响氧化还原反应速率的因素主要有以下几个方面。

（1）反应物浓度。一般情况下，增加反应物的浓度可以加快反应速率。例如，在酸性溶液中重铬酸钾和碘化钾反应：

$$Cr_2O_7^{2-} + 6I^- + 14H^+ \rightleftharpoons 2Cr^{3+} + 3I_2 + 7H_2O$$

此反应速率较慢，提高 I^- 和 H^+ 的浓度，可加速反应。实验证明，在 $[H^+]=0.4mol/L$ 条件下，KI过量约5倍，放置5min，反应即可进行完全。但酸度不能太大，否则将促使空气中的氧对 I^- 的氧化速率也加快，造成分析误差。

（2）温度。温度对反应速率的影响也是很复杂的，温度的升高对于大多数反应来说，可以加快反应速率。通常温度每升高10℃，反应速率增加2~3倍。例如，高锰酸钾与草酸的反应：

$$2MnO_4^- + 5C_2O_4^{2-} + 16H^+ \rightleftharpoons 2Mn^{2+} + 10CO_2 + 8H_2O$$

在常温下反应速率很慢，若将温度控制在70~80℃时，反应速率显著提高。但是，升高温度并不是对所有氧化还原反应都是有利的。上面介绍的 $K_2Cr_2O_7$ 和KI的反应，若用加热方法来加快反应速率，则生成的 I_2 会挥发反而引起损失。又如，草酸溶液加热温度过高或时间过长，草酸将分解而引起误差。有些还原性物质如 Fe^{2+}、Sn^{2+} 等会因加热而更容易被空气中的氧所氧化，也造成分析结果的误差。

（3）催化剂。使用催化剂是加快反应速率的有效方法之一。例如，在酸性溶液中 $KMnO_4$ 与 $H_2C_2O_4$ 的反应，即使将溶液的温度升高，在滴定的最初阶段，$KMnO_4$ 褪色也很慢；若加入少许 Mn^{2+}，反应就能很快进行，这里 Mn^{2+} 起催化作用。

实际应用中也可不外加催化剂 Mn^{2+}，因为在酸性介质中，MnO_4^- 与 $C_2O_4^{2-}$ 反应的生成物之一就是 Mn^{2+}；随着反应的进行，Mn^{2+}浓度逐渐增大，反应速率也将越来越快。这种由于生成物本身引起催化作用的反应称为**自动催化反应**。

（4）诱导反应。有些氧化还原反应在通常情况下并不发生或进行极慢，但在另一反应进行时会促进这一反应的发生。这种由于一个氧化还原反应的发生促进另一氧化还原反应进行，称为**诱导反应**。例如，在酸性溶液中，$KMnO_4$ 氧化 Cl^-的反应速率极慢，当溶液中同时存在 Fe^{2+}时，$KMnO_4$ 氧化 Fe^{2+}的反应将加速 $KMnO_4$ 氧化 Cl^-的反应。这里，Fe^{2+}称为诱导体，MnO_4^- 称为作用体，Cl^-称为受诱体。

诱导反应与催化反应不同，催化反应中，催化剂参加反应后恢复到原来的状态；而诱导反应中，诱导体参加反应后变成其他物质，受诱体也参加反应，以致增加了作用体的消耗量。因此用 $KMnO_4$ 滴定 Fe^{2+}，当有 Cl^-存在时，将使 $KMnO_4$ 溶液消耗量增加，从而使测定结果产生误差。

3.1.2　氧化还原滴定原理

3.1.2.1　氧化还原滴定曲线

与其他滴定分析法相似，在氧化还原滴定过程中，随着滴定剂的加入，溶液中氧化剂和还原剂的浓度逐渐改变，有关电对的电位也随之不断变化，这种变化可用滴定曲线来描述。氧化还原滴定曲线可以通过实验测出数据而绘出，若反应中两电对都是可逆的，就可以根据能斯特公式，由两电对的条件电极电位值计算得到滴定曲线。

现以在 1mol/L H_2SO_4 溶液中，用 0.1000mol/L $Ce(SO_4)_2$ 标准溶液滴定 20.00mL 0.1000mol/L $FeSO_4$ 为例，讨论滴定过程中标准溶液用量和电极电位之间量的变化情况。

滴定反应式：

$$Ce^{4+} + Fe^{2+} \xlongequal{1mol/L\ H_2SO_4} Ce^{3+} + Fe^{3+}$$

两个电对的条件电极电位：

$$Fe^{3+} + e^- \rightleftharpoons Fe^{2+} \qquad \varphi^{\ominus'}_{Fe^{3+}/Fe^{2+}} = 0.68V$$

$$Ce^{4+} + e^- \rightleftharpoons Ce^{3+} \qquad \varphi^{\ominus'}_{Ce^{4+}/Ce^{3+}} = 1.44V$$

滴定开始前，$c_{Fe^{2+}} = 0.1000mol/L$ 。滴定开始后，随着 Ce^{4+}标准溶液的滴入，Fe^{2+}的浓度逐渐减少，Fe^{3+}的浓度逐渐增加，滴入的 Ce^{4+}被还原为 Ce^{3+}。所以，从滴定开始至滴定结束，溶液中就同时存在两个电对，在滴定过程中任何一点，达到平衡时，两电对的电位相等，即：

$$\varphi = \varphi_{Fe^{3+}/Fe^{2+}} = \varphi_{Ce^{4+}/Ce^{3+}}$$

而

$$\varphi_{Fe^{3+}/Fe^{2+}} = \varphi^{\ominus'}_{Fe^{3+}/Fe^{2+}} + 0.0592V \times \lg \frac{c_{Fe^{3+}}}{c_{Fe^{2+}}}$$

$$\varphi_{Ce^{4+}/Ce^{3+}} = \varphi^{\ominus'}_{Ce^{4+}/Ce^{3+}} + 0.0592V \times \lg \frac{c_{Ce^{4+}}}{c_{Ce^{3+}}}$$

因此，在滴定的不同阶段，可选用便于计算的电对，按能斯特公式计算滴定过程中溶液的电位值。各滴定阶段电位的计算方法如下。

（1）滴定开始至化学计量点前。因加入的 Ce^{4+} 几乎全被还原成 Ce^{3+}，达到平衡时 Ce^{4+} 的浓度极小，不易直接求得。但如果知道了滴定分数，$c_{Fe^{3+}}/c_{Fe^{2+}}$ 值就确定了，这时可以利用 Fe^{3+}/Fe^{2+} 电对来计算 φ 值。例如，当滴定了 99.9%的 Fe^{2+} 时，则有：

$$c_{Fe^{3+}}/c_{Fe^{2+}} = 99.9/0.1 \approx 1000$$

$$\varphi_{Fe^{3+}/Fe^{2+}} = \varphi^{\ominus'}_{Fe^{3+}/Fe^{2+}} + 0.0592\text{V} \times \lg\frac{c_{Fe^{3+}}}{c_{Fe^{2+}}} = 0.68 + 0.0592 \times 3 = 0.86\text{V}$$

在化学计量点前各滴定点的电位值可按同法计算。

（2）化学计量点时，则有：

$$\varphi = \frac{n_1\varphi^{\ominus'}_{Ce^{4+}/Ce^{3+}} + n_2\varphi^{\ominus'}_{Fe^{3+}/Fe^{2+}}}{n_1 + n_2} = \frac{1.44\text{V} + 0.68\text{V}}{2} = 1.06\text{V}$$

（3）化学计量点后。Fe^{2+} 几乎全部被氧化为 Fe^{3+}，Fe^{2+} 的浓度极小，不易直接求得。此时加入了过量的 Ce^{4+}，利用 Ce^{4+}/Ce^{3+} 电对计算 φ 值较方便。

$$\varphi_{Ce^{4+}/Ce^{3+}} = \varphi^{\ominus'}_{Ce^{4+}/Ce^{3+}} + 0.0592\text{V} \times \lg\frac{c_{Ce^{4+}}}{c_{Ce^{3+}}}$$

例如，当 Ce^{4+} 过量 0.1%时，溶液电位是：

$$\varphi_{Ce^{4+}/Ce^{3+}} = \varphi^{\ominus'}_{Ce^{4+}/Ce^{3+}} + 0.0592\text{V} \times \lg\frac{0.1}{100} = 1.26\text{V}$$

化学计量点过后各滴定点的电位值，可按同法计算。

将滴定过程中，不同滴定点的电位计算结果列于表 3-1 中，由此绘制的滴定曲线如图 3-1 所示。

表 3-1　在 1mol/L H_2SO_4 溶液中，用 0.1000mol/L $Ce(SO_4)_2$ 滴定 20.00mL 0.1000mol/L Fe^{2+} 溶液

加入 Ce^{4+} 溶液		电位/V	
V/mL	a/%		
1.00	5.00	0.6	
2.00	10.00	0.62	
4.00	20.00	0.64	
8.00	40.00	0.67	
10.00	50.00	0.68	
12.00	60.00	0.69	
18.00	90.00	0.74	
19.80	99.00	0.80	
19.98	99.90	0.86	滴定突跃
20.00	100.00	1.06	滴定突跃
20.02	100.10	1.26	滴定突跃
22.00	110.00	1.38	
30.00	150.00	1.42	
40.00	200.00	1.44	

从表 3-1 可见，当 Ce^{4+} 标准溶液滴入 50%时的电位等于还原剂电对的条件电极电位；当 Ce^{4+} 标准溶液滴入 200%时的电位等于氧化剂电对的条件电极电位；滴定 99.9%～100.1%时电极电位变化范围为 1.26V－0.86V＝0.4V，即滴定曲线的电位突跃是 0.4V，这为判断氧化还原反应滴定的可能性和选择指示剂提供了依据。由于 Ce^{4+} 滴定 Fe^{2+} 的反应中，两电对电子都是 1，化学计量点的电位（1.06V）正好处于滴定突跃中间（0.86～1.26V），整个滴定曲线基本对称。氧化还原滴定曲线突跃的长短和氧化剂还原剂两电对的条件电极电位差值大小有关。两电对的条件电极电位相差越大，滴定突跃就越长；反之，其滴定突跃就越短。

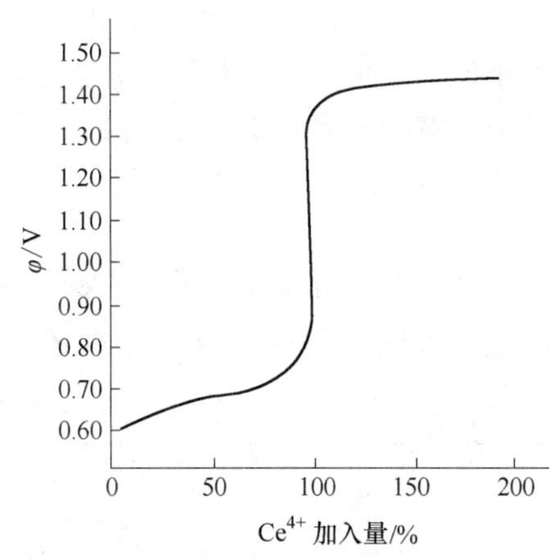

图 3-1　0.1000mol/L Ce^{4+} 溶液滴定 0.1000mol/L Fe^{2+} 溶液的滴定曲线

需要说明的是，对于不可逆电对（如 MnO_4^-/Mn^{2+}、$K_2Cr_2O_7/Cr^{3+}$、$S_4O_6^{2-}/S_2O_3^{2-}$ 等），它们的电位计算不遵从能斯特公式，因此计算的滴定曲线与实际滴定曲线有较大差异。不可逆氧化还原体系的滴定曲线都是通过实验测定的。

3.1.2.2　氧化还原滴定指示剂

在氧化还原滴定中，除了用电位法确定其滴定终点外，通常是用指示剂来指示滴定终点。氧化还原滴定中常用的指示剂有以下三类。

（1）自身指示剂。在氧化还原滴定过程中，有些标准溶液或被测的物质本身有颜色，则滴定时就无需另加指示剂，它本身的颜色变化起着指示剂的作用，这称为自身指示剂。例如，以 $KMnO_4$ 标准溶液滴定 $FeSO_4$ 溶液，反应式为：

$$MnO_4^- + 5Fe^{2+} + 8H^+ = Mn^{2+} + 5Fe^{3+} + 4H_2O$$

由于 $KMnO_4$ 本身呈现紫红色，而 Mn^{2+} 几乎无色，所以当滴定到化学计量点时，稍微过量的 $KMnO_4$ 就使被测溶液出现粉红色，表示滴定终点已到。实验证明，$KMnO_4$ 浓度约为 2×10^{-6}mol/L 时，就可以观察到溶液的粉红色。

（2）专属指示剂。可溶性淀粉与游离碘生成深蓝色配合物的反应是专属反应。当 I_2 被还原为 I^- 时，蓝色消失；当 I^- 被氧化为 I_2 时，蓝色出现。当 I_2 的浓度为 2×10^{-6}mol/L 时就能看到蓝色，反应极灵敏，因而淀粉是碘量法的专属指示剂。

（3）氧化还原指示剂。氧化还原指示剂是本身具有氧化还原性质的有机化合物。在氧化还原滴定过程中能发生氧化还原反应，而它的氧化态和还原态具有不同的颜色，因而可指示氧化还原滴定终点。现以 Ox 和 Red 分别表示指示剂的氧化态和还原态，则其氧化还原半反应如下：

$$Ox + ne^- \rightleftharpoons Red$$

根据能斯特公式得：

$$\varphi_{In} = \varphi_{In}^{\ominus\prime} + \frac{0.0592V}{n} \times \lg\frac{c_{Ox}}{c_{Red}}$$

式中，$\varphi_{In}^{\ominus'}$为指示剂的条件电极电位，随着滴定体系电位的改变，指示剂氧化态和还原态的浓度比也发生变化，因而使溶液的颜色发生变化。

与酸碱指示剂的变色情况相似，氧化还原指示剂变色电位范围是：

$$\varphi_{In}^{\ominus'} \pm \frac{0.0592V}{n}$$

必须注意，指示剂不同，其$\varphi_{In}^{\ominus'}$不同；同一种指示剂在不同的介质中，其$\varphi_{In}^{\ominus'}$也不同。表 3-2 列出了一些重要的氧化还原指示剂的条件电极电位及颜色变化。

表 3-2　一些重要氧化还原指示剂的 $\varphi^{\ominus'}$ 及颜色变化

指示剂	$\varphi_{In}^{\ominus'}$([H^+] = 1mol/L) /V	颜色	
		氧化态	还原态
亚甲基蓝	0.36	蓝	无色
二苯胺	0.76	紫	无色
二苯胺磺酸钠	0.84	紫红	无色
邻苯氨基苯甲酸	0.89	紫红	无色
邻二氮菲-亚铁	1.06	浅蓝	红
硝基邻二氮菲-亚铁	1.25	浅蓝	紫红

氧化还原指示剂是氧化还原滴定的通用指示剂，选择的原则是指示剂的条件电极电位应处在滴定突跃范围内。

想一想

在 1mol/L 的 H_2SO_4 溶液中用 Ce^{4+}标准溶液滴定 Fe^{2+}，可以选择哪些指示剂？若选二苯胺磺酸钠（$\varphi_{In}^{\ominus'}=0.84V$）为指示剂，将产生什么问题？

若在 1mol/L H_2SO_4+0.5mol/L H_3PO_4 介质中滴定，上述问题可否解决？

课程思政

三类氧化还原指示剂都可以指示氧化还原反应的滴定终点，目标一致，又各不相同，各有特点。这就好比对学生意识形态的教育，我们既要坚持社会主义核心价值观的正确引领，又要在施教过程中，针对学生不同的成长背景、性格和优缺点，尊重学生的多样性，因材施教引导学生形成正确的价值观。同学们在集体生活中也要尊重个人性格的多样性，相互尊重，友善相处，共同营造文明和谐班级氛围。

3.1.3　氧化还原滴定前的预处理

3.1.3.1　进行预处理的必要性

为使反应顺利进行，在滴定前将全部被测组分转变为适宜滴定价态的氧化或还原处理步骤，称为**氧化还原的预处理**。例如，测定铁矿石中总铁量时，试样溶解后部分铁以三价形式存在，一般先用 $SnCl_2$ 将 Fe^{3+}还原成 Fe^{2+}，然后再用 $K_2Cr_2O_7$ 标准溶液滴定。预处理时所用的氧化剂或还原剂必须符合下列条件。

（1）预氧化或预还原反应必须将被测组分定量地氧化或还原成适宜滴定的价态，且反应速率要快。

（2）过量的氧化剂或还原剂必须易于完全除去，一般采取加热分解、沉淀过滤或其他化学处理方法。例如，对过量的 $(NH_4)_2S_2O_8$、H_2O_2 等可加热分解除去，过量的 $NaBiO_3$ 可过滤除去。

（3）氧化还原反应的选择性要好，以避免试样中其他组分的干扰。例如，用重铬酸钾法测定钛铁矿中铁的含量，若用金属锌（$\varphi^{\ominus}=-0.763V$）为预还原剂，则不仅还原 Fe^{3+}，而且也能还原 Ti^{4+}（$\varphi^{\ominus}_{Ti^{4+}/Ti^{3+}}=0.10V$），其分析结果将是铁钛两者的总量。若选用 $SnCl_2$（$\varphi^{\ominus\prime}_{Sn^{4+}/Sn^{2+}}=0.14V$）为预还原剂，它只能还原 Fe^{3+}，其选择性比金属锌好。

3.1.3.2　常用的预处理试剂

根据各种氧化剂、还原剂的性质，选择合理的实验步骤，即可达到预处理的目的。现将几种常用的预处理试剂列于表 3-3 和表 3-4 中。

表 3-3　预处理用的氧化剂

氧化剂	用途	使用条件	过量氧化剂除去方法
$NaBiO_3$	$Mn^{2+}\rightarrow MnO_4^-$ $Cr^{3+}\rightarrow Cr_2O_7^{2-}$ $Ce^{3+}\rightarrow Ce^{4+}$	在 HNO_3 溶液中	$NaBiO_3$ 微溶于水，过量 $NaBiO_3$ 可滤去
$(NH_4)_2S_2O_8$	$Ce^{3+}\rightarrow Ce^{4+}$ $VO^{2+}\rightarrow VO_3^-$ $Cr^{3+}\rightarrow Cr_2O_7^{2-}$	在酸性（HNO_3 或 H_2SO_4）介质中，有催化剂 Ag^+ 存在	加热煮沸除去过量 $S_2O_8^{2-}$
	$Mn^{2+}\rightarrow MnO_4^-$	在 H_2SO_4 或 HNO_3 介质中，并存在 H_3PO_4，以防析出 $MnO(OH)_2$ 沉淀	加热煮沸除去过量 $S_2O_8^{2-}$
$KMnO_4$	$VO^{2+}\rightarrow VO_3^-$	冷的酸性溶液中（在 Cr^{3+} 存在下）	加入 $NaNO_2$ 除去过量 $KMnO_4$；但为防止 NO_2^- 同时还原 VO_3^-、$Cr_2O_7^{2-}$，可先加入尿素，然后再小心滴加 $NaNO_2$ 溶液至 MnO_4^- 红色正好褪去
	$Cr^{3+}\rightarrow CrO_4^{2-}$	在碱性介质中	
	$Ce^{3+}\rightarrow Ce^{4+}$	在酸性溶液中（即使存在 F^- 或 $H_2P_2O_7^{2-}$ 也可选择性地氧化）	
H_2O_2	$Cr^{3+}\rightarrow CrO_4^{2-}$	2mol/L NaOH	在碱性溶液中加热煮沸（少量 Ni^{2+} 或 I^- 作催化剂可加速 H_2O_2 分解）
	$Co^{2+}\rightarrow Co^{3+}$	在 $NaHCO_3$ 溶液中	
	Mn（Ⅱ）→Mn（Ⅳ）	在碱性介质中	
$HClO_4$	$Cr^{3+}\rightarrow Cr_2O_7^{2-}$ $VO^{2+}\rightarrow VO_3^-$ $I^-\rightarrow IO_3^-$	$HClO_4$ 必须浓热	放冷且冲稀即失去氧化性，煮沸除去所生成 Cl_2； 浓热的 $HClO_4$ 遇有机物将爆炸，若试样含有机物，必须先用 HNO_3 破坏有机物，再用 $HClO_4$ 处理
KIO_4	$Mn^{2+}\rightarrow MnO_4^-$	在酸性介质中加热	加入 Hg^{2+} 与过量的 KIO_4 作用生成 $Hg(IO_4)_2$ 沉淀，滤去
Cl_2，Br_2	$I^-\rightarrow IO_4^-$	酸性或中性	煮沸或通空气流

表 3-4　预处理用的还原剂

还原剂	用途	使用条件	过量还原剂除去方法
$SnCl_2$	$Fe^{3+} \to Fe^{2+}$	HCl 溶液	快速加入过量 $HgCl_2$ 氧化，或用 $K_2Cr_2O_7$ 氧化除去
	Mo(Ⅵ) → Mo(Ⅴ)		
	As(Ⅴ) → As(Ⅲ)		
	U(Ⅴ) → U(Ⅳ)	$FeCl_3$ 催化	
SO_2	$Fe^{3+} \to Fe^{2+}$	H_2SO_4 溶液	煮沸或通 CO_2 气流
	$AsO_4^{3-} \to AsO_3^{3-}$	SCN^- 催化	
	Sb(Ⅴ) → Sb(Ⅲ)		
	V(Ⅴ) → V(Ⅳ)		
	$Cu^{2+} \to Cu^{+}$	在 SCN^- 存在下	
$TiCl_3$	$Fe^{3+} \to Fe^{2+}$	酸性溶液中	水稀释，少量 Ti^{2+} 被水中 O_2 氧化（可加 Cu^{2+} 催化）
联胺	As(Ⅴ) → As(Ⅲ) Sb(Ⅴ) → Sb(Ⅲ)		浓 H_2SO_4 中煮沸
Al	Sn(Ⅳ) → Sn(Ⅱ) Ti(Ⅳ) → Ti(Ⅲ)	在 HCl 溶液中	
锌汞齐还原柱	$Fe^{3+} \to Fe^{2+}$ $Ce^{4+} \to Ce^{3+}$ Ti(Ⅳ) → Ti(Ⅲ) V(Ⅴ) → V(Ⅱ) $Cr^{3+} \to Cr^{2+}$	酸性溶液	过滤或加酸溶解

学习任务 3.2　重铬酸钾法

3.2.1　方法概要

重铬酸钾（$K_2Cr_2O_7$）是一种强氧化剂，在酸性介质中，$Cr_2O_7^{2-}$ 被还原为 Cr^{3+}。反应式与标准电位为：

$$Cr_2O_7^{2-} + 14H^+ + 6e^- \Longleftrightarrow 2Cr^{3+} + 7H_2O\ ,\ \varphi^{\ominus}_{Cr_2O_7^{2-}/Cr^{3+}} = 1.33V$$

$K_2Cr_2O_7$ 在酸性溶液中的氧化能力不如 $KMnO_4$ 强，应用范围不如高锰酸钾法广泛。但与高锰酸钾法相比，重铬酸钾法有如下优点：

（1）$K_2Cr_2O_7$ 易于提纯，120℃干燥至恒重后，可直接称量配制标准溶液；

（2）$K_2Cr_2O_7$ 溶液稳定，保存在密闭容器中，其浓度可长期不变；

（3）$K_2Cr_2O_7$ 氧化性较 $KMnO_4$ 弱，选择性较 $KMnO_4$ 强，室温下，当 HCl 溶液浓度低于 3mol/L 时，$Cr_2O_7^{2-}$ 不会诱导氧化 Cl^-，因此滴定可在盐酸介质中进行。

$Cr_2O_7^{2-}$ 的还原产物 Cr^{3+} 呈绿色，终点时无法辨别出过量 $Cr_2O_7^{2-}$ 的黄色，因而需加入指示剂指示滴定终点，常用的指示剂是二苯胺磺酸钠。

3.2.2　铁矿石中测定全铁含量

重铬酸钾法是测定铁矿石中全铁含量的标准方法。根据预氧化还原方法的不同，可分为 $SnCl_2$-$HgCl_2$ 法和 $SnCl_2$-$TiCl_3$ 法（无汞测定法）。

3.2.2.1　$SnCl_2$-$HgCl_2$ 法

试样用热浓盐酸溶解，用 $SnCl_2$ 趁热将 Fe^{3+} 还原为 Fe^{2+}，冷却后，过量的 $SnCl_2$ 用 $HgCl_2$ 氧化，再用水稀释，并加入 H_2SO_4-H_3PO_4 混合酸和二苯胺磺酸钠指示剂，用 $K_2Cr_2O_7$ 标准溶液滴定至溶液由浅绿色（Cr^{3+}绿色）变为紫红色，即为滴定终点。其主要反应式如下：

$$Fe_2O_3 + 6HCl = 2FeCl_3 + 3H_2O$$

$$2Fe^{3+} + Sn^{2+} = 2Fe^{2+} + Sn^{4+}$$

$$Sn^{2+} + 2HgCl_2 = Sn^{4+} + 2Cl^- + Hg_2Cl_2\downarrow (白色)$$

$$Cr_2O_7^{2-} + 6Fe^{2+} + 14H^+ = 6Fe^{3+} + 2Cr^{3+} + 7H_2O$$

在滴定前加入 H_3PO_4 的目的是使 Fe^{3+}生成稳定的 $Fe(HPO_4)_2^-$，降低 Fe^{3+}/Fe^{2+}电对的电位，增大突跃范围，使二苯胺磺酸钠指示剂变色点的电位落在滴定突跃范围内，减小滴定终点误差；同时，由于 $Fe(HPO_4)_2^-$ 是无色的，消除了 Fe^{3+}的黄色，有利于滴定终点的观察。

此法简便、快速又准确，生产上广泛使用。但因预还原用的汞盐有毒，引起环境污染，近年来出现了无汞测铁法。

3.2.2.2　$SnCl_2$-$TiCl_3$ 法

试样用酸溶解后，趁热用 $SnCl_2$ 将大部分 Fe^{3+}还原为 Fe^{2+}，再以 Na_2WO_4 为指示剂，滴加 $TiCl_3$ 还原剩余的 Fe^{3+}。反应式为：

$$2Fe^{3+} + Sn^{2+} = 2Fe^{2+} + Sn^{4+}$$

$$Fe^{3+} + Ti^{3+} = Fe^{2+} + Ti^{4+}$$

当 Fe^{3+}还原为 Fe^{2+}后，稍过量的 $TiCl_3$ 还原 W(Ⅵ) 为 W(Ⅴ)，后者俗称为“钨蓝”，此时溶液呈现蓝色。在加水稀释后，滴加 $K_2Cr_2O_7$ 溶液，至蓝色刚好褪去，或者以 Cu^{2+}为催化剂，利用水中的溶解氧，氧化稍过量的 $TiCl_3$ 及钨蓝，使蓝色褪去，其后的滴定步骤与 $SnCl_2$-$HgCl_2$ 法相同。

温馨提示

如果 $SnCl_2$ 过量，测定结果将偏高，$TiCl_3$ 加入量多，以水稀释时常出现四价钛盐沉淀，影响测定。用 $TiCl_3$ 还原 Fe^{3+}时，当溶液出现蓝色后再加一滴 $TiCl_3$ 即可，否则钨蓝褪色太慢，加入催化剂 $CuSO_4$，必须等钨蓝褪色 1min 后才能进行滴定。因为微过量的 Ti^{3+} 未除净，要多消耗 $K_2Cr_2O_7$ 标准溶液的用量，使测定结果偏高。

通过 $Cr_2O_7^{2-}$ 和 Fe^{2+}的反应，还可以测定其他氧化性或还原性的物质。例如，钢中铬含量的测定，先用适当的氧化剂将铬氧化为 $Cr_2O_7^{2-}$，然后用 Fe^{2+}标准溶液滴定。

3.2.3　水样中化学耗氧量（COD）的测定

COD是衡量水体受还原性物质（主要是有机物）污染程度的综合性指标。它是指在一定条件下，1L水中还原性物质被氧化时所消耗的氧化剂的量，换算成氧的质量浓度（以mg/L计）来表示。目前COD已成为环境监测分析的主要项目之一。

在酸性介质中以重铬酸钾为氧化剂，测定的化学需氧量记作COD_{Cr}，这是目前应用最为广泛的COD测定方法。测定步骤如下：于水样中加入过量$K_2Cr_2O_7$标准溶液，在强酸性介质（H_2SO_4）中，以Ag_2SO_4为催化剂，加热回流2h，使$K_2Cr_2O_7$充分氧化废水中有机物和其他还原性物质；待氧化作用完全后，以邻二氮菲-亚铁为指示剂，用Fe^{2+}标准溶液滴定剩余的$K_2Cr_2O_7$，如果水中Cl^-含量高，需加入$HgSO_4$以消除干扰。该法适用范围广泛，可用于污染严重的生活污水和工业废水，缺点是测定过程中使用Cr(Ⅵ)、Hg^{2+}等有害物质，废液需处理。

学习任务3.3　高锰酸钾法

3.3.1　高锰酸钾法特点

高锰酸钾法以$KMnO_4$作滴定剂。$KMnO_4$是一种强氧化剂，它的氧化能力和还原产物都与溶液的酸度有关。在强酸性溶液中，$KMnO_4$被还原为Mn^{2+}，反应式和标准电位为：

$$MnO_4^- + 8H^+ + 5e^- \longrightarrow Mn^{2+} + 4H_2O,\ \varphi^\ominus = 1.51V$$

在弱酸性、中性或弱碱性溶液中，$KMnO_4$被还原为MnO_2，反应式和标准电位为：

$$MnO_4^- + 2H_2O + 3e^- \longrightarrow MnO_2 + 4OH^-,\ \varphi^\ominus = 0.588V$$

在强碱性溶液中，MnO_4^-被还原成MnO_4^{2-}，反应式和标准电位为：

$$MnO_4^- + e^- \longrightarrow MnO_4^{2-},\ \varphi^\ominus = 0.564V$$

由于$KMnO_4$在强酸性溶液中有更强的氧化能力，同时生成无色的Mn^{2+}，便于滴定终点的观察，因此一般都在强酸性条件下使用。但是，在碱性条件下$KMnO_4$氧化有机物的反应速率比在酸性条件下更快，所以用高锰酸钾法测定有机物时，大都在碱性溶液中（大于2mol/L的NaOH溶液）进行。

应用高锰酸钾法，可直接滴定许多还原性物质，如Fe^{2+}、As(Ⅲ)、Sb(Ⅲ)、W(Ⅴ)、H_2O_2、$C_2O_4^{2-}$、NO_2^-及其他还原性物质（包括很多有机物）等；采用返滴定法可以测定某些具有氧化性的物质如MnO_2、PbO_2等；还可以通过MnO_4^-与$C_2O_4^{2-}$的反应间接测定一些非氧化还原性物质，如Ca^{2+}、Th^{4+}和稀土离子等。

高锰酸钾法的优点是氧化能力强，可直接或间接测定许多无机物和有机物，在滴定时自身可作指示剂；其缺点是标准溶液不太稳定，反应历程比较复杂，滴定的选择性较差。但若标准滴定溶液的配制、保存得当，滴定时严格控制条件，这些缺点大多可以克服。

3.3.2　高锰酸钾标准溶液的配制与标定

3.3.2.1　配制方法

因为高锰酸钾试剂中常含有少量的MnO_2和其他杂质，使用的蒸馏水中也常含有少量尘埃、有机物等还原性物质，这些物质都能使 $KMnO_4$ 还原，所以标准溶液不能直接配制，通常先配制成近似浓度的溶液后再进行标定。配制时，首先称取略多于理论用量的 $KMnO_4$，溶于一定体积的蒸馏水中，缓缓煮沸 15min，冷却，于暗处放置两周，用已处理过的 4 号玻璃滤埚过滤，贮于棕色试剂瓶中（GB/T 601—2016《化学试剂　标准滴定溶液的制备》）。

3.3.2.2　标定方法

标定 $KMnO_4$ 溶液的基准物质有 $Na_2C_2O_4$、$H_2C_2O_4 \cdot 2H_2O$、$(NH_4)_2Fe(SO_4)_2 \cdot 12H_2O$、$As_2O_3$和纯铁丝等。其中最常用的是 $Na_2C_2O_4$，它易于提纯，性质稳定，不含结晶水。$Na_2C_2O_4$在 105～110℃烘干至恒重，即可使用。在 H_2SO_4 溶液中，MnO_4^- 与 $C_2O_4^{2-}$ 的反应式为：

$$2MnO_4^- + 5C_2O_4^{2-} + 16H^+ = 2Mn^{2+} + 10CO_2\uparrow + 8H_2O$$

为了使反应定量进行，应注意以下滴定条件。

（1）温度。此反应在室温下速率慢，需加热至 70～80℃滴定。若温度超过 90℃，则 $H_2C_2O_4$ 部分分解，导致标定结果偏高。其反应式为：

$$H_2C_2O_4 = H_2O + CO_2\uparrow + CO\uparrow$$

（2）酸度。酸度过低，MnO_4^- 会被部分还原成 MnO_2；酸度过高，会促进 $H_2C_2O_4$ 分解。一般滴定开始时适宜酸度约为 1mol/L。为防止诱导氧化 Cl^- 的反应发生，应当尽量避免在 HCl 介质中滴定，通常在 H_2SO_4 介质中进行。

（3）滴定速率。MnO_4^- 与 $C_2O_4^{2-}$ 的反应开始时速率很慢，当有 Mn^{2+}生成之后反应速率逐渐加快。因此，应等加入第一滴 $KMnO_4$ 溶液褪色后再加第二滴。随着滴定的进行，滴定速率可适当加快。但不宜过快，否则滴入的 $KMnO_4$ 来不及和 $C_2O_4^{2-}$ 反应，就在热的酸性溶液中分解，导致标定结果偏低。反应式为：

$$4MnO_4^- + 12H^+ = 4Mn^{2+} + 5O_2\uparrow + 6H_2O$$

若滴定前加入少量 $MnSO_4$ 为催化剂，则在滴定的最初阶段就可以较快的速率进行。

（4）滴定终点。用 $KMnO_4$ 溶液滴定至溶液呈现淡粉红色，30s 不褪色即为滴定终点。溶液在放置过程中，空气中的还原性物质也能使 $KMnO_4$ 还原而褪色。

标定好的 $KMnO_4$ 溶液在放置一段时间后，如果发现有 $MnO(OH)_2$ 沉淀析出，应重新过滤并标定。

3.3.3　高锰酸钾法测定应用

3.3.3.1　H_2O_2 的测定——直接滴定法

在酸性溶液中，H_2O_2 被 MnO_4^- 定量氧化，反应式为：

$$5H_2O_2 + 2MnO_4^- + 6H^+ = 2Mn^{2+} + 5O_2\uparrow + 8H_2O$$

此反应在室温下即可顺利进行，开始时反应较慢，随着 Mn^{2+}生成而加速反应，也可以先加入少量 Mn^{2+}作催化剂。若 H_2O_2 中含有机物质，后者也会消耗 $KMnO_4$，会使测定结果偏高。此时应改用碘量法或铈量法测定 H_2O_2 含量。碱金属及碱土金属的过氧化物，可采用同样的方法进行测定。

3.3.3.2　Ca^{2+}的测定——间接滴定法

Ca^{2+}、Th^{4+}等在溶液中没有可变价态，但基于生成草酸盐沉淀，也可用高锰酸钾法间接滴定。

以Ca^{2+}的测定为例，先沉淀为CaC_2O_4，再经过滤、洗涤后将沉淀溶于热的稀H_2SO_4溶液中，最后用$KMnO_4$标准溶液滴定$H_2C_2O_4$。根据所消耗$KMnO_4$的量，间接求得Ca^{2+}的含量。相关反应式如下：

$$Ca^{2+} + C_2O_4^{2-} = CaC_2O_4 \downarrow$$

$$CaC_2O_4 + 2H^+ = Ca^{2+} + H_2C_2O_4$$

$$5H_2C_2O_4 + 2MnO_4^- + 6H^+ = 2Mn^{2+} + 10CO_2 \uparrow + 8H_2O$$

查一查

根据附录F的溶度积常数表，还有哪些金属离子能与$C_2O_4^{2-}$定量地生成草酸盐沉淀，可应用高锰酸钾法间接测定？（提示：如Ba^{2+}、Zn^{2+}、Cd^{2+}、Th^{4+}等。）

3.3.3.3　软锰矿中MnO_2的测定——返滴定法

一些不能直接用$KMnO_4$溶液滴定的物质，如MnO_2、PbO_2等，可以用返滴定法测定。例如，软锰矿中MnO_2含量的测定是利用MnO_2和$C_2O_4^{2-}$在酸性溶液中的反应。反应式为：

$$MnO_2 + C_2O_4^{2-} + 4H^+ = Mn^{2+} + 2CO_2 \uparrow + 2H_2O$$

加入一定量且过量的$Na_2C_2O_4$于磨细的矿样中，加H_2SO_4并加热（温度不能过高，否则将使$Na_2C_2O_4$分解，影响测定结果的准确度），当试样中无棕黑色颗粒存在时，表示试样分解完全。然后用$KMnO_4$标准溶液趁热滴定剩余的草酸，反应式为：

$$5C_2O_4^{2-} + 2MnO_4^- + 16H^+ = 2Mn^{2+} + 10CO_2 \uparrow + 8H_2O$$

根据$Na_2C_2O_4$的加入量和$KMnO_4$溶液消耗量之差，求出MnO_2的含量。

3.3.3.4　化学需氧量（COD）的测定

以$KMnO_4$为氧化剂测定的化学需氧量记作COD_{Mn}。测定COD_{Mn}时，在水样中加入H_2SO_4及一定量且过量的$KMnO_4$标准溶液，置于沸水浴中加热，使其中的还原性物质氧化。剩余的$KMnO_4$用定量且过量的$Na_2C_2O_4$还原，再以$KMnO_4$标准溶液返滴定。该法适用于地表水、饮用水等较为清洁水样COD的测定。对于工业废水和生活污水COD的测定，应采用重铬酸钾法。

学习任务3.4　碘　量　法

3.4.1　碘量法特点

碘量法是利用I_2的氧化性和I^-的还原性进行滴定的方法。由于固体I_2在水中的溶解度很小（0.0013mol/L）且易挥发，所以将 I_2 溶解在 KI 溶液中，这时 I_2 是以 I_3^- 形式存在溶液中，反应式为：

$$I_2 + I^- \rightleftharpoons I_3^-$$

为方便和明确化学计量关系，一般仍简写为 I_2，其半反应式为：

$$I_2 + 2e^- \rightleftharpoons 2I^-, \varphi^{\ominus}_{I_2/I^-} = 0.5345V$$

由电对的标准电极电位可知，I_2 是较弱的氧化剂，可与较强的还原剂作用；而 I^- 则是中等强度的还原剂，能与许多氧化剂作用。因此，碘量法测定可用直接和间接两种方式进行。

3.4.1.1　直接碘量法

直接碘量法又称为**碘滴定法**，是利用 I_2 标准溶液直接滴定一些还原性物质的方法。电极电位比 $\varphi^{\ominus}_{I_2/I^-}$ 小的还原性物质，可以直接用 I_2 的标准溶液滴定。

例如，钢铁中硫的测定，试样在 1300℃ 的管式炉中通 O_2 燃烧，使钢铁中的硫转化为 SO_2，用水吸收 SO_2，再用 I_2 标准溶液滴定。其反应式为：

$$I_2 + SO_2 + 2H_2O = 2I^- + SO_4^{2-} + 4H^+$$

采用淀粉作指示剂，滴定终点非常明显。用直接碘量法可以测定 SO_2、S^{2-}、As_2O_3、$S_2O_3^{2-}$、Sn(Ⅱ)、Sb(Ⅲ) 和维生素 C 等强还原性物质。

直接碘量法不能在碱性溶液中进行，否则 I_2 会发生如下歧化反应：

$$3I_2 + 6OH^- = IO_3^- + 5I^- + 3H_2O$$

由于碘的标准电极电位不高，所以直接碘量法不如间接碘量法应用广泛。

3.4.1.2　间接碘量法

间接碘量法又称为**滴定碘法**，它是利用 I^- 的还原作用与氧化性物质反应，定量地析出 I_2，然后用 $Na_2S_2O_3$ 标准溶液进行滴定，从而间接地测定氧化性物质含量的方法。

例如，铜的测定是将过量的 KI 与 Cu^{2+} 反应，定量析出 I_2，然后用 $Na_2S_2O_3$ 标准溶液滴定。其反应式如下：

$$2Cu^{2+} + 4I^- = 2CuI\downarrow + I_2$$

$$I_2 + 2S_2O_3^{2-} = 2I^- + S_4O_6^{2-}$$

在间接碘量法应用过程中，必须注意如下三个反应条件。

（1）控制溶液的酸度。I_2 和 $S_2O_3^{2-}$ 之间的反应必须在中性或弱酸性溶液中进行，如果在碱性溶液中，I_2 与 $S_2O_3^{2-}$ 会发生如下副反应：

$$S_2O_3^{2-} + 4I_2 + 10OH^- = 2SO_4^{2-} + 8I^- + 5H_2O$$

在碱性溶液中 I_2 还会发生歧化反应。若在强酸性溶液中，$Na_2S_2O_3$ 溶液会发生分解，其反应式为：

$$S_2O_3^{2-} + 2H^+ = SO_2\uparrow + S\downarrow + H_2O$$

（2）防止 I_2 的挥发和空气中的 O_2 氧化 I^-。必须加入过量的 KI（一般比理论用量大 2~3 倍），增大碘的溶解度，降低 I_2 的挥发性。滴定一般在室温下进行，操作要迅速，不宜过分振荡溶液，以减少I^-与空气的接触。

酸度较高和阳光直射，都可促进空气中的O_2对I^-的氧化作用，反应式为：

$$2I^- + O_2 + 4H^+ \rightleftharpoons I_2 + 2H_2O$$

因此，酸度不宜太高，同时要避免阳光直射，滴定时最好用带有磨口玻璃塞的碘量瓶。

（3）注意淀粉指示剂的使用。应用间接碘量法时，一般要在滴定接近终点前再加入淀粉指示剂。若是加入太早，则大量的I_2与淀粉结合生成蓝色物质，这一部分I_2就不易与$Na_2S_2O_3$溶液反应，将给滴定带来误差。

3.4.2　碘量法中标准溶液的配制

碘量法中经常使用的有$Na_2S_2O_3$和I_2两种标准溶液。

3.4.2.1　I_2标准溶液的制备

用升华法制得的纯碘可作为基准物质直接配成标准溶液。但市售的碘常含有杂质，必须采用间接法配制。

由于I_2难溶于水，易溶于KI溶液，所以配制时将碘与过量KI共置于研钵中，加少量水研磨，待溶解后再稀释到一定体积，配制成近似浓度的溶液，然后再进行标定。I_2标准溶液应保存于棕色瓶中，避免与橡皮接触，并且防止日光照射、受热等。

I_2标准溶液的准确浓度，可用已知准确浓度的$Na_2S_2O_3$标准溶液标定（即比较法），也可以用基准物质As_2O_3（砒霜的主要成分，有剧毒）标定。As_2O_3难溶于水，可用NaOH溶解，使之生成亚砷酸钠，反应式为：

$$As_2O_3 + 6OH^- = 2AsO_3^{3-} + 3H_2O$$

然后以酚酞为指示剂，用H_2SO_4中和剩余的NaOH至中性，再用I_2标准溶液滴定AsO_3^{3-}，反应式为：

$$AsO_3^{3-} + I_2 + H_2O \rightleftharpoons AsO_4^{3-} + 2I^- + 2H^+$$

该反应是可逆反应，在中性或微碱性溶液中能定量地向右进行。为此，可加入固体碳酸氢钠以中和反应中生成的H^+，使亚砷酸盐溶液的$pH \approx 8$。

3.4.2.2　$Na_2S_2O_3$标准溶液的制备

市售的$Na_2S_2O_3 \cdot 5H_2O$容易风化，并含有少量杂质，因此不能用直接法配制$Na_2S_2O_3$标准溶液，只能用间接法。

配制好的$Na_2S_2O_3$溶液不稳定，易分解，其主要原因有以下三个。

（1）$Na_2S_2O_3$与溶解在水中的CO_2反应。反应式为：

$$Na_2S_2O_3 + H_2CO_3 = NaHCO_3 + NaHSO_3 + S\downarrow$$

（2）与水中的微生物作用。水中的微生物会消耗$Na_2S_2O_3$中的硫，使它变成Na_2SO_3，这是$Na_2S_2O_3$浓度变化的主要原因。

（3）空气中氧的氧化作用。反应式为：

$$2Na_2S_2O_3 + O_2 \longrightarrow 2Na_2SO_4 + 2S\downarrow$$

此反应速率较慢，但水中的微量 Cu^{2+} 或 Fe^{3+} 等杂质能加速反应。

因此，配制 $Na_2S_2O_3$ 溶液一般采用如下步骤：称取需要量的 $Na_2S_2O_3 \cdot 5H_2O$，溶于新煮沸且冷却的蒸馏水中，并加入少量 Na_2CO_3 使溶液保持微碱性，可抑制微生物的生长，防止 $Na_2S_2O_3$ 的分解。

配制的 $Na_2S_2O_3$ 溶液应贮存于棕色瓶中，置于暗处，两周后再进行标定。长时间保存的 $Na_2S_2O_3$ 标准溶液，应定期加以标定。若发现溶液变浑浊或有硫析出，要过滤后再标定其浓度，或弃去重配。

$Na_2S_2O_3$ 溶液的准确浓度，可用 $K_2Cr_2O_7$、KIO_3、$KBrO_3$ 等基准物质进行标定。虽然 $K_2Cr_2O_7$、KIO_3、$KBrO_3$ 分别与 $Na_2S_2O_3$ 之间的 $\Delta\varphi^\ominus$ 比较大，但它们之间的反应无定量关系，应采用间接的方法标定。以 $K_2Cr_2O_7$ 作为基准物质为例，$K_2Cr_2O_7$ 在酸性溶液中与过量 KI 反应，反应式为：

$$Cr_2O_7^{2-} + 6I^- + 14H^+ = 2Cr^{3+} + 3I_2 + 7H_2O$$

反应析出的 I_2 以淀粉为指示剂，用待标定的 $Na_2S_2O_3$ 溶液滴定，反应式为：

$$I_2 + 2S_2O_3^{2-} = 2I^- + S_4O_6^{2-}$$

根据称取 $K_2Cr_2O_7$ 的质量及滴定时消耗 $Na_2S_2O_3$ 溶液的体积，可以计算出 $Na_2S_2O_3$ 溶液的准确浓度。

用 $K_2Cr_2O_7$ 为基准物质标定 $Na_2S_2O_3$ 溶液时应注意以下几点。

(1) 由于 $K_2Cr_2O_7$ 与 KI 的反应速率慢，需提高酸度以加快反应；但酸度太大，I^- 易被空气中的 O_2 氧化，一般以控制酸度 0.2~0.4mol/L 为宜。

(2) $K_2Cr_2O_7$ 与 KI 反应时，应将溶液置于碘量瓶或锥形瓶中（盖好表面皿），在暗处放置 10min；待反应完全后，再进行滴定。

(3) 用 $Na_2S_2O_3$ 溶液滴定前，应先用蒸馏水稀释，以降低酸度，减少空气中 O_2 对 I^- 的氧化，同时使 Cr^{3+} 的绿色减弱，便于观察滴定终点。若滴定至终点后，溶液又迅速变蓝色，说明 $K_2Cr_2O_7$ 与 KI 的反应还不完全，应重新标定。如果滴定到终点后，经过几分钟，溶液又出现蓝色，这是由于空气中的 O_2 氧化 I^- 所引起的，不影响标定的结果。

3.4.3 碘量法应用

3.4.3.1 维生素 C（药片）的测定

维生素 C 又称为抗坏血酸，其分子式为 $C_6H_8O_6$，摩尔质量为 176.13g/mol。由于维生素 C 分子中的烯二醇基具有还原性，所以也能被 I_2 定量地氧化成二酮基，其反应式为：

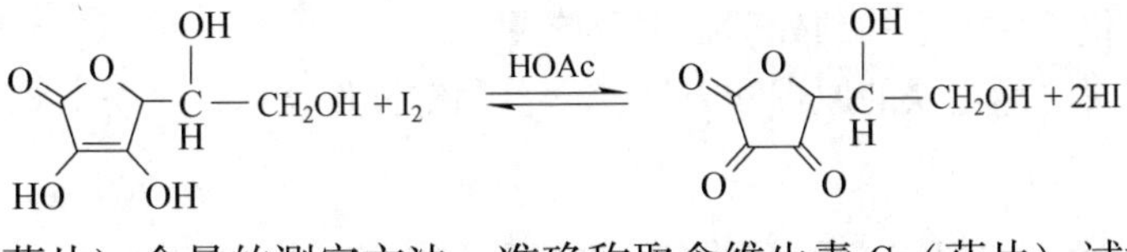

OH O O C H $CH_2OH + I_2$ HO OH $\xrightleftharpoons{HOAc}$ OH O O C H $CH_2OH + 2HI$ O O

维生素 C（药片）含量的测定方法：准确称取含维生素 C（药片）试样，溶解在新煮沸且冷却的蒸馏水中，以 HOAc 酸化，加入淀粉指示剂，迅速用 I_2 标准溶液滴定至终点（呈现稳定的蓝色）。

温馨提示

维生素C的还原性很强，在空气中易被氧化，在碱性介质中更容易被氧化，所以在实验操作上不但要熟练，而且在酸化后应立即滴定。由于蒸馏水中含有溶解氧，必须事先煮沸，否则会使测定结果偏低。如果试样中有能被I_2直接氧化的物质存在，则对本测定有干扰。

3.4.3.2　铜的测定

Cu^{2+}与过量KI反应定量地析出I_2，然后用$Na_2S_2O_3$标准溶液滴定，其反应式为：

$$2Cu^{2+} + 4I^- \xlongequal{} 2CuI\downarrow + I_2$$

$$I_2 + 2S_2O_3^{2-} \xlongequal{} 2I^- + S_4O_6^{2-}$$

由于CuI沉淀表面会吸附一些I_2而使测定结果偏低，为此滴定在接近终点时加入KSCN，使CuI沉淀转化为溶解度更小的CuSCN，反应式为：

$$CuI + SCN^- \xlongequal{} CuSCN + I^-$$

以减少CuI对I_2吸附。

温馨提示

Cu^{2+}与KI的反应要求在pH=3~4的弱酸性溶液中进行。酸度过低，Cu^{2+}将发生水解；酸度太强，I^-易被空气中的O_2氧化为I_2，使测定结果偏高；所以常用NH_4F+HF、HOAc-NaOAc或HOAc-NH_4OAc等缓冲溶液控制酸度。本法测定铜含量，快速准确，广泛用于铜合金、矿石、电镀液、炉渣中铜含量的测定。

如果测定铜矿石中的铜，试样需用HNO_3溶解，但其中所含的过量HNO_3，以及转入溶液的高价态的铁、砷、锑等元素都能氧化I^-，干扰Cu^{2+}的测定。为此，当试样溶解后，应加入浓H_2SO_4加热至冒白烟，以驱尽HNO_3和氮的氧化物，待中和过量的H_2SO_4后，仍以NH_4F+HF缓冲溶液控制试液的酸度。在pH=3~4的溶液中AsO_4^{3-}、SbO_4^{3-}等不会氧化I^-，Fe^{3+}与F^-形成稳定的配合物FeF_6^{3-}，从而消除了干扰。

实训任务3.1　重铬酸钾法测定全铁含量

微课3-1　重铬酸钾标准溶液的配制

实验目的

（1）学会$K_2Cr_2O_7$标准溶液的制备。

（2）巩固氧化还原滴定的预处理技术及应用。

（3）巩固无汞法测定铁的原理和方法，学会测定操作技术。

微课3-2　铁矿石中全铁含量的测定

实验原理

见3.2.2节$SnCl_2$-$TiCl_3$法（无汞测定法）相关内容。

仪器与试剂

（1）仪器：电子天平，高温电炉，50mL酸式滴定管，250mL锥形瓶。

（2）试剂：

1）硫磷混酸 $V_{H_2SO_4}:V_{H_3PO_4}:V_{H_2O}=3:3:14$，盐酸（1∶1）；

2）氯化亚锡（10%）：称取 10g 氯化亚锡，溶于 20mL 盐酸（$\rho=1.19$g/mL）中，用水稀释到 100mL，加入数粒锡粒，混匀；

3）钨酸钠溶液（25%）：称取 25g 钨酸钠溶于适量的水中，加入 5mL 磷酸（$\rho=1.70$g/mL），用水稀释至 100mL，混匀；

4）三氯化钛（1∶9）：取三氯化钛溶液（15%~20%）10mL，用（1∶4）盐酸稀释到 100mL，混匀；

5）二苯胺磺酸钠溶液（0.5%）。

实验步骤

（1）计算并配制 $c_{\frac{1}{6}K_2Cr_2O_7}=0.1000$mol/L 的 $K_2Cr_2O_7$ 标准溶液。

（2）试样溶解与试液制备。准确称取 0.28g 左右铁矿石试样于 250mL 锥形瓶中，加 30mL 热的 HCl(1∶1) 溶液，低温加热至试样完全溶解。

（3）预还原 Fe^{3+}。趁热滴加 10% $SnCl_2$ 溶液至试液呈浅黄色，冷却至室温，用水稀释至 100mL，加 15 滴钨酸钠溶液，用三氯化钛溶液滴至呈蓝色，再滴加重铬酸钾溶液至无色（或加入 1 滴 $CuSO_4$ 溶液，摇动试液至蓝色消失）。

（4）Fe 含量测定。加入 20mL H_2SO_4-H_3PO_4 混酸，加 2 滴二苯胺磺酸钠溶液，立即用重铬酸钾标准溶液滴至稳定的紫色。根据标准溶液的消耗量，计算铁矿石试样中铁（Fe）的质量分数。

实验数据记录与处理

记录实验数据并分析处理。

注意事项

（1）矿样中含碳量过高，妨碍滴定终点观察时，可预先将矿样在 700~800℃高温炉中灼烧 10~15min；或在硫磷混酸溶样时，加 5mL 硝酸氧化碳。

（2）氯化亚锡不能过量，否则影响结果；如不慎过量，可滴加 1% $KMnO_4$ 溶液至浅黄色。

（3）氧化还原时的温度控制在 20~40℃为好；温度低时，“钨蓝”褪色较慢；温度高时，钛易水解。

（4）试样含铜小于 0.5%时，“钨蓝”褪色后立即滴定，对测定结果无影响；当试样含铜量大于 0.5%时，需要预先分离铜。

思考题

（1）为什么 $K_2Cr_2O_7$ 可以直接制备成标准溶液，$KMnO_4$ 是否也可以直接制备成标准溶液?

（2）预还原 Fe^{3+}时，为什么要使用两种还原剂，只使用其中一种有何不可?

（3）用 $K_2Cr_2O_7$ 滴定 Fe^{2+}之前，为什么要加 H_2SO_4-H_3PO_4 混合酸?

课程思政

重铬酸钾法测定全铁含量的实训中，因为汞盐有毒，因此样品的预处理选用无汞法（$SnCl_2$-$TiCl_3$ 法），而不采用 $SnCl_2$-$HgCl_2$ 法；另外，测定完成后的废液中含有铬元素，直接倾倒会造成地下水重金属污染，必须进行统一回收处理。学生应践行习近平总书记提出的"绿水青山就是金山银山"的生态文明理念，像对待生命一样对待生态环境，为建设美丽中国、创造良好生产生活环境贡献自己的一份力量。

实训任务 3.2 过氧化氢溶液中 H_2O_2 含量的测定—— $KMnO_4$ 法

实验目的

（1）学会 $KMnO_4$ 标准溶液的配制和标定方法。

（2）学会 $KMnO_4$ 法测定过氧化氢溶液中 H_2O_2 含量的实验技术。

实验原理

过氧化氢溶液是医药卫生行业广泛使用的消毒剂，主要成分为 H_2O_2。具体实验原理见 3.3.3 节相关内容。

仪器与试剂

（1）仪器：电子天平，50mL 棕色酸式滴定管，250mL 锥形瓶。

（2）试剂：草酸钠固体，硫酸（3mol/L），高锰酸钾溶液（约 0.02mol/L），过氧化氢溶液。

实验步骤

微课 3-3 高锰酸钾标准溶液的制备

微课 3-4 过氧化氢含量测定

（1）$KMnO_4$ 标准溶液的配制方法如下。

1）配制 500mL 浓度为 0.02mol/L 的 $KMnO_4$ 溶液。计算需称取 $KMnO_4$ 固体的质量后，用台秤粗略称取 $KMnO_4$ 固体置于烧杯中，加煮沸并冷却的水 500mL，搅拌至完全溶解，转入棕色试剂瓶中于暗处保存 7～10d 使溶液中的还原性杂质完全氧化。用玻璃砂芯漏斗过滤，弃去残渣和沉淀，将滤液置于棕色试剂瓶中。

2）标定。本实验中标定 $KMnO_4$ 溶液所用的基准物质为 $Na_2C_2O_4$，两者发生的反应式为：

$$2MnO_4^- + 16H^+ + 5C_2O_4^{2-} = 2Mn^{2+} + 10CO_2\uparrow + 8H_2O$$

计算需要称取 $Na_2C_2O_4$ 的质量：

若消耗 $KMnO_4$ 溶液的体积为 20.00mL，则

$$m = 0.02 \times 20.00 \times 10^{-3} \times \frac{5}{2} \times 134.00 = 0.13\text{g}$$

若消耗 $KMnO_4$ 溶液的体积为 30.00mL，则

$$m = 0.02 \times 30.00 \times 10^{-3} \times \frac{5}{2} \times 134.00 = 0.20\text{g}$$

准确称取 $Na_2C_2O_4$ 固体 0.15~0.20g 置于锥形瓶中，各加入 40mL 水和 10mL 浓度为 3mol/L 的硫酸，水浴加热至 75~85℃（约 10min），趁热用 $KMnO_4$ 溶液滴定。开始时，滴入的 $KMnO_4$ 溶液颜色消失较慢，应慢滴快摇，待颜色消失再滴入一滴。随着 Mn^{2+} 的生成，反应速度加快，滴定速度可适当加快，临近滴定终点时颜色褪去很慢，应放慢速度，同时充分摇动，当溶液显微红色且 30s 不褪色即为滴定终点。整个滴定过程中温度不得低于 60℃。平行测定三次，求得 $KMnO_4$ 溶液的平均浓度。

（2）过氧化氢溶液中 H_2O_2 含量的测定。减量法称取 0.12~0.2g 试样，置于已加入 25mL 水的锥形瓶中，加入 5mL 浓度为 3mol/L 的硫酸，用 $KMnO_4$ 溶液滴定至微红色且 30s 不褪色即为滴定终点。平行测定三次，求得 H_2O_2 的质量分数。

实验数据记录与处理

（1）$KMnO_4$ 溶液的标定：

$$c_{KMnO_4} = \frac{m_{Na_2C_2O_4} \times \frac{2}{5} \times 1000}{M_{Na_2C_2O_4} V_{KMnO_4}} \ (mol/L)$$

（2）H_2O_2 含量的测定，请自行推导 H_2O_2 质量分数的计算公式。

思考题

（1）用 $KMnO_4$ 法测定过氧化氢溶液中 H_2O_2 的含量，为什么要在酸性条件下进行，能否用 HNO_3 或 HCl 代替 H_2SO_4 调节溶液的酸度？

（2）用 $KMnO_4$ 法测定过氧化氢溶液中 H_2O_2 的含量时，溶液能否加热，为什么？

（3）为什么本实验要把过氧化氢溶液稀释后才进行滴定？

（4）用 $Na_2C_2O_4$ 标定 $KMnO_4$ 溶液浓度时，酸度过高或过低有无影响，溶液的温度对测定有无影响？

（5）配制 $KMnO_4$ 溶液时为什么要把溶液煮沸，配好的溶液为什么要过滤后才能使用，过滤 $KMnO_4$ 溶液用玻璃砂芯漏斗，能否用定量滤纸过滤？

实训任务 3.3　维生素 C 药片中维生素 C 含量的测定

实验目的

（1）学会直接碘量法测定维生素 C 含量的原理及其操作。

（2）学会碘标准溶液的配制及标定。

（3）学会维生素 C 含量的测定方法。

实验原理

见学习任务 3.3 节相关内容。

微课 3-5　$Na_2S_2O_3$ 标准溶液制备　微课 3-6　碘标准溶液制备　微课 3-7　维生素 C 含量测定

仪器与试剂

（1）仪器：电子天平，台秤，量筒，烧杯，酸式、碱式滴定管（50mL），表面皿，容量瓶（250mL），锥形瓶（250mL），碘量瓶（250mL），移液管（25mL）等。

（2）试剂：I_2(分析纯)，KI 固体，$Na_2S_2O_3$ 标准溶液（0.1mol/L 待标定），$K_2Cr_2O_7$ 基准物质，淀粉指示剂（5g/L），Na_2CO_3 固体，HCl 溶液（6mol/L），乙酸溶液（2mol/L），维生素 C 药片。

实验步骤

（1）$Na_2S_2O_3$ 溶液的配制及标定方法如下。

1）0.1mol/L $Na_2S_2O_3$ 溶液 500mL 的配制。称取 13g $Na_2S_2O_3 \cdot 5H_2O$，溶于 500mL 新煮沸的蒸馏水中，加入 0.1g Na_2CO_3，保存于棕色瓶中，放置一周后进行标定。

2）$Na_2S_2O_3$ 溶液的标定。准确称取 0.13~0.15g $K_2Cr_2O_7$ 基准物质 3 份，加纯水 25mL 溶解，加 3mL 6mol/L 的 HCl 和 1g KI，盖上表面皿，以防止 I_2 因挥发而损失，摇匀后置于暗处 5min，使反应完全，加 150mL 蒸馏水稀释，用 $Na_2S_2O_3$ 溶液（碱式）滴定到溶液呈浅绿黄色时，加 2mL 淀粉溶液。继续滴入 $Na_2S_2O_3$ 溶液，直至蓝色刚刚消失而溶液呈亮绿色（Cr^{3+}）出现为止。记下消耗 $Na_2S_2O_3$ 溶液的体积，平行滴定三次，计算 $Na_2S_2O_3$ 溶液的浓度。

（2）标准碘溶液的配制及标定方法如下。

1）0.05mol/L I_2 溶液的配制。称取 4.0g I_2 放入小烧杯中，放入 8g KI，加水少许，用玻璃棒搅拌至 I_2 全部溶解后，转入 500mL 烧杯，加水稀释至 300mL，摇匀，贮存于棕色瓶。

2）I_2 溶液的标定。用移液管取 25.00mL I_2 溶液置于 250mL 锥形瓶中，加 50mL 水，用 $Na_2S_2O_3$ 标准溶液滴定至溶液呈浅黄色时，加入 2mL 淀粉指示剂，继续用 $Na_2S_2O_3$ 标准溶液滴定至蓝色恰好消失，即为滴定终点。平行滴定三次，计算标准溶液浓度。

（3）维生素 C 含量的测定方法如下。

1）维生素 C 的提取。取 10 片药剂，准确称量其质量。研碎磨成细粉末并混合均匀，准确称取粉末约 0.2g（3 份）。置于锥形瓶中，操作一定要快，加 50mL 蒸馏水稀释，马上进行下一步滴定（若颜色太深可加蒸馏水稀释）。

2）维生素 C 的测定。向锥形瓶中加入 10mL 2mol/L HOAc 溶液，2mL 淀粉溶液，立即用标准碘溶液（酸式滴定管）滴定至溶液刚好呈现蓝色，30s 内不褪色即为滴定终点，记下体积。平行滴定三次，计算维生素 C 的质量分数。

实验数据记录与处理

（1）$Na_2S_2O_3$ 溶液的配制及标定（请自行推导 $c_{Na_2S_2O_3}$ 的计算公式）。

（2）标准碘液的配制及标定，$c_{I_2} = \dfrac{0.5 \times c_{Na_2S_2O_3} \times V_{Na_2S_2O_3} \times 10^{-3}}{25.00 \times 10^{-3}}$。

（3）维生素 C 药片中维生素 C 含量的测定：$w = \dfrac{c_{I_2} \times M_{C_6H_8O_6} \times \dfrac{V_{I_2}}{1000}}{m_{药片}} \times 100\%$，$M_{C_6H_8O_6} = 176.13g/mol$。

注意事项

（1）实验中所用指示剂为淀粉溶液。I_2 与淀粉形成蓝色的配合物，灵敏度很高。温度升高，灵敏度反而下降。淀粉指示剂要在接近滴定终点时加入。

（2）用新煮沸并冷却的蒸馏水，否则 $Na_2S_2O_3$ 因氧气和二氧化碳和微生物的作用而分解，使滴定时消耗 $Na_2S_2O_3$ 溶液的体积偏大。

思考题

（1）测定维生素 C 的溶液中为什么要加稀 HOAc？

（2）溶样时为什么要用新煮过并冷却的蒸馏水？

（3）为减少误差，一次溶解三份平行样好，还是滴定完后再溶解下一份好？

综合练习 3.1

综合练习 3.1 答案

1. 选择题

（1）Fe^{3+}/Fe^{2+}电对的电极电位升高和（　　）因素无关。
A. 溶液离子强度的改变使 Fe^{3+}活度系数增加
B. 温度升高
C. 催化剂的种类和浓度
D. Fe^{2+}的浓度降低

（2）二苯胺磺酸钠是 $K_2Cr_2O_7$ 滴定 Fe^{2+}的常用指示剂，它属于（　　）。
A. 自身指示剂　　B. 氧化还原指示剂
C. 特殊指示剂　　D. 其他指示剂

（3）用 $KMnO_4$ 法测定 Fe^{2+}，可选用（　　）指示剂。
A. 甲基红-溴甲酚绿　　B. 二苯胺磺酸钠
C. 铬黑 T　　D. 自身指示剂

（4）以 0.01000mol/L $K_2Cr_2O_7$ 溶液滴定 25.00mL Fe^{2+}溶液，耗去 $K_2Cr_2O_7$ 溶液 25.00mL，每毫升 Fe^{2+}溶液含 Fe（$M_{Fe}=55.85$g/mol）（　　）mg。
A. 3.351　　B. 0.3351　　C. 0.5585　　D. 1.676

（5）在 1mol/L 的 H_2SO_4 溶液中，$\varphi^{\ominus\prime}_{Ce^{4+}/Ce^{3+}}=1.44V$，$\varphi^{\ominus\prime}_{Fe^{3+}/Fe^{2+}}=0.68V$；以 Ce^{4+}滴定 Fe^{2+}时，最适宜的指示剂为（　　）。
A. 二苯胺磺酸钠（$\varphi^{\ominus\prime}_{In}=0.84V$）　　B. 邻苯胺基苯甲酸（$\varphi^{\ominus\prime}_{In}=0.89V$）
C. 邻二氮菲-亚铁（$\varphi^{\ominus\prime}_{In}=1.06V$）　　D. 硝基邻二氮菲-亚铁（$\varphi^{\ominus\prime}_{In}=1.25V$）

（6）在 Sn^{2+}、Fe^{3+}的混合溶液中，欲使 Sn^{2+}氧化为 Sn^{4+}而 Fe^{2+}不被氧化，应选择的氧化剂是（　　）。（$\varphi^{\ominus\prime}_{Sn^{4+}/Sn^{2+}}=0.15V$，$\varphi^{\ominus\prime}_{Fe^{3+}/Fe^{2+}}=0.77V$）
A. KIO_3（$\varphi^{\ominus}_{IO_3^-/I_2}=1.20V$）　　B. H_2O_2（$\varphi^{\ominus}_{H_2O_2/OH^-}=0.88V$）
C. $HgCl_2$（$\varphi^{\ominus}_{HgCl_2/Hg_2Cl_2}=0.63V$）　　D. SO_3^{2-}（$\varphi^{\ominus}_{SO_3^{2-}/S}=-0.66V$）

（7）以 $K_2Cr_2O_7$ 法测定铁矿石中铁含量时，用 0.02mol/L $K_2Cr_2O_7$ 滴定。设试样含铁以 Fe_2O_3（其摩尔质量为 159.7g/mol）计约为 50%，则试样称取量应为（　　）。

A. 0. 1g 左右　　B. 0. 2g 左右　　C. 1g 左右　　D. 0. 35g 左右

(8) 用 $K_2Cr_2O_7$ 滴定 Fe^{2+}时，常用 H_2SO_4-H_3PO_4 混合酸作介质，加入 H_3PO_4 的主要作用是（　　）。

A. 增大溶液的酸度　　B. 增大滴定的突跃范围

C. 保护 Fe^{2+}免被空气氧化　　D. 可以形成缓冲溶液

(9) 用 $K_2Cr_2O_7$ 滴定 Fe^{2+}时，以二苯胺磺酸钠作指示剂，若不加入 H_3PO_4 则会使（　　）。

A. 结果偏高　　B. 结果偏低　　C. 结果无误差　　D. 终点不出现

(10) 下述两种情况下的滴定突跃将是（　　）。

1) 用 0. 1mol/L $Ce(SO_4)_2$ 溶液滴定 0. 1mol/L $FeSO_4$ 溶液；

2) 用 0. 01mol/L $Ce(SO_4)_2$ 溶液滴定 0. 01mol/L $FeSO_4$ 溶液。

A. 一样大　　B. （1）>（2）　　C. （2）>（1）　　D. 无法判断

2. 填空题

(1) 在氧化还原反应中，电对的电位越高，氧化态的氧化能力越________；电位越低，其还原态的还原能力越________。

(2) 条件电极电位反映了________和________影响的总结果，条件电极电位的数值在一定介质条件下为常数。

(3) 影响氧化还原反应速率的因素有________、________、________、________。

(4) 氧化还原反应的平衡常数，只能说明该反应的________和________，而不能表明________。

(5) 氧化还原滴定中，化学计量点附近电位突跃范围的大小和氧化剂与还原剂两电对的________有关，它们相差越大，电位突跃越________。

(6) 举出常用的预处理用氧化剂：________、________；举出常用的预处理用还原剂：________、________。

(7) $K_2Cr_2O_7$ 无汞法测定铁矿石中全铁含量时，采用________作为预还原剂，滴定之前，加入 H_3PO_4 的目的有二：一是________；二是________。

3. 判断题

(1)（　　）所有氧化还原滴定反应的化学计量点电位与该溶液中各组分的浓度无关。

(2)（　　）氧化还原条件电位是指一定条件下氧化态和还原态的活度都为 1mol/L 时的电极电位。

(3)（　　）凡是条件电位差 $\Delta\varphi^{\ominus\prime}>0.4V$ 的氧化还原反应均可作为滴定反应。

(4)（　　）条件电极电位就是某条件下电对的氧化型和还原型的分析浓度都等于 1mol/L 时的电极电位。

(5)（　　）由于 $K_2Cr_2O_7$ 容易提纯，提纯、干燥后可作为基准物质直接配制标准溶液，不必标定。

(6)（　　）$K_2Cr_2O_7$ 标准溶液滴定 Fe^{2+}既能在硫酸介质中进行，又能在盐酸介质中进行。

(7)（　　）$K_2Cr_2O_7$ 标准溶液有颜色，应于棕色瓶中保存，防止其见光分解。

(8)（　　）氧化还原指示剂变色的电位范围是 $\varphi=\varphi_{In}^{\ominus}\pm1(V)$。

（9）（　　）一个氧化还原反应的发生能加速另一氧化还原反应进行的现象称为氧化还原诱导作用。

4. 简答题

（1）说明氧化还原滴定反应定量完成的条件。
（2）说明氧化还原指示剂的变色原理及选择依据。
（3）说明氧化还原预处理的必要性及要求。
（4）说明重铬酸钾法的特点及无汞法测定铁矿石中铁含量的原理。

综合练习 3.2 答案

综合练习 3.2

1. 选择题

（1）用草酸钠作基准物质标定高锰酸钾标准溶液时，开始反应速度慢，稍后，反应速度明显加快，这是（　　）起催化作用。
A. 氢离子　B. MnO_4^-　C. Mn^{2+}　D. CO_2

（2）$KMnO_4$ 滴定所需的介质是（　　）。
A. 硫酸　B. 盐酸　C. 磷酸　D. 硝酸

（3）$KMnO_4$ 法测石灰中 Ca 含量，先沉淀为 CaC_2O_4，再经过滤、洗涤后溶于 H_2SO_4 中，最后用 $KMnO_4$ 滴定 $H_2C_2O_4$，Ca 的基本单元为（　　）。
A. Ca　B. $\frac{1}{2}$Ca　C. $\frac{1}{3}$Ca　D. $\frac{1}{5}$Ca

（4）下列测定中，需要加热的有（　　）。
A. $KMnO_4$ 溶液滴定 H_2O_2　B. $KMnO_4$ 溶液滴定 $H_2C_2O_4$
C. 银量法测定水中氯　D. 碘量法测定 $CuSO_4$

（5）对高锰酸钾滴定法，下列说法错误的是（　　）。
A. 可在盐酸介质中进行滴定　B. 直接法可测定还原性物质
C. 标准滴定溶液用标定法制备　D. 在硫酸介质中进行滴定

2. 判断题

（1）（　　）配制好的 $KMnO_4$ 溶液要盛放在棕色瓶中保护，如果没有棕色瓶应放在避光处保存。
（2）（　　）滴定时，$KMnO_4$ 溶液要放在碱式滴定管中。
（3）（　　）用 $Na_2C_2O_4$ 标定 $KMnO_4$，需加热到 70～80℃，在 HCl 介质中进行。
（4）（　　）用高锰酸钾法测定 H_2O_2 时，需通过加热来加速反应。
（5）（　　）由于 $KMnO_4$ 性质稳定，可作基准物质直接配制成标准溶液。
（6）（　　）提高反应溶液的温度能提高氧化还原反应的速度，因此在酸性溶液中用 $KMnO_4$ 滴定 $C_2O_4^{2-}$ 时，必须加热至沸腾才能保证正常滴定。

(7)(　　)溶液酸度越高，$KMnO_4$ 氧化能力越强，与 $Na_2C_2O_4$ 反应越完全，所以用 $Na_2C_2O_4$ 标定 $KMnO_4$ 时，溶液酸度越高越好。

(8)(　　)$K_2Cr_2O_7$ 标准溶液滴定 Fe^{2+} 既能在硫酸介质中进行，又能在盐酸介质中进行。

3. 计算题

称取软锰矿样0.4012g，以0.4488g $Na_2C_2O_4$ 在强酸性条件下处理后，再以0.01012mol/L的 $KMnO_4$ 标准溶液滴定剩余的 $Na_2C_2O_4$，消耗 $KMnO_4$ 溶液30.20mL。求软锰矿中 MnO_2 的质量分数。(提示：$MnO_2 + Na_2C_2O_4 + 2H_2SO_4 = MnSO_4 + Na_2SO_4 + 2H_2O + 2CO_2\uparrow$)

4. 简答题

(1)说明高锰酸钾法的特点。

(2)如何正确配制、标定高锰酸钾标准溶液?

(3)说明高锰酸钾法测定过氧化氢溶液中 H_2O_2 质量分数的原理及计算公式。

综合练习3.3

综合练习3.3答案

1. 选择题

(1)间接碘量法中加入淀粉指示剂的适宜时间是(　　)。

A. 滴定开始前　　B. 滴定开始后

C. 滴定至近终点时　　D. 滴定至红棕色褪尽至无色时

(2)在间接碘量法中，若滴定开始前加入淀粉指示剂，测定结果将(　　)。

A. 偏低　　B. 偏高

C. 无影响　　D. 无法确定

(3)碘量法测 Cu^{2+} 时，KI最主要的作用是(　　)。

A. 氧化剂　　B. 还原剂　　C. 配位剂　　D. 沉淀剂

(4)(　　)是标定硫代硫酸钠标准溶液较为常用的基准物。

A. 升华碘　　B. KIO_3　　C. $K_2Cr_2O_7$　　D. $KBrO_3$

(5)在间接碘量法测定中，下列操作正确的是(　　)。

A. 边滴定边快速摇动

B. 加入过量KI，并在室温和避免阳光直射的条件下滴定

C. 在70~80℃恒温条件下滴定

D. 滴定一开始就加入淀粉指示剂

(6)间接碘量法要求在中性或弱酸性介质中进行测定，若酸度太高，将会(　　)。

A. 反应不定量　　B. I_2 易挥发

C. 终点不明显　　D. I^- 被氧化，$Na_2S_2O_3$ 被分解

(7)碘量法测定铜时，近滴定终点时要加入KSCN或 NH_4SCN，其作用是(　　)。

A. 用作 Cu^+ 的沉淀剂，把 $CuI\downarrow$ 转化为 $CuSCN\downarrow$，防止吸附 I_2

B. 用作 Fe^{3+} 的配合剂，防止发生诱导反应而产生误差

C. 用于控制溶液的酸度，防止 Cu^{2+} 的水解而产生误差

D. 与 I_2 生成配合物，用于防止 I_2 的挥发而产生误差

（8）标定 $Na_2S_2O_3$ 溶液时，如溶液酸度过高，部分 I^- 会氧化：$4I^- + 4H^+ + O_2 = 2I_2 + 2H_2O$，从而使测得的 $Na_2S_2O_3$ 浓度（　　）。

A. 偏高　　B. 偏低　　C. 正确　　D. 无法确定

（9）用间接碘量法测定 Cu^{2+} 时，为了使反应趋于完全，必须加入过量的（　　）。

A. KI　　B. $Na_2S_2O_3$　　C. HCl　　D. $FeCl_3$

2. 填空题

（1）碘量法测定可用直接和间接两种方式。直接法以________为标液，测定________物质；间接法以________为标液，测定________物质。

（2）用淀粉作指示剂，当 I_2 被还原成 I^- 时，溶液呈________色；当 I^- 被氧化成 I_2 时，溶液呈________色。

（3）配制 $Na_2S_2O_3$ 溶液时，应将称好的试剂溶于被煮沸并冷却的蒸馏水中，这样做的目的是为了除去________和________，并加入少量________，使溶液保持微碱性，可抑制微生物生长，防止 $Na_2S_2O_3$ 的分解。

（4）用 $K_2Cr_2O_7$ 法标定 $Na_2S_2O_3$ 浓度时，滴定前应先用蒸馏水稀释，原因有：一是________，二是________。

3. 判断题

（1）（　　）碘量法中加入过量 KI 的作用之一是与 I_2 形成 I_3^-，以增大 I_2 溶解度，降低 I_2 的挥发性。

（2）（　　）配制好的 $Na_2S_2O_3$ 标准溶液应立即用基准物质标定。

（3）（　　）配好 $Na_2S_2O_3$ 标准滴定溶液后煮沸约 10min。其作用主要是除去 CO_2 和杀死微生物，促进 $Na_2S_2O_3$ 标准滴定溶液趋于稳定。

（4）（　　）间接碘量法加入 KI 一定要过量，淀粉指示剂要在接近滴定终点时加入。

（5）（　　）使用直接碘量法滴定时，淀粉指示剂应在近终点时加入；使用间接碘量法滴定时，淀粉指示剂应在滴定开始时加入。

（6）（　　）以淀粉为指示剂滴定时，直接碘量法的滴定终点是从蓝色变为无色，间接碘量法是由无色变为蓝色。

（7）（　　）直接碘量法用 I_2 标准溶液滴定还原性物质，间接碘量法用 KI 标准溶液滴定氧化性物质。

（8）（　　）间接碘量法滴定反应的计量关系是：$2n_{Na_2S_2O_3} = n_{I_2}$。

（9）（　　）为防止 I^- 被氧化，碘量法应在碱性溶液中进行。

（10）（　　）以 $K_2Cr_2O_7$ 为基准物质标定 $Na_2S_2O_3$ 时，临近滴定终点时才加入淀粉指示剂。

4. 计算题

测定胆矾中的铜含量，常用碘量法，步骤如下：

（1）配制 0.1mol/L $Na_2S_2O_3$ 溶液 1L，计算需称取固体 $Na_2S_2O_3 \cdot 5H_2O$ 多少克？

（2）标定 $Na_2S_2O_3$ 溶液。称取 0.4903g 基准物 $K_2Cr_2O_7$，加水溶解配成 100.00mL 溶液，移取此溶液 25.00mL，加入 H_2SO_4 和过量的 KI，用 $Na_2S_2O_3$ 滴定析出的 I_2，消耗 $Na_2S_2O_3$ 标液 24.97mL，计算 $Na_2S_2O_3$ 溶液的浓度。

（3）测定胆矾 Cu 含量。称取胆矾 0.5200g，溶解后加入 H_2SO_4 和过量的 KI，用上述 $Na_2S_2O_3$ 溶液滴定析出的 I_2，消耗 $Na_2S_2O_3$ 标液 25.40mL，计算胆矾中 Cu 的质量分数。

5. 简答题

（1）说明两种碘量法的反应条件。

（2）详细说明碘和硫代硫酸钠标准溶液的配制和标定方法，并写出计算公式。

（3）简述碘量法测定维生素 C 含量的原理，并写出计算公式。

项目 4　配位滴定分析与测定

知识目标

（1）理解 EDTA 性质、配位反应及副反应、配位滴定原理等基本知识。

（2）掌握配位滴定中酸度控制、干扰离子掩蔽、配位滴定方式选择等知识。

（3）理解配位滴定中指示剂作用原理、选择依据、使用条件。

（4）掌握配位滴定法测定水硬度的原理、测定条件的选择、测定结果的计算。

技能目标

（1）学会配制、标定 EDTA 标准溶液。

（2）会选择合适的酸度、掩蔽剂、指示剂，完成水总硬度的测定。

（3）正确记录实验数据，计算、表达水的硬度。

（4）能够设计其他配位滴定的实验方案，规范完成实验操作，正确记录实验数据，计算、表达实验结果。

素养目标

（1）培养学生明辨是非、自我约束、自我管理的能力。

（2）培养学生灵活运用“具体问题具体分析”的哲学思想，深入实际，调查分析，纵观全局解决问题的能力。

学习任务 4.1　配位滴定法认知

配位滴定法是以配位反应为基础的滴定分析方法，也称为**络合滴定法**，主要用于测定金属离子的含量，也可利用间接法测定其他离子的含量。本任务主要讨论以 EDTA 为标准溶液的配位滴定法。

4.1.1　配位滴定反应应具备的条件

在化学反应中，虽然配位反应很普遍，但并不是所有的配位反应都能用于滴定分析。能用于配位滴定的反应必须具备下列条件：

（1）配位反应必须完全，即生成的配合物稳定常数要足够大；

（2）配位反应必须按一定的反应式定量进行，即在一定条件下金属离子与配位剂的配位比恒定；

（3）反应速率要足够快；

（4）有适当的方法指示滴定终点。

由于多数无机配合物稳定性差，并且在形成过程中有逐级配位现象，而各级配合物的稳定常数相差较小，所以溶液中常常同时存在多种形式的配合物，金属离子与配体的化学计量关系不明确，因此无机配位剂能用于配位滴定分析的很少。目前配位滴定中常用的是含有氨羧基团的有机配位剂，特别是乙二胺四乙酸，应用最为广泛。

4.1.2　配位滴定剂乙二胺四乙酸的性质

乙二胺四乙酸的结构如下：

```
HOOC—CH2                    CH2—COOH
        \                  /
         N—CH2CH2—N
        /                  \
HOOC—CH2                    CH2—COOH
```

可见，乙二胺四乙酸是一种四元酸，习惯上用 H_4Y 表示。由于它在水中的溶解度很小（在 22℃时，每 100mL 水中仅能溶解 0. 02g），故常用它的二钠盐 $Na_2H_2Y \cdot 2H_2O$，一般也简称为 EDTA。后者的溶解度大（在 22℃时，每 100mL 水中能溶解 11. 1g），其饱和水溶液的浓度约为 0. 3mol/L。在水溶液中，乙二胺四乙酸具有双偶极离子结构：

```
HOOC—CH2   H+          H+  CH2—COOH
        \                  /
         N—CH2CH2—N
        /                  \
-OOC—CH2                    CH2—COO-
```

此外，两个羧酸根还可以接受质子。当酸度很高时，EDTA 便转变成六元酸 H_6Y^{2+}，在水溶液中存在着以下一系列的解离平衡：

$$H_6Y^{2+} \rightleftharpoons H^+ + H_5Y^+ \qquad K_{a1} = \frac{[H^+] \cdot [H_5Y^+]}{[H_6Y^{2+}]} = 1 \times 10^{-0.9}$$

$$H_5Y^+ \rightleftharpoons H^+ + H_4Y \qquad K_{a2} = \frac{[H^+] \cdot [H_4Y]}{[H_5Y^+]} = 1 \times 10^{-1.6}$$

$$H_4Y \rightleftharpoons H^+ + H_3Y^- \qquad K_{a3} = \frac{[H^+] \cdot [H_3Y^-]}{[H_4Y]} = 1 \times 10^{-2.0}$$

$$H_3Y^- \rightleftharpoons H^+ + H_2Y^{2-} \qquad K_{a4} = \frac{[H^+] \cdot [H_2Y^{2-}]}{[H_3Y^-]} = 1 \times 10^{-2.67}$$

$$H_2Y^{2-} \rightleftharpoons H^+ + HY^{3-} \qquad K_{a5} = \frac{[H^+] \cdot [HY^{3-}]}{[H_2Y^{2-}]} = 1 \times 10^{-6.16}$$

$$HY^{3-} \rightleftharpoons H^+ + Y^{4-} \qquad K_{a6} = \frac{[H^+] \cdot [Y^{4-}]}{[HY^{3-}]} = 1 \times 10^{-10.26}$$

可见 EDTA 在水溶液中以 H_6Y^{2+}、H_5Y^+、H_4Y、H_3Y^-、H_2Y^{2-}、HY^{3-}和 Y^{4-}七种型体存在，当 pH 值不同时，各种存在型体所占的分布分数 δ 是不同的。根据计算结果，可以绘制不同 pH 值时 EDTA 溶液中各种存在型体的分布曲线，如图 4-1 所示。

不同 pH 值时，EDTA 的主要存在型体列于表 4-1 中。

在这七种型体中，只有 Y^{4-}能与金属离子直接配位。所以溶液的酸度越低，Y^{4-}的分布分数越大，EDTA 的配位能力越强。

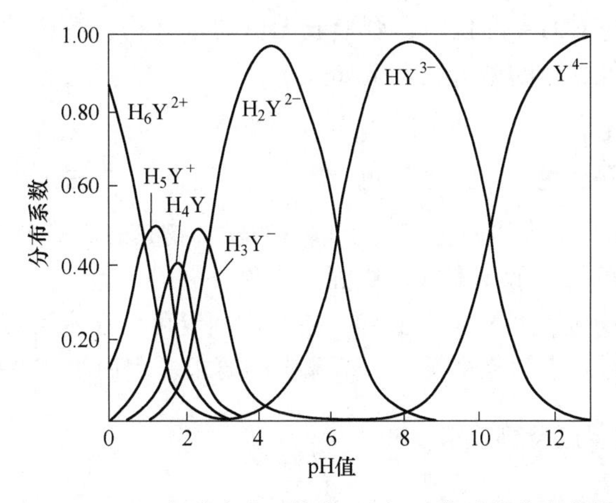

图 4-1　EDTA 各种存在型体在不同 pH 值时的分布曲线

表 4-1　不同 pH 值时，EDTA 的主要存在型体

pH 值	<1	1~1.6	1.6~2	2~2.7	2.7~6.2	6.2~10.3	>10.3
主要存在型体	H_6Y^{2+}	H_5Y^+	H_4Y	H_3Y^-	H_2Y^{2-}	HY^{3-}	Y^{4-}

4.1.3　乙二胺四乙酸的配合物

EDTA 分子具有两个氨氮原子和 4 个羧氧原子，它们都有孤对电子，即 EDTA 有 6 个配位原子。因此，绝大多数的金属离子均能与 EDTA 形成多个五元环，例如 EDTA 与 Ca^{2+}、Fe^{3+}的配合物的结构如图 4-2 所示。

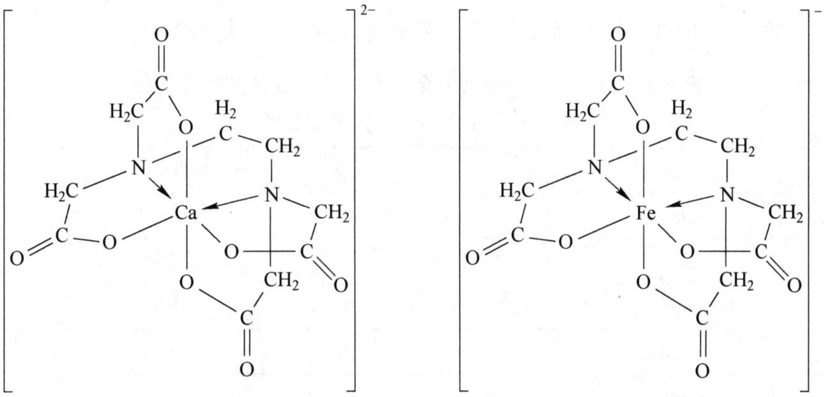

图 4-2　EDTA 与 Ca^{2+}、Fe^{3+}的配合物的结构示意图

从图 4-2 可以看出，EDTA 与金属离子形成 5 个五元环：4 个 O—C—C—N（与 M 成环）五元环及 1 个 N—C—C—N（与 M 成环）五元环，具有这类环状结构的螯合物是很稳定的。

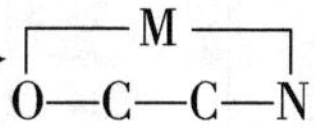

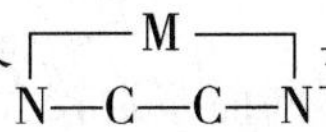

由于多数金属离子的配位数不超过 6，所以 EDTA 与大多数金属离子可形成 1∶1 型的配合物，只有极少数金属离子，如锆（Ⅳ）和钼（Ⅵ）等例外。

无色的金属离子与 EDTA 配位时，则形成无色的螯合物；有色的金属离子与 EDTA 配位时，一般则形成颜色更深的螯合物。例如：

NiY^{2-}	CuY^{2-}	CoY^{2-}	MnY^{2-}	CrY^{-}	FeY^{-}
蓝色	深蓝色	紫红色	紫红色	深紫色	黄色

综上所述，EDTA 与绝大多数金属离子形成的螯合物具有下列特点：

（1）计量关系简单，一般不存在逐级配位现象；

（2）配合物十分稳定，且水溶性极好，使配位滴定可以在水溶液中进行。

这些特点使 EDTA 滴定剂完全符合分析测定的要求，因而被广泛使用。

4.1.4　配位滴定的主反应及副反应

4.1.4.1　EDTA 与金属离子的主反应及配合物的稳定常数

EDTA 与金属离子大多形成 1∶1 型的配合物，反应通式如下：

$$M^{n+}+Y^{4-} \rightleftharpoons MY^{n-4}$$

书写时省略离子的电荷数，简写为：

$$M+Y \rightleftharpoons MY \tag{4-1}$$

此反应为配位滴定的主反应，平衡时配合物的稳定常数为：

$$K_{MY}=\frac{[MY]}{[M]\cdot[Y]} \tag{4-2}$$

配合物的稳定常数 K_{MY} 越大，说明溶液中［MY］越大，［M］和［Y］越小，形成的配合物越稳定，因此 K_{MY} 数值的大小可以说明配合物的稳定程度。因为配合物的稳定常数 K_{MY} 值很大，所以常用其对数值 $\lg K_{MY}$ 表示。

常见金属离子与 EDTA 所形成的配合物的稳定常数列于表 4-2 中。

表 4-2　EDTA 与一些常见金属离子的配合物的稳定常数

（溶液离子强度 I=0.1，温度 20℃）

阳离子	$\lg K_{MY}$	阳离子	$\lg K_{MY}$	阳离子	$\lg K_{MY}$
Na^{+}	1.66	Ce^{3+}	15.98	Cu^{2+}	18.80
Li^{+}	2.79	Al^{3+}	16.3	Hg^{2+}	21.8
Ba^{2+}	7.86	Co^{2+}	16.31	Th^{4+}	23.2
Sr^{2+}	8.73	Cd^{2+}	16.46	Cr^{3+}	23.4
Mg^{2+}	8.69	Zn^{2+}	16.50	Fe^{3+}	25.1
Ca^{2+}	10.69	Pb^{2+}	18.04	U^{4+}	25.80
Mn^{2+}	13.87	Y^{3+}	18.09	Bi^{3+}	27.94
Fe^{2+}	14.32	Ni^{2+}	18.62		

从表 4-2 可以看出，金属离子与 EDTA 配合物的稳定性随金属离子的不同而差别较大。碱金属离子的配合物最不稳定，$\lg K_{MY}$ 为 2～3；碱土金属离子的配合物，$\lg K_{MY}$ 为 8～11；二价及过渡金属离子、稀土元素及 Al^{3+} 的配合物，$\lg K_{MY}$ 为 15～19；三价、四价金属离子和

Hg^{2+}的配合物，$\lg K_{MY}>20$。这些配合物的稳定性的差别，主要取决于金属离子本身的电荷数、离子半径和电子层结构。离子电荷数越高，离子半径越大，电子层结构越复杂，配合物的稳定常数就越大，这些是金属离子方面影响配合物稳定性大小的本质因素。此外，溶液的酸度、温度和其他配体的存在等外界条件的变化也影响配合物的稳定性。

4.1.4.2　副反应及副反应系数

实际分析工作中，配位滴定是在一定的条件下进行的。例如，为控制溶液的酸度，需要加入某种缓冲溶液；为掩蔽干扰离子，需要加入某种掩蔽剂等。在这种条件下进行配位滴定，除了 M 和 Y 的主反应外，还可能发生如下一些副反应：

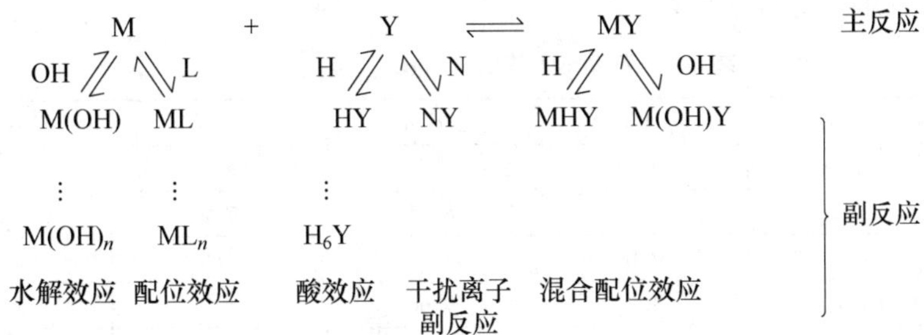

思政课堂　配位滴定主反应与副反应的启示

式中，L 为辅助配体；N 为干扰离子。

反应物 M 或 Y 发生副反应，不利于主反应的进行。反应产物 MY 发生副反应，则有利于主反应进行，但这些混合配合物大多不太稳定，可以忽略不计。下面主要讨论对配位平衡影响较大的 EDTA 的酸效应和金属离子的配位效应。

课程思政

EDTA 与金属离子发生配位反应时，存在诸多副反应，影响主反应的进行。正如同学们在学校的主要任务是学习，但所处环境中必然存在影响学习的多种不良因素和诱惑，同学们应正确辨别是非，传播正能量，认清自己的主要任务，培养自我管理意识，排除干扰因素，提高自律能力，合理安排学习和生活。

A　EDTA 的酸效应及酸效应系数

式（4-2）中 K_{MY}是描述在没有任何副反应时，配位反应进行的程度。由于 EDTA 是一种弱酸，它的阴离子 Y 是碱，当 M 与 Y 进行配位反应时，溶液中氢离子也会与 Y 发生反应。即未与金属离子配位的配体除了游离的 Y 外，还有 HY、H_2Y、…、H_6Y 等，因此未与 M 配位的 EDTA 浓度应等于以上七种型体浓度的总和，以［Y′］表示：

$$[Y'] = [Y] + [HY] + \cdots + [H_6Y] \tag{4-3}$$

由于氢离子与 Y 之间的副反应，使 EDTA 参加主反应的能力下降，这种现象称为**酸效应**。其影响程度的大小，可用**酸效应系数** $\alpha_{Y(H)}$来衡量；

$$\alpha_{Y(H)} = \frac{[Y']}{[Y]} \tag{4-4}$$

$\alpha_{Y(H)}$表示在一定 pH 值下未与金属离子配位的 EDTA 各种型体总浓度是游离的 Y 浓度的多少倍。显然，$\alpha_{Y(H)}$是 Y 的分布分数 δ_Y的倒数，即：

$$\alpha_{Y(H)}=\frac{[Y]+[HY]+[H_2Y]+\cdots+[H_6Y]}{[Y]}=\frac{1}{\delta_Y}$$

经推导可得：

$$\alpha_{Y(H)}=1+\frac{[H]}{K_{a6}}+\frac{[H]^2}{K_{a6}K_{a5}}+\cdots+\frac{[H]^6}{K_{a6}K_{a5}\cdots K_{a1}} \tag{4-5}$$

式中，K_{a1}，K_{a2}，…，K_{a6}分别为 EDTA 的各级解离常数。

可见，酸效应系数 $\alpha_{Y(H)}$ 随溶液的酸度增加而增大，$\alpha_{Y(H)}$ 越大，表示参加配位反应的 Y 浓度越小，即副反应越严重，$\alpha_{Y(H)}=1$，说明 Y 没有副反应。根据各级解离常数值，按式（4-5）可以计算出在不同 pH 值下的 $\alpha_{Y(H)}$ 值。

不同 pH 值时的 $\lg\alpha_{Y(H)}$ 值列于表 4-3 中。

表 4-3　不同 pH 值时的 $\lg\alpha_{Y(H)}$ 值

pH 值	$\lg\alpha_{Y(H)}$	pH 值	$\lg\alpha_{Y(H)}$	pH 值	$\lg\alpha_{Y(H)}$
0.0	23.64	3.4	9.7	6.8	3.55
0.4	21.32	3.8	8.85	7.0	3.32
0.8	19.08	4.0	8.44	7.5	2.78
1.0	18.01	4.4	7.64	8.0	2.27
1.4	16.02	4.8	6.84	8.5	1.77
1.8	14.27	5.0	6.45	9.0	1.28
2.0	13.51	5.4	5.69	9.5	0.83
2.4	12.19	5.8	4.98	10.0	0.45
2.8	11.09	6.0	4.65	11.0	0.07
3.0	10.60	6.4	4.06	12.0	0.01

从表 4-3 可以看出，多数情况下 $\alpha_{Y(H)}$ 不等于 1，[Y′] 总是大于 [Y]；只有在 pH>12 时，$\alpha_{Y(H)}$ 才等于 1；EDTA 几乎完全解离为 Y，此时 EDTA 的配位能力最强。

B　金属离子的配位效应及配位效应系数

金属离子的配位效应是指溶液中其他配体（辅助配体、缓冲溶液中的配体或掩蔽剂等）能与金属离子配位所产生的副反应，使金属离子参加主反应能力降低的现象。当有配位效应存在时，未与 Y 配位的金属离子，除游离的 M 外，还有 ML、ML_2、…、ML_n 等，以 [M′] 表示未与 Y 配位的金属离子的总浓度，则：

$$[M']=[M]+[ML]+[ML_2]+\cdots+[ML_n] \tag{4-6}$$

由于 L 与 M 配位使 [M] 降低，影响 M 与 Y 的主反应，其影响可用配位效应系数 $\alpha_{M(L)}$ 表示：

$$\alpha_{M(L)}=\frac{[M']}{[M]}=\frac{[M]+[ML]+[ML_2]+\cdots+[ML_n]}{[M]} \tag{4-7}$$

$\alpha_{M(L)}$ 表示未与 Y 配位的金属离子的各种型体的总浓度是游离金属离子浓度的多少倍。当 $\alpha_{M(L)}=1$ 时，$[M']=[M]$，表示金属离子没有发生副反应，$\alpha_{M(L)}$ 值越大，副反应越严重。

若用 K_1、K_2、…、K_n 表示配合物 ML_n 的各级稳定常数，即配位平衡各级稳定常数：

$$M+L \rightleftharpoons ML,\qquad K_1=\frac{[ML]}{[M]\cdot[L]}$$

$$ML+L \rightleftharpoons ML_2,\qquad K_2=\frac{[ML_2]}{[ML]\cdot[L]}$$

$$\vdots\qquad\qquad\vdots$$

$$ML_{n-1}+L \rightleftharpoons ML_n,\qquad K_n=\frac{[ML_n]}{[ML_{n-1}]\cdot[L]}$$

将 K 的关系式代入式（4-7），并整理得：

$$\alpha_{M(L)} = 1 + [L]K_1 + [L]^2K_1K_2 + \cdots + [L]^nK_1K_2\cdots K_n \tag{4-8}$$

可以看出，游离配体的浓度越大，或其配合物稳定常数越大，则配位效应系数越大，不利于主反应的进行。

4.1.4.3　条件稳定常数

在没有任何副反应存在时，配合物 MY 的稳定常数用 K_{MY} 表示，它不受溶液浓度、酸度等外界条件影响，所以又称为**绝对稳定常数**。当 M 和 Y 的配合反应在一定的酸度条件下进行，并有 EDTA 以外的其他配体存在时，将会引起副反应，从而影响主反应的进行。此时，稳定常数 K_{MY} 已不能客观地反映主反应进行的程度。稳定常数的表达式中，Y 应以 Y′替换，M 应以 M′替换，这时配合物的稳定常数应表示为：

$$K'_{MY}=\frac{[MY]}{[M']\cdot[Y']} \tag{4-9}$$

这种考虑副反应影响而得出的实际稳定常数称为**条件稳定常数**。K'_{MY} 是条件稳定常数的笼统表示，有时为明确表示哪个组分发生了副反应，可将“′”写在发生副反应的该组分符号的右上方。

配位滴定法中，一般情况下，对主反应影响较大的副反应是 EDTA 的酸效应和金属离子的配位效应。此时，式（4-9）变为：

$$K'_{MY}=\frac{[MY]}{[M']\cdot[Y']}=\frac{[MY]}{\alpha_{M(L)}[M]\alpha_{Y(H)}[Y]}=\frac{K_{MY}}{\alpha_{M(L)}\alpha_{Y(H)}} \tag{4-10}$$

将上式取对数，得：

$$\lg K'_{MY} = \lg K_{MY} - \lg\alpha_{M(L)} - \lg\alpha_{Y(H)} \tag{4-11}$$

如果只有酸效应，则式（4-11）简化为：

$$\lg K'_{MY} = \lg K_{MY} - \lg\alpha_{Y(H)} \tag{4-12}$$

式（4-12）是讨论配位平衡的重要公式，它表明 MY 的条件稳定常数随溶液的酸度而变化。

> **例 4-1**　若只考虑酸效应，计算 pH=2.0 和 pH=5.0 时 ZnY 的 K'_{ZnY}。
>
> **解**：（1）pH=2.0 时，查表 4-3 得 $\lg\alpha_{Y(H)} = 13.51$；查表 4-2 得 $\lg K_{ZnY} = 16.50$。故 $\lg K'_{ZnY} = 16.50 - 13.51 = 2.99$，$K'_{ZnY} = 1 \times 10^{2.99}$。
>
> （2）pH = 5.0 时，查表 4-3 得 $\lg\alpha_{Y(H)} = 6.45$。故 $\lg K'_{ZnY} = 16.50-6.45 = 10.05$，$K'_{ZnY} = 1\times10^{10.05}$。

以上计算表明，pH=5.0 时 ZnY 稳定，而 pH=2.0 时 ZnY 不稳定。所以为使配位滴定顺利进行，得到准确的分析测定结果，必须选择适当的酸度条件。

4.1.5　配位滴定法原理

4.1.5.1　滴定曲线

与酸碱滴定情况相似，配位滴定时，在金属离子的溶液中，随着溶液配位滴定剂的加入，金属离子不断发生配位反应，它的浓度也随之减小。在化学计量点附近，溶液中金属离子浓度（用 pM 值表示）发生突跃。利用滴定过程中 pM 值的变化对 EDTA 的加入量作图得到的曲线称为**配位滴定曲线**，配位滴定曲线反映了滴定过程中滴定剂的加入量与待测离子浓度之间的关系。

现以 pH = 12 时，用 0.01000mol/L EDTA 滴定 20.00mL 0.01000mol/L Ca^{2+}溶液为例，说明配位滴定过程中滴定剂的加入量与待测离子浓度之间的变化关系。

由于 Ca^{2+}既不易水解也不与其他配位剂反应，所以处理配位平衡时只需考虑 EDTA 的酸效应，即在 pH = 12 时，CaY^{2-}的条件稳定常数为：

$$\lg K'_{CaY} = \lg K_{CaY} - \lg\alpha_{Y(H)} = 10.69 - 0.01 = 10.68$$

$$K'_{CaY} = 4.8 \times 10^{10}$$

（1）滴定前，溶液中只有 Ca^{2+}，$[Ca^{2+}]$ = 0.01000mol/L，pCa = 2.00。

（2）滴定开始至化学计量点前，溶液中有剩余的 Ca^{2+}和滴定产物 CaY^{2-}，由于 K'_{CaY} 较大，剩余的 Ca^{2+}对 CaY^{2-}的解离有一定的抑制作用，可忽略 CaY^{2-}的解离，因此可按剩余的［Ca^{2+}］计算 pCa。

当滴入 EDTA 溶液的体积为 19.98mL 时：

$$[Ca^{2+}] = \frac{(20.00 - 19.98) \times 0.01000}{20.00 + 19.98} = 5.0 \times 10^{-6}\text{mol/L}$$

$$pCa = 5.30$$

（3）化学计量点时，Ca^{2+}几乎全部与 EDTA 配位，生成 CaY^{2-}，所以：

$$[CaY^{2-}] = \frac{20.00 \times 0.01000}{20.00 + 20.00} = 0.005000\text{mol/L}$$

同时，化学计量点时，$[Ca^{2+}] = [Y']$，故：

$$K'_{CaY} = \frac{[CaY^{2-}]}{[Ca^{2+}] \cdot [Y']} = \frac{[CaY^{2-}]}{[Ca^{2+}]^2}$$

$$[Ca^{2+}] = \sqrt{\frac{[CaY^{2-}]}{K'_{CaY}}} = \sqrt{\frac{0.005000}{4.8 \times 10^{10}}} = 3.2 \times 10^{-7}\text{mol/L}$$

$$pCa = 6.49$$

（4）化学计量点后，当滴入 20.02mL EDTA 时：

$$[Y'] = \frac{(20.02 - 20.00) \times 0.01000}{20.02 + 20.00} = 5.0 \times 10^{-6}\text{mol/L}$$

$$[CaY^{2-}] = \frac{20.00 \times 0.01000}{20.02 + 20.00} = 5.0 \times 10^{-3}\text{mol/L}$$

所以，$[Ca^{2+}] = \dfrac{[CaY^{2-}]}{K'_{CaY}[Y']} = \dfrac{5.0 \times 10^{-3}}{4.8 \times 10^{10} \times 5.0 \times 10^{-6}} = 2.1 \times 10^{-8}\text{mol/L}$

$$pCa = 7.68$$

按照上述方法，可求出加入不同体积滴定剂时溶液的 pCa 值。以 pCa 值为纵坐标，滴定剂体积或滴定分数为横坐标作图，即可得到滴定曲线如图 4-3 所示。

从图中可以看出在 pH = 12 时，用 0.01000mol/L EDTA 标准溶液滴定 20.00mL 0.01000mol/L Ca^{2+}溶液，化学计量点时的 pCa = 6.49，滴定突跃的 pCa = 5.30~7.68。

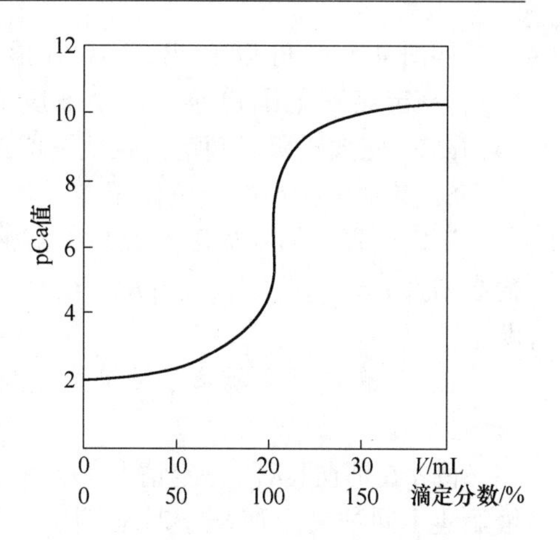

图 4-3　pH = 12 时，用 0.01000mol/L EDTA 标准溶液滴定 20.00mL 0.01000mol/L Ca^{2+} 溶液的滴定曲线

4.1.5.2　影响滴定突跃的因素

配位滴定中，滴定突跃范围越大，就越容易准确地指示滴定终点。上述计算结果表明，配合物的条件稳定常数和被滴定金属离子的浓度是影响滴定突跃范围大小的主要因素。

A　配合物的条件稳定常数对滴定突跃范围的影响

图 4-4 是被滴定金属离子浓度 c_M 一定情况下，用 EDTA 标准溶液滴定不同 $\lg K'_{CaY}$ 的金属离子时的滴定曲线。

从图 4-4 中可以看出，配合物的条件稳定常数 $\lg K'_{MY}$ 越大，滴定突跃范围也越大。由式（4-11）可知，决定配合物条件稳定常数大小的因素首先就是配合物的绝对稳定常数 $\lg K_{MY}$，但对某一特定金属离子而言，$\lg K_{MY}$ 是一常数，所以滴定时溶液的酸度、配位掩蔽剂，以及其他辅助配位剂的配位作用将直接影响条件稳定常数。

a　酸度

图 4-5 为不同 pH 值时用 0.01000mol/L EDTA 标准溶液滴定相同浓度 Ca^{2+} 溶液的滴定曲线。

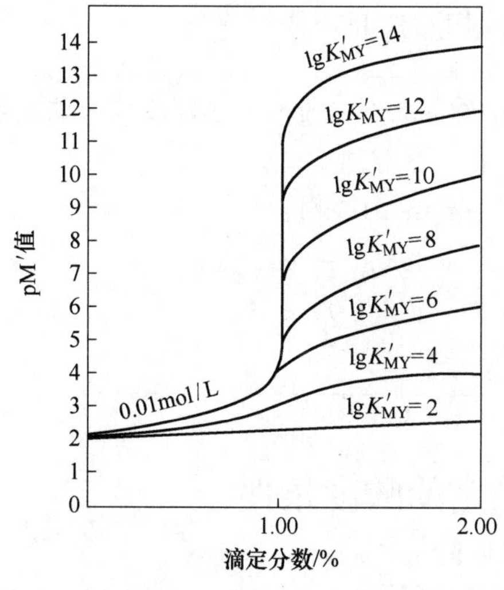

图 4-4　用 0.01000mol/L EDTA 标准溶液滴定不同的 $\lg K'_{MY}$ 金属离子的滴定曲线

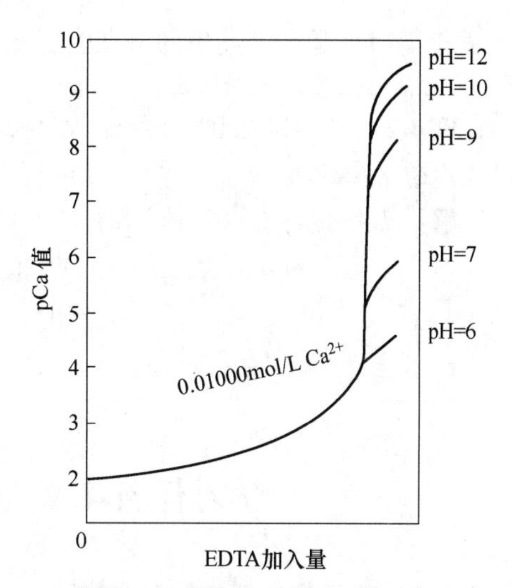

图 4-5　不同 pH 值时 0.01000mol/L EDTA 标准溶液滴定同浓度 Ca^{2+} 溶液的滴定曲线

从图 4-5 中可以看出，pH 值越高（酸度越低），滴定突跃范围也越大。因酸度低时，$\lg\alpha_{Y(H)}$ 小，$\lg K'_{MY}$ 变大，所以滴定突跃范围增大。

b　其他配位剂的配位作用

滴定过程中加入掩蔽剂及缓冲溶液等辅助配位剂会增大 $\lg\alpha_{M(L)}$ 的值，使 $\lg K'_{MY}$ 变小，因此滴定突跃范围减小。

B　被滴定的金属离子浓度对滴定突跃范围的影响

图 4-6 是在 $\lg K'_{MY}$ 一定情况下，用 EDTA 标准溶液滴定不同浓度金属离子时的滴定曲线。从图 4-6 中可以看出，金属离子浓度 c_M 越大，滴定曲线起点越低，因此滴定突跃范围越大。

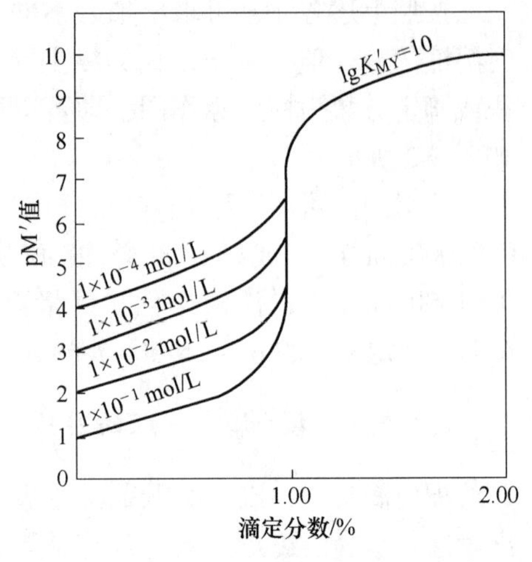

图 4-6　$\lg K'_{MY}=10$ 时，用 EDTA 标准溶液滴定不同浓度金属离子时的滴定曲线

4.1.6　单一离子直接准确滴定的条件

滴定突跃范围的大小是判断能否准确滴定的重要依据之一，而突跃范围的大小取决于 K'_{MY} 和金属离子的浓度 c_M。只有当 c_M、K'_{MY} 足够大时，才会有明显的突跃，才能进行准确滴定。

在配位滴定中，通常采用金属指示剂指示滴定终点。由于人眼判断颜色的局限性，即使指示剂的变色点与化学计量点完全一致，仍有可能产生±(0.2~0.5)pM 单位的不确定性，即 ΔpM 值（$\Delta pM = pM_{指示剂变色点} - pM_{化学计量点}$）至少为±0.2。设 ΔpM=±0.2，用等浓度的 EDTA 标准溶液滴定初始浓度为 c_M 的金属离子 M，若允许终点误差为±0.1%，则根据相关公式可推导出准确滴定单一金属离子的条件为：

$$\lg(c_M K'_{MY}) \geqslant 6 \tag{4-13}$$

在金属离子的初始浓度 $c_M=0.01000\text{mol/L}$ 的特定情况下，则式（4-13）可改写为：

$$\lg K'_{MY} \geqslant 8 \tag{4-14}$$

式（4-14）是在上述条件下准确滴定金属离子时 $\lg K'_{MY}$ 的下限。

例 4-2　在 pH=2.00 的介质中，能否用 0.01000mol/L EDTA 标准溶液准确滴定相同浓度的 Zn^{2+} 溶液？

解： 已知 $\lg K_{ZnY}=16.50$，pH=2.00 时，$\lg\alpha_{Y(H)}=13.51$，则：

$$\lg(c_{Zn}K'_{ZnY}) = \lg c_{Zn} + \lg K'_{ZnY} = \lg c_{Zn} + \lg K_{ZnY} - \lg\alpha_{Y(H)}$$
$$= -2.00 + 16.50 - 13.51 = 0.99 < 6$$

故不能准确滴定。

学习任务 4.2　配位滴定的酸度条件

4.2.1　单一离子滴定适宜的酸度范围

在配位滴定中，如果不存在其他的配位剂，被测金属离子的 K'_{MY} 主要取决于溶液的酸度。当酸度低时，$\alpha_{Y(H)}$小，K'_{MY}大，有利于准确滴定，但酸度过低，金属离子易发生水解反应生成氢氧化物沉淀，使金属离子参加主反应的能力降低，K'_{MY}减小，反而不利于滴定；当酸度高时，$\alpha_{Y(H)}$大，K'_{MY}小，同样也不利于滴定。因此，选择适宜的酸度范围是准确滴定的必要条件。

4.2.1.1 滴定金属离子的最低 pH 值（最高酸度）和酸效应曲线

若滴定过程中除 EDTA 酸效应外没有其他副反应，则根据单一离子准确滴定的判别式，当被测金属离子的浓度为 0.01000mol/L 时，$\lg K'_{MY} \geqslant 8$，可知：

$$\lg K'_{MY} = \lg K_{MY} - \lg\alpha_{Y(H)} \geqslant 8$$

即

$$\lg\alpha_{Y(H)} \leqslant \lg K_{MY} - 8 \tag{4-15}$$

将各种金属离子的 $\lg K_{MY}$代入式（4-15），即可求出对应最大的 $\lg\alpha_{Y(H)}$值，再从表4-3查得与其对应的 pH 值，即为滴定某一金属离子时所允许的最低 pH 值。

用同样的方法可以计算出准确滴定各种金属离子时所允许的最低 pH 值，以最低 pH 值为纵坐标、对应的 $\lg K_{MY}$或 $\lg\alpha_{Y(H)}$为横坐标绘成曲线，即为 EDTA 的酸效应曲线（林邦曲线），如图 4-7 所示。

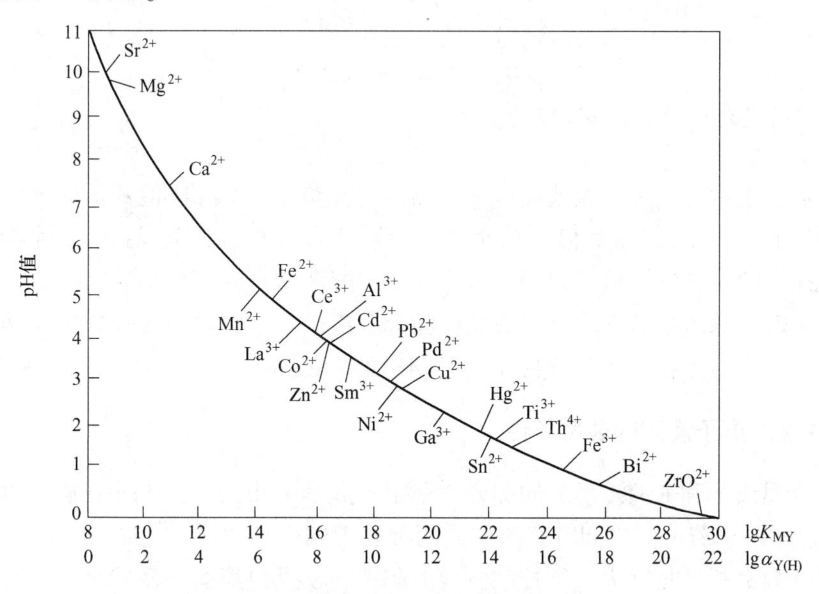

图 4-7 EDTA 的酸效应曲线

（金属离子浓度 0.01000mol/L，允许终点误差为±0.1%）

实际工作中，利用酸效应曲线可查得单独滴定某种金属离子时所允许的最低 pH 值，还可以看出混合离子中哪些离子在一定 pH 值范围内对被测离子有干扰。此外，酸效应曲线还可以作为 $\lg\alpha_{Y(H)}$-pH 值曲线使用。

温馨提示

需要特别指出的是，酸效应曲线是在金属离子浓度为 0.01000mol/L、允许滴定终点误差为±0.1%、滴定时除 EDTA 酸效应外没有其他副反应的前提条件下得出的，如果前提条件发生变化，曲线也将变化，因此滴定要求的最低 pH 值也会有所不同。

4.2.1.2　滴定金属离子的最高 pH 值（最低酸度）

为了能准确滴定被测金属离子，滴定时的 pH 值一般大于所允许的最低 pH 值，但酸度过低，金属离子会产生水解效应析出氢氧化物沉淀而影响滴定，因此应确定滴定时金属离子不水解的最高 pH 值（最低酸度）。

在没有其他配位剂存在下，金属离子不水解的最高 pH 值可由氢氧化物的溶度积求得。

例 4-3　试计算用 0.01000mol/L EDTA 标准溶液滴定相同浓度的 Fe^{3+} 溶液的最高 pH 值和最低 pH 值。

解：已知 $\lg K_{FeY}=25.1$，根据式（4-15）得：

$$\lg\alpha_{Y(H)} \leqslant \lg K_{FeY} - 8 = 25.1 - 8 = 17.1$$

查表 4-3，对应的 pH 值约为 1.1，故滴定允许的最低 pH=1.1。

由 $Fe^{3+} + 3OH^- \longrightarrow Fe(OH)_3$，$K_{sp} = 3.5 \times 10^{-38}$

得

$$[OH^-] = \sqrt[3]{\frac{K_{sp}}{[Fe^{3+}]}} = \sqrt[3]{\frac{3.5 \times 10^{-38}}{10^{-2}}} = 1.5 \times 10^{-12}$$

$$pOH=11.8，pH=2.2$$

因此，滴定允许的最高 pH 值为 2.2。

由此可见，根据 EDTA 的酸效应可确定滴定时允许的最低 pH 值；根据金属离子水解效应可估算允许的最高 pH 值，从而得出滴定适宜的 pH 值范围。例 4-3 中，用 0.01000mol/L EDTA 标准溶液滴定相同浓度的 Fe^{3+} 溶液适宜的 pH 值范围是 1.1~2.2。

实际滴定时，除了要从 EDTA 的酸效应和金属离子的水解效应来考虑配位滴定的适宜酸度范围外，还需考虑指示剂的颜色变化对 pH 值的要求。

4.2.2　多种金属离子滴定的酸度条件

不同的金属离子和 EDTA 形成的配合物稳定常数是不相同的，因此在滴定时所允许的最小 pH 值也不同。若溶液中同时有两种或两种以上的金属离子，它们与 EDTA 所形成的配合物稳定常数又相差足够大，则控制溶液的酸度，使其只能满足滴定某一种离子允许的最小 pH 值，但又不会使该离子发生水解而析出沉淀，此时就只能有一种离子与 EDTA 形成稳定的配合物，而其他离子不与 EDTA 发生配位反应，这样就可以避免干扰。

设溶液中有 M 和 N 两种金属离子，它们均可与 EDTA 形成配合物，但 $K_{MY}>K_{NY}$，对于有干扰离子共存时的配位滴定，通常允许有不超过±0.5%的相对误差。当 $c_M=c_N$，而且用指示剂检测滴定终点时，终点与化学计量点两者 pM 差值 $\Delta pM\approx 0.3$。经计算，可得出要准确滴定 M，而 N 不干扰的条件为：

$$\Delta\lg K \geqslant 5 \tag{4-16}$$

一般以此式作为判断能否利用控制酸度进行分别滴定的条件。

例如，当溶液中 Bi^{3+}、Pb^{2+} 浓度皆为 1×10^{-2}mol/L 时，要选择滴定 Bi^{3+}。从表 4-2 可知，$\lg K_{BiY}=27.94$，$\lg K_{PbY}=18.04$，$\Delta\lg K=27.94-18.04=9.90$，故可选择滴定 Bi^{3+}，而

Pb^{2+}不干扰。然后进一步根据 $\lg\alpha_{Y(H)} \leq \lg K_{MN}-8$，可确定滴定允许的最小 pH 值。此例中，$[Bi^{3+}]=1\times10^{-2}$mol/L，则可由 EDTA 的酸效应曲线（见图 4-7）直接查到滴定 Bi^{3+}允许的最小 pH 值约为 0.7，即要求 pH≥0.7 时滴定 Bi^{3+}。但滴定时 pH 值不能太大，在 pH≈2 时，Bi^{3+}将开始水解析出沉淀，因此滴定 Bi^{3+}、Pb^{2+}溶液中的 Bi^{3+}时，适宜酸度范围为pH=0.7~2.0。此时 Pb^{2+}不与 EDTA 配位，不干扰 Bi^{3+}的测定。

想一想

混合溶液中含 Fe^{3+}、Al^{3+}，能否像 Bi^{3+}、Pb^{2+}混合液一样，采取控制酸度的方法实现分别滴定？

提示：

（1）先根据它们的 $\lg K_{MY}$讨论分别滴定的可能性，若能分别滴定，分别滴定的 pH 值是多少，以什么为指示剂？

（2）Al^{3+}对金属指示剂有何作用，能不能直接滴定？

学习任务 4.3　金属指示剂

在配位滴定中，广泛采用金属指示剂来指示滴定终点。

4.3.1　金属指示剂的作用原理

金属指示剂是一些有机配位剂，能与金属离子 M 形成有机配合物，其颜色与游离指示剂本身颜色不同，从而指示滴定的终点。现以铬黑 T(以 In 表示）为例，说明金属指示剂的作用原理。

铬黑 T 能与金属离子（Pb^{2+}、Mg^{2+}、Zn^{2+}等）形成比较稳定的酒红色配合物，当 pH=8~11 时，铬黑 T 本身呈蓝色。

$$\underset{\text{蓝色}}{\mathrm{In}}+\mathrm{M} \rightleftharpoons \underset{\text{酒红色}}{\mathrm{MIn}}$$

滴定时，在含上述金属离子的溶液中加入少量铬黑 T，这时有少量 MIn 生成，溶液呈现酒红色。随着 EDTA 的滴入，游离的金属离子逐步被 EDTA 配位形成 MY，等到游离的金属离子全部与 EDTA 配位后，继续滴入 EDTA 时，由于配合物 MY 的条件稳定常数大于配合物 MIn 的条件稳定常数，稍过量的 EDTA 将夺取 MIn 中的 M，使指示剂游离出来，酒红色溶液突然转变为蓝色，指示滴定终点的到达。

$$\underset{\text{酒红色}}{\mathrm{MIn}}+\mathrm{Y} \rightleftharpoons \mathrm{MY}+\underset{\text{蓝色}}{\mathrm{In}}$$

许多金属指示剂不仅具有配体的性质，而且在不同的 pH 值范围内，指示剂本身会呈现不同的颜色。例如，铬黑 T 指示剂就是一种三元弱酸，它本身能随溶液 pH 值的变化而呈现不同的颜色：pH<6 时，铬黑 T 呈现酒红色；pH>12 时，呈现橙色。显然，在 pH<6 或者 pH>12 时，游离铬黑 T 的颜色与配合物 MIn 的颜色没有显著区别，只有在 pH 值为

8~11 的酸度条件下进行滴定，到滴定终点时才会发生由酒红色到蓝色的颜色突变。因此选用金属指示剂，必须注意选择合适的 pH 值范围。

4.3.2　金属指示剂必须具备的条件

从上述铬黑 T 的例子中可以看到，金属指示剂必须具备下列几个条件。

(1) 在滴定的 pH 值范围内，游离指示剂 In 本身的颜色同指示剂与金属离子配合物 MIn 的颜色应有明显的区别。

(2) 金属离子与指示剂形成有色配合物的显色反应要灵敏，在金属离子浓度很小时，仍能呈现明显的颜色。

(3) 金属离子与指示剂配合物 MIn 应有适当的稳定性。一方面，应小于 EDTA 与金属离子配合物 MY 的稳定性，$K_{MIn}<K_{MY}$，这样才能使 EDTA 滴定到化学计量点时，将指示剂从 MIn 配合物中置换出来；另一方面，如果 MIn 的稳定性太差，则在到达化学计量点前，就会显示出指示剂本身的颜色，使滴定终点提前出现，而引入误差，颜色变化也不敏锐。

4.3.3　使用金属指示剂时可能出现的问题

(1) 指示剂的封闭现象。有的指示剂与某些金属离子生成极稳定的配合物，这些配合物较对应的 MY 配合物更稳定，以致到达化学计量点时滴入过量的 EDTA，指示剂也不能被置换出来，溶液颜色不发生变化，这种现象称为**指示剂封闭现象**。例如，用铬黑 T 作指示剂，在 pH=10 的条件下，用 EDTA 滴定 Ca^{2+}、Mg^{2+}时，Fe^{3+}、Al^{3+}、Ni^{2+}和 Co^{2+}对铬黑 T 有封闭作用。这时，可加入少量的三乙醇胺（掩蔽 Fe^{3+}和 Al^{3+}）和 KCN（掩蔽 Ni^{2+}和 Co^{2+}）以消除干扰。

(2) 指示剂的僵化现象。有些指示剂和金属离子的配合物 MIn 在水中的溶解度小，使 EDTA 与 MIn 的置换缓慢，滴定终点的颜色变化不明显，这种现象称为**指示剂的僵化现象**。这时，可加入适当的有机溶剂或加热，以加大其溶解度。例如，用 PAN 作指示剂时，可加入少量的甲醇或乙醇，也可将溶液适当加热以加快置换速度，使指示剂的变色敏锐一些。

(3) 指示剂的氧化变质现象。金属指示剂大多数是具有许多双键的有色化合物，易被日光、氧化剂、空气所分解；有些指示剂在水溶液中不稳定，日久会变质。这些均为**指示剂的氧化变质现象**。例如，铬黑 T、钙指示剂的水溶液均易氧化变质，所以常配成固体混合物或加入具有还原性的物质来配成溶液，如加入盐酸羟胺等还原剂。

4.3.4　常用的金属指示剂

一些常用金属指示剂的主要使用情况列于表 4-4 中。除表 4-4 所列指示剂外，还有一种 Cu-PAN 指示剂，它是 Cu-EDTA 与少量 PAN 的混合溶液。用此指示剂可滴定许多金属离子，一些与 PAN 配位不够稳定或不显色的离子，可以用此指示剂进行滴定。例如，在 pH=10 时，用此指示剂，以 EDTA 滴定 Ca^{2+}，其变色过程是：最初，溶液中 Ca^{2+}浓度较高，它能夺取 CuY 中的 Y，形成 CaY，游离出来的 Cu^{2+}与 PAN 配位而显示紫红色，其反应式如下：

$$CuY+PAN+Ca^{2+} \rightleftharpoons CaY+Cu\text{-}PAN$$

蓝色 黄色（绿色）　　无色 紫红色

用 EDTA 滴定时，EDTA 先与游离的 Ca^{2+} 配位，最后 Cu-PAN 中的 PAN 被 EDTA 置换又成 CuY 及 PAN，两者混合而成的绿色，即达到滴定终点。

$$Cu\text{-}PAN + Y \longrightarrow CuY + PAN$$

Cu-PAN 指示剂可在很宽的 pH 值范围（pH = 2～12）内使用，Ni^{2+} 对它有封闭作用。另外，使用此指示剂时，不能同时使用能与 Cu^{2+} 形成更加稳定配合物的掩蔽剂。

表 4-4　常用的金属指示剂

指示剂	适用的 pH 值范围	颜色变化		直接滴定的离子	指示剂配制	注意事项
		In	MIn			
铬黑 T（BT 或 EBT，Eriochrome Black T）	8～10	蓝色	酒红色	pH = 10，Mg^{2+}、Zn^{2+}、Cd^{2+}、Pb^{2+}、Mn^{2+}、稀土元素离子	1 : 100 NaCl（固体）	Fe^{3+}、Al^{3+}、Cu^{2+}、Ni^{2+} 等离子封闭 EBT
酸性铬蓝 K（acid chrome blue K）	8～13	蓝色	红色	pH = 10，Mg^{2+}、Zn^{2+}、Mn^{2+}；pH = 13，Ca^{2+}	1 : 100 NaCl（固体）	
二甲酚橙（XO，Xylenol Orange）	<6	亮黄色	红色	pH<1，ZrO^{2+}；pH = 1～3.5，Bi^{3+}、Th^{4+}；pH = 5～6，Tl^{4+}、Zn^{2+}、Pb^{2+}、Cd^{2+}、Hg^{2+}、稀土元素离子	0.5% 水溶液（5g/L）	Fe^{3+}、Al^{3+}、Ni^{2+}、Ti^{4+} 等离子封闭 XO
磺基水杨酸（ssal，sulfo-salicylic acid）	1.5～2.5	无色	紫红色	pH = 1.5～2.5，Fe^{3+}	5%水溶液（50g/L）	ssal 本身无色，FeY^- 呈黄色
钙指示剂（NN，calcon-carboxylic acid）	12～13	蓝色	酒红色	pH = 12～13，Ca^{2+}	1 : 100 NaCl（固体）	Ti^{4+}、Fe^{3+}、Al^{3+}、Cu^{2+}、Ni^{2+}、Co^{2+}、Mn^{2+} 等离子封闭 NN
PAN［1-（2-pyridylazo）-2-naphthol］	2～12	黄色	紫红色	pH = 2～3，Th^{4+}、Bi^{3+}；pH = 4～5，Cu^{2+}、Ni^{2+}、Pb^{2+}、Cd^{2+}、Zn^{2+}、Mn^{2+}、Fe^{3+}	0.1%乙醇溶液（1g/L）	MIn 在水中溶解度小，为防止 PAN 僵化，滴定时需加热

课程思政

金属指示剂在运用于实际测定时，其终点颜色变化不能只考虑游离指示剂和其配合物的颜色，必须综合考虑溶液的 pH 环境、被滴定离子颜色及溶液中其他组分情况等多种因素，才能做出正确判断。这反映了具体问题具体分析的马克思主义哲学基本原则，提示我们在做事和考虑问题时，避免教条主义和本本主义，而要依据实际情况进行调查分析和综合考量，从而采取不同措施，最终才能成功解决问题，达到事半功倍的效果。

学习任务 4.4 提高配位滴定选择性的方法

想一想

在配位滴定分析中，为什么经常需要控制溶液的酸度？为什么有时要加入掩蔽剂？

由于 EDTA 能和大多数金属离子形成稳定的配合物，而在被测溶液中往往同时存在多种金属离子，这样在滴定时很可能彼此干扰。因此，消除干扰、提高配位滴定的选择性，是配位滴定要解决的主要问题之一。为了减少或消除共存离子的干扰，在实际滴定中，常用酸度控制、掩蔽和解蔽等方法。

4.4.1 酸度控制

酸度控制是配位滴定提高选择性的方法之一，参见学习任务 4.2 节相关内容。

4.4.2 掩蔽和解蔽的方法

4.4.2.1 掩蔽方法

若不能满足 $\Delta\lg(cK)\geqslant 5$ 的条件，则在滴定 M 的过程中，N 将同时被滴定而发生干扰。要克服或消除这种干扰，提高滴定的选择性，必须采取其他措施，如采用掩蔽方法、预先分离的方法，或者改用其他滴定剂来达到这个目的。常用的掩蔽方法按反应类型不同，可分为配位掩蔽法、沉淀掩蔽法和氧化还原掩蔽法，其中以配位掩蔽法用得最多。

A 配位掩蔽法

配位掩蔽法是利用配位反应降低干扰离子浓度以消除干扰的方法。例如，用 EDTA 滴定水中的 Ca^{2+}、Mg^{2+}，以测定水的硬度时，Fe^{3+}、Al^{3+}等离子的存在干扰测定，若加入三乙醇胺使 Fe^{3+}、Al^{3+}生成更稳定的配合物，则可消除 Fe^{3+}、Al^{3+}的干扰。又如，在 Al^{3+}与 Zn^{2+}共存时，可用 NH_4F 掩蔽 Al^{3+}，使其生成更稳定的 AlF_6^{3-} 配离子，调节 pH=5~6，可用 EDTA 滴定 Zn^{2+}，而 Al^{3+}不干扰。

由此可以看出，配位掩蔽剂必须具备下列条件：

（1）与干扰离子形成配合物的稳定性必须大于 EDTA 与该离子形成配合物的稳定性，而且这些配合物应为无色或浅色，不影响终点的观察；

（2）掩蔽剂不能与被测离子形成配合物，或形成配合物的稳定性要比被测离子与 EDTA 所形成配合物的稳定性小得多，这样才不会影响滴定进行；

（3）掩蔽剂的应用有一定的 pH 值范围，而且要符合测定的 pH 值范围。

一些常用的配位掩蔽剂及其使用范围列于表4-5中。

表4-5　常用的掩蔽剂

名称	pH值	被掩蔽的离子	备　注
KCN	pH>8	Co^{2+}、Ni^{2+}、Cu^{2+}、Hg^{2+}、Cd^{2+}、Ag^{+}、Tl^{+}及铂族元素	
NH_4F	pH=4~6	Al^{3+}、Ti^{4+}、Sn^{4+}、Zr^{4+}、W^{6+}等	用NH_4F比NaF好，优点是加入后溶液pH值变化不大
	pH=10	Al^{3+}、Mg^{2+}、Ca^{2+}、Sr^{2+}、Ba^{2+}及稀土元素	
三乙醇胺（TEA）	pH=10	Al^{3+}、Sn^{4+}、Ti^{4+}、Fe^{3+}	与KCN并用，可提高掩蔽效果
	pH=11~12	Fe^{3+}、Al^{3+}及少量Mn^{2+}	
二巯基丙醇	pH=10	Hg^{2+}、Cd^{2+}、Zn^{2+}、Bi^{3+}、Pb^{2+}、Ag^{+}、As^{3+}、Sn^{4+}及少量Cu^{2+}、Co^{2+}、Ni^{2+}、Fe^{3+}	
铜试剂（DDTC）	pH=10	能与Cu^{2+}、Hg^{2+}、Pb^{2+}、Cd^{2+}、Bi^{3+}生成沉淀，其中Cu-DDTC为褐色，Bi-DDTC为黄色，故其存在量应分别小于2mg和10mg	
酒石酸	pH=1.2	Sb^{3+}、Sn^{4+}、Fe^{3+}及5mg以下的Cu^{2+}	在抗坏血酸存在条件下
	pH=2	Fe^{3+}、Sn^{4+}、Mn^{2+}	
	pH=5.5	Fe^{3+}、Al^{3+}、Sn^{4+}、Ca^{2+}	
	pH=6~7.5	Mg^{2+}、Cu^{2+}、Fe^{3+}、Al^{3+}、Mo^{4+}、Sb^{3+}、W^{6+}	
	pH=10	Al^{3+}、Sn^{4+}	

B　沉淀掩蔽法

沉淀掩蔽法是利用干扰离子与掩蔽剂形成沉淀以降低其浓度的方法。例如，在Ca^{2+}、Mg^{2+}两种离子共存的溶液中加入NaOH溶液，使pH>12，则Mg^{2+}生成$Mg(OH)_2$沉淀，可以用EDTA滴定Ca^{2+}。

沉淀掩蔽法在实际应用中有一定的局限性，它要求所生成的沉淀致密，溶解度要小，无色或浅色，且吸附作用小；否则，由于颜色深，体积大，吸附待测离子或吸附指示剂都影响滴定终点的观察和测定结果。

常用的一些沉淀掩蔽剂及其使用范围列于表4-6中。

表4-6　配位滴定中应用的沉淀掩蔽剂

名　称	被掩蔽的离子	待测定的离子	pH值	指示剂
NH_4F	Ca^{2+}、Sr^{2+}、Ba^{2+}、Mg^{2+}、Ti^{4+}、Al^{3+}及稀土元素	Zn^{2+}、Cd^{2+}、Mn^{2+}（有还原剂存在下）	10	铬黑T
		Cu^{2+}、Co^{2+}、Ni^{2+}	10	紫脲酸铵
K_2CrO_4	Ba^{2+}	Sr^{2+}	10	Mg-EDTA，铬黑T

续表 4-6

名 称	被掩蔽的离子	待测定的离子	pH 值	指示剂
Na_2S 或铜试剂	微量重金属	Ca^{2+}、Mg^{2+}	10	铬黑 T
H_2SO_4	Pb^{2+}	Bi^{2+}	1	二甲酚橙
$K_4[Fe(CN)_6]$	微量 Zn^{2+}	Pb^{2+}	5~6	二甲酚橙

C 氧化还原掩蔽法

氧化还原掩蔽法是利用氧化还原反应，改变干扰离子价态以消除干扰的方法。例如，用 EDTA 滴定 Bi^{3+}、Zr^{4+}、Th^{4+} 等离子时，溶液中如果存在 Fe^{3+}，则 Fe^{3+} 干扰测定，此时可加入抗坏血酸或盐酸羟胺，将 Fe^{3+} 还原为 Fe^{2+}。由于 Fe^{2+} 与 EDTA 配合物的稳定性比 Fe^{3+} 与 EDTA 配合物的稳定性小得多（$\lg K_{FeY^-}=25.1$，$\lg K_{FeY^{2-}}=14.32$），因而能掩蔽 Fe^{3+} 的干扰。

常用的还原剂有抗坏血酸、盐酸羟胺、联胺、硫脲、半胱氨酸等，其中有些还原剂同时又是配位剂。

4.4.2.2 解蔽方法

在金属离子配合物的溶液中，加入一种试剂（解蔽剂），将已被 EDTA 或掩蔽剂配位的金属离子释放出来，再进行滴定，这种方法称为**解蔽**。例如，用配位滴定法测定铜合金中 Zn^{2+} 和 Pb^{2+}，试液调至碱性后，加 KCN 掩蔽 Cu^{2+}、Zn^{2+}（**氰化钾是剧毒物，只允许在碱性溶液中使用**），此时 Pb^{2+} 不被 KCN 掩蔽，故可在 pH = 10 以铬黑 T 为指示剂。用 EDTA 标准溶液进行滴定，在滴定 Pb^{2+} 后的溶液中，加入甲醛破坏 $[Zn(CN)_4]^{2-}$，反应式为：

$$4HCHO + [Zn(CN)_4]^{2-} + 4H_2O \longrightarrow Zn^{2+} + 4CH_2\begin{matrix} \diagup CN \\ \\ \diagdown OH \end{matrix} + 4OH^-$$

原来被 CN^- 配位了的 Zn^{2+} 又被释放出来，再用 EDTA 继续滴定。

在实际分析中，用一种掩蔽剂常不能得到令人满意的结果。当有许多离子共存时，常将几种掩蔽剂或沉淀剂联合使用，这样才能获得较好的选择性。但必须注意，共存干扰离子的量不能太多，否则得不到满意的结果。

4.4.3 化学分离法

当利用控制酸度或掩蔽等方法不能消除干扰时，还可用化学分离法把被测离子从其他组分中分离出来，分离的方法很多，这里不再赘述。

4.4.4 选用其他配位滴定剂

随着配位滴定法的发展，除 EDTA 外又研制了一些新型的氨羧配合物作为滴定剂。它们与金属离子形成配合物的稳定性各有特点，可以用来提高配位滴定法的选择性。

4.4.5 选用其他滴定方式

（1）直接滴定法。直接滴定法是配位滴定中最基本的方法，可用于：

1）pH=1 时，滴定 Bi^{3+}；

2）pH=1.5~2.5 时，滴定 Fe^{3+}；

3）pH=2.5~3.5 时，滴定 Th^{4+}；

4）pH=5~6 时，滴定 Zn^{2+}、Pb^{2+}、Cd^{2+}及稀土离子；

5）pH=9~10 时，滴定 Zn^{2+}、Mn^{2+}、Cd^{2+}及稀土离子；

6）pH=10 时，滴定 Mg^{2+}；

7）pH=12~13 时，滴定 Ca^{2+}。

（2）返滴定法。例如，Al^{3+}与 EDTA 配位缓慢，对二甲酚橙等指示剂也有封闭作用，又较易水解，因此一般采用返滴定法。方法是：先加入定量并且过量的 EDTA 于试液中，调节 pH 值，加热煮沸使 Al^{3+}与 EDTA 配位完全，冷却后调 pH=5~6，加入二甲酚橙，用 Zn^{2+}标准溶液滴定剩余的 EDTA。

（3）置换滴定法。例如，测定锡青铜中的锡时，可向试液中加入过量的 EDTA，Sn^{4+}与共存的 Pb^{2+}、Zn^{2+}、Cu^{2+}等一起与 EDTA 配位，用 Zn^{2+}标准溶液滴定过量的 EDTA；然后加入 NH_4F，F^-将 SnY 中的 Y 置换出来，再用 Zn^{2+}标准溶液滴定置换出来的 Y，即可求得 Sn 的含量。

（4）间接滴定法。有些金属离子如 Li^+、Na^+、K^+、Rb^+、Cs^+等和一些非金属离子如 SO_4^{2-}、PO_4^{3-} 等，由于和 EDTA 形成的配合物不稳定或不能与 EDTA 配位，这时可采用间接滴定的方法进行测定。

学习任务 4.5　配位滴定的应用实例

4.5.1　水的总硬度测定

硬度是工业用水的重要指标，如锅炉给水，经常要进行硬度分析，为水的处理提供依据。水的总硬度是用 Ca^{2+}、Mg^{2+}总量且折算成 CaO 的量来衡量的。测定水的总硬度就是测定水中 Ca^{2+}、Mg^{2+}的总含量，一般采用配位滴定法。

在 pH=10 的氨性缓冲溶液中，铬黑 T 则与 Ca^{2+}、Mg^{2+}生成酒红色配合物，用 EDTA 标准溶液滴定 Ca^{2+}、Mg^{2+}至终点时，Ca^{2+}、Mg^{2+}全部与其配位而使铬黑 T 游离出来，溶液即从酒红变为蓝色。反应式为：

$$\text{MgIn(红色)} + \text{Y} \longrightarrow \text{MgY} + \text{In(蓝色)}$$

铬黑 T 与 Mg^{2+}的显色灵敏度高于与 Ca^{2+}显色的灵敏度，但是当水中 Mg^{2+}的含量较低时（一般要求相对于 Ca^{2+}来说需有 5%Mg^{2+}存在），用铬黑 T 指示剂往往得不到敏锐终点，这时可在缓冲溶液中加入一定量的 Mg^{2+}-EDTA 盐。此时反应式为：

$$\text{MgY} + Ca^{2+} = \text{CaY} + Mg^{2+}$$

$\lg K_{CaY}=10.69$，$\lg K_{MgY}=8.69$，置换出来的 Mg^{2+}+In（蓝色）= MgIn（很深的红色）滴定时，EDTA 先与 Ca^{2+}配位；当达到滴定终点时，EDTA 夺取 MgIn 中的 Mg^{2+}，形成 MgY，游离出指示剂，显蓝色。反应式为：

$$\text{MgIn(红色)} + \text{Y} \longrightarrow \text{MgY} + \text{In(蓝色)}$$

颜色变化明显，在这里，滴定前加入的 MgY 和最后生成 MgY 的量是相等的，故加入的 MgY 不影响滴定结果。

测定结果的钙、镁离子总量常以碳酸钙的量来表示。各国对水的硬度表示方法不同，我国通常以 $CaCO_3$ 的质量浓度 ρ 表示硬度，单位取 mg/L。也有用 $CaCO_3$ 的物质的量浓度来表示的，单位取 mmol/L。国家标准规定饮用水硬度以 $CaCO_3$ 计，不能超过 450mg/L。

例 4-4　取水样 50.00mL，调节 pH=10，以铬黑 T 为指示剂，用 0.01000mol/L EDTA 标准溶液滴定，消耗 15.00mL；另取水样 50.00mL，调节 pH=12，以钙指示剂为指示剂，用相同的 EDTA 标准溶液滴定，消耗 10.00mL。

计算：（1）水样中 Ca^{2+}、Mg^{2+} 的总含量，以 mmol/L 表示；

（2）Ca^{2+} 和 Mg^{2+} 的各自含量，以 mg/L 表示。

解：（1）pH=10 时，以铬黑 T 为指示剂，用 EDTA 标准溶液滴定，所测结果为 Ca^{2+}、Mg^{2+} 的总含量，即 $n_{Ca^{2+}+Mg^{2+}}=n_{EDTA}$。

$$c_{Ca^{2+}+Mg^{2+}}=\frac{c_{EDTA}V_{EDTA}}{V_s}=\frac{0.01000\times15.00}{50.00}=3.000\times10^{-3}\text{mol/L}=3.000\text{mmol/L}$$

（2）以钙指示剂为指示剂，pH=12 时，Mg^{2+} 形成 $Mg(OH)_2$ 沉淀，用 EDTA 标准溶液滴定，所测得的是 Ca^{2+} 的含量，即 $n_{Ca^{2+}}=n_{EDTA}$。

$$\rho_{Ca^{2+}}=\frac{m_{Ca^{2+}}}{V_s}=\frac{n_{Ca^{2+}}M_{Ca^{2+}}}{V_s}=\frac{c_{EDTA}V_{EDTA}M_{Ca^{2+}}}{V_s}$$

$$=\frac{0.01000\times10.00\times40.08\times10^3}{50.00}=80.16\text{mg/L}$$

EDTA 与 Mg^{2+} 反应消耗的体积为：

$$15.00-10.00=5.00\text{mL}$$

$$\rho_{Mg^{2+}}=\frac{m_{Mg^{2+}}}{V_s}=\frac{c_{EDTA}V_{EDTA}M_{Mg^{2+}}}{V_s}=\frac{0.01000\times5.00\times24.31\times10^3}{50.00}=24.31\text{mg/L}$$

4.5.2　氢氧化铝凝胶含量的测定

用 EDTA 返滴定法，即将一定量的氢氧化铝凝胶溶解，加 HOAc-NH_4OAc 缓冲溶液，控制酸度 pH=4.5；加入过量的 EDTA 标准溶液，使其与 Al^{3+} 反应完全后，再以二苯硫腙作指示剂，以 Zn^{2+} 标准溶液滴定到溶液由绿黄色变为红色，即为滴定终点。

4.5.3　硅酸盐物料中 Fe_2O_3、Al_2O_3、CaO 和 MgO 的测定

硅酸盐在地壳中占 75%以上，天然的硅酸盐矿物有石英、云母、滑石、长石、白云石等。水泥、玻璃、陶瓷制品、砖、瓦等则为人造硅酸盐。黄土、黏土、沙土等土壤主要成分也是硅酸盐。硅酸盐的组成除 SiO_2 外主要有 Fe_2O_3、Al_2O_3、CaO 和 MgO 等，这些组分通常都可采用 EDTA 配位滴定法来测定。试样经预处理制成试液后，在 pH=2~2.5 时，以磺基水杨酸作指示剂，用 EDTA 标准溶液直接滴定 Fe^{3+}。在滴定 Fe^{3+} 后的溶液中，加过量的 EDTA 并调整 pH=4~5；以 PAN 作指示剂，在热溶液中用 $CuSO_4$ 标准溶液回滴过量的

EDTA 以测定 Al^{3+} 含量。另取一份试液，加三乙醇胺，在 pH = 10 时，以 KB 作指示剂，用 EDTA 标准溶液滴定 CaO 和 MgO 总量。再取等量试液加三乙醇胺，以 KOH 溶液调 pH>12，使 Mg 形成 $Mg(OH)_2$ 沉淀，仍用 KB 指示剂，用 EDTA 标准溶液直接滴定得到 CaO 的含量，并用差减法计算 MgO 的含量，本方法现在仍广泛使用。测定中使用的 KB 指示剂是由酸性铬蓝 K 和萘酚绿 B 混合配制的。

学习任务 4.6　EDTA 标准溶液的配制与标定

在配位滴定中，最常用的标准溶液是 EDTA 标准溶液。

4.6.1　EDTA 标准溶液的配制

实验室一般使用 EDTA 的二钠盐（$Na_2H_2Y \cdot 2H_2O$）采用间接法配制。

4.6.1.1　配制方法

常用的 EDTA 标准溶液的浓度为 0.01～0.05mol/L。配制时，称取一定量 EDTA（$Na_2H_2Y \cdot 2H_2O$，$M_{Na_2H_2Y \cdot 2H_2O} = 372.2g/mol$），用适量去离子水溶解（必要时可加热）溶解后稀释至所需体积，并充分混匀，转移至试剂瓶中待标定。

EDTA 二钠盐溶液的 pH 值正常值为 4.8，市售的试剂如果不纯，pH 值常低于 2，有时 pH<4。当室温较低时易析出难溶于水的乙二胺四乙酸，使溶液变浑浊，并且溶液的浓度也发生变化。因此配制溶液时可用 pH 值试纸检查，若溶液 pH 值较低可加几滴 0.1mol/L NaOH 溶液，使溶液 pH 值为 5.0~6.5，直至溶液变清为止。

4.6.1.2　去离子水的质量

在配位滴定中，使用的去离子水质量是否符合要求（GB/T 6682—2008《分析实验室用水规格和试验方法》）十分重要。若配制溶液的去离子水中含有 Al^{3+}、Fe^{3+}、Cu^{2+} 等，会使指示剂封闭，影响滴定终点观察；若去离子水中含有 Ca^{2+}、Mg^{2+}、Pb^{2+} 等，在滴定中会消耗一定量的 EDTA，对结果产生影响。因此，在配位滴定中必须对所用的去离子水进行质量检查。

4.6.1.3　EDTA 标准溶液的储存

配制好的 EDTA 标准溶液应储存在聚乙烯塑料瓶或硬质玻璃瓶中。若储存在软质玻璃瓶中，EDTA 会不断溶解玻璃瓶中的 Ca^{2+}、Mg^{2+} 等离子，形成配合物，使其浓度不断降低。

4.6.2　EDTA 标准溶液的标定

用于标定 EDTA 溶液的基准试剂很多，例如纯金属有 Bi、Cd、Cu、Zn、Mg、Ni、Pb 等，要求其纯度在 99.99%以上。金属表面如有氧化膜，应先用酸洗去，再用水或乙醇洗涤，并在 105℃烘干数分钟后再称量。金属氧化物及其盐类也可以作为基准试剂，例如 Bi_2O_3、$CaCO_3$、MgO、$MgSO_4 \cdot 7H_2O$、ZnO、$ZnSO_4$ 等。

为了使测定结果具有较高的准确度，标定的条件与测定的条件应尽量相同。在可能的情况下，最好选用被测元素的纯金属或化合物为基准物质，原因如下：

（1）不同的金属离子与 EDTA 反应的完全程度不同。

（2）不同指示剂变色点不同。

（3）不同条件下溶液中共存的离子的干扰程度不同。例如，由实验用水引入的 Ca^{2+}、Pb^{2+}杂质，在不同条件下有不同影响：在碱性溶液中滴定时两者均会与 EDTA 配位，在酸性溶液中只有 Pb^{2+}与 EDTA 配位，在强酸溶液中则两者均不与 EDTA 配位。因此若在相同酸度下标定和测定，这种影响就可以被抵消。

想一想

若配制 EDTA 标准溶液的水中含有 Ca^{2+}、Mg^{2+}，在 pH=5~6 时，以二甲酚橙为指示剂，用 Zn^{2+}标定该 EDTA 标准溶液，其标定结果是偏高、偏低，还是无影响？

实训任务 4.1　水总硬度的测定（EDTA 配位滴定法）

实验目的

微课 4-1　碳酸钙标定 EDTA 溶液

（1）巩固 EDTA 溶液的配制及标定方法。

（2）了解水硬度测定的意义及表示方法。

（3）巩固配位滴定法测定水硬度的原理和方法。

（4）学会铬黑 T 指示剂的使用条件，完成水硬度测定的实验。

实验原理

见 4.5.1 节相关内容。

微课 4-2　水总硬度的测定

仪器与试剂

（1）仪器：电子天平，台秤，量筒，烧杯，酸式滴定管（50mL），表面皿，容量瓶（100mL），锥形瓶（250mL），移液管（25mL），洗瓶等。

（2）试剂：$CaCO_3$（基准试剂）；EDTA 溶液 0.02mol/L；1%的 $NH_2OH \cdot HCl$；1∶1 的 HCl；1∶1 的 $NH_3 \cdot H_2O$（装在滴瓶中）；1∶2 的三乙醇胺；铬黑 T（或 0.1g 铬黑 T+10gNaCl）；pH=10 的缓冲溶液（配制：54g NH_4Cl 溶于水，加 350mL 浓氨水，用水稀释至 1L）。

实验步骤

（1）标定方法如下。

1）标定 EDTA 的基准物质很多，为了减少方法误差，选用 $CaCO_3$ 较为理想。其方法为：准确称取 0.20~0.24g，置于 100mL 烧杯中，加少量水使粉末润湿，盖上表面皿逐滴地加入 1∶1 HCl 溶液至不冒 CO_2 气泡后稍微加热；再加入 1~2mL HCl 至样品全溶，冷却后转移到 100mL 容量瓶中用水冲洗烧杯几次后稀释到刻度，摇匀，计算 Ca^{2+}的浓度（约 0.02mol/L）。

2）移取 25.00mL 试液于锥形瓶中，加入 3~5mL NaOH(10%)；调节 pH=13，加入钙指示剂，以 EDTA 滴定至酒红色变为纯蓝色即为滴定终点，根据消耗 EDTA 标准溶液体积

和称取的 $CaCO_3$ 量求出 EDTA 标准溶液的准确浓度。

（2）自来水总硬度的测定方法如下。

1）取水样 100.00mL，加 10mL pH＝10 的缓冲溶液及少量铬黑 T，用 EDTA 标准溶液滴定，充分振摇，至溶液由酒红色变为蓝色即为滴定终点。

2）若水样中含有金属干扰离子使滴定终点延迟或颜色发暗，可另取水样，加入 0.5mL $NH_2OH \cdot HCl$ 及 1mL Na_2S。

计算：

$$CaCO_3\text{ 浓度}(mg/L) = \frac{(cV)_{EDTA} M_{CaCO_3}}{V_{水样} \times 10^{-3}}$$

饮用水浓度小于 450 mg/L。

实验数据记录与处理

记录实验数据并分析处理。

思考题

（1）本实验为什么采用铬黑 T 指示剂，能用二甲酚橙作为指示剂吗？

（2）水中若有 Fe^{3+}、Al^{3+} 等离子，将会对测定产生什么影响，应如何消除？

实训任务 4.2　铅、铋轴承合金中铅、铋含量的连续测定

微课 4-3　金属锌标定 EDTA 溶液

实验目的

（1）巩固 EDTA 标准溶液的配制与标定方法。

（2）学会控制酸度进行 Pb 和 Bi 连续配位滴定的实验操作。

实验原理

微课 4-4　铅铋含量的连续测定

因为　$\lg K_{BiY} = 27.94$，$\lg K_{PbY} = 18.04$

所以　$\Delta \lg K = \lg K_{BiY} - \lg K_{PbY} = 27.94 - 18.04 = 9.90$

因此，有可能在 Pb^{2+} 存在条件下滴定 Bi^{3+}。

控制酸度的方法：在一份试液中连续滴定 Bi^{3+} 和 Pb^{2+}。

pH＝1.0 时，以二甲酚橙（XO）作指示剂，用 EDTA 滴定 Bi^{3+}。

$$Bi^{3+} + XO = Bi\text{-}XO$$

黄色　　紫红色

$$Bi^{3+} + Y = BiY$$

$$Bi\text{-}XO + Y = BiY + XO\ (\text{滴定终点时})$$

紫红色　　　　黄色

pH＝5~6 时，以二甲酚橙（XO）作指示剂，用 EDTA 滴定 Pb^{2+}。

$$Pb^{2+} + XO = Pb\text{-}XO$$

黄色　　紫红色

$$Pb^{2+} + Y = PbY$$

$$Pb\text{-}XO + Y = PbY + XO\ (\text{滴定终点时})$$

紫红色　　　　黄色

仪器与试剂

（1）仪器：电子天平，量筒，烧杯，酸式滴定管（50mL），表面皿，容量瓶（100mL、250mL），锥形瓶（250mL），移液管（25mL）等。

（2）试剂：Zn 粉（基准物质），HNO_3(1∶1)，HCl(1∶1)，0.2% 二甲酚橙溶液，EDTA（0.02mol/L），六亚甲基四胺（150g/L）。

实验步骤

（1）EDTA 标准溶液的标定方法如下。

1）准确称取金属锌 0.3～0.4g，置于 100mL 烧杯中，盖好表面皿，逐滴加入 10mL 1∶1 的 HCl，加热溶解，待试样完全溶解、冷却后，定量转入 250mL 的容量瓶中，加水稀至刻度，摇匀。

2）移取 25.00mL 锌标准溶液于 250mL 锥形瓶中，加水约 30mL，加 2 滴二甲酚橙，滴加1∶1 的氨水至溶液由黄色恰好变为橙色，加入 5mL 150g/L 六亚甲基四胺溶液，用 EDTA(0.02mol/L) 标准溶液滴定由紫红色突变为亮黄色，即为滴定终点，根据滴定所用 EDTA 的体积和锌标液的浓度计算 EDTA 的浓度。

（2）试样测定方法如下。

1）准确称取铅铋合金试样 0.5～0.6g，置于烧杯中，加入 6～7mL 1∶1 的 HNO_3，加热溶解，待试样完全溶解，用稀硝酸（0.05mol/L）洗涤烧杯杯壁，将试液定量转入 100mL 的容量瓶中，用稀硝酸稀释至刻度，摇匀。

2）移取 25.00mL 试液于 250mL 锥形瓶中，加入 2 滴二甲酚橙，用 EDTA(0.02mol/L) 标准溶液滴定由紫红色突变为亮黄色，即为滴定终点，记取 V_1(mL)；然后加入 10mL 150g/L 六亚甲基四胺溶液，用 EDTA 滴定溶液由紫红色突变为亮黄色，记取 V_2(mL)。

实验数据记录及处理

请自行设计实验记录表格，推导计算公式。

思考题

（1）按本实验操作，滴定 Bi^{3+} 的起始酸度是否超过滴定 Bi^{3+} 的最高酸度？滴定至 Bi^{3+} 的终点时，溶液中酸度为多少？此时在加入 10mL 150g/L 六亚甲基四胺后，溶液 pH 值约为多少？

（2）能否取等量混合试液两份，一份控制 pH 值约为 1.0 滴定 Bi^{3+}，另一份控制 pH 值为 5～6 滴定 Bi^{3+}、Pb^{2+} 总量，为什么？

（3）滴定 Pb^{2+} 时要调节溶液 pH 值为 5～6，为什么加入六亚甲基四胺而不加入醋酸钠？

实训任务 4.3　配位滴定法测定铜合金中铜的含量

微课 4-5　锌标准溶液配制

微课 4-6　铜合金中铜含量测定

实验目的

（1）掌握配位滴定法测定铜含量的方法原理。

（2）熟悉用配位置换滴定法测定铜含量的实验操作。

实验原理

在 pH = 5～6 的介质中，Cu^{2+}可与 EDTA 形成稳定的蓝色配合物（$\lg K = 18.8$），但干扰元素较多。为提高滴定的选择性，采用置换滴定法分析。

先将 Cu^{2+}在 pH = 5～6 的介质中与过量的 EDTA 反应，未反应的 EDTA 用 Zn^{2+}标准溶液滴定完全。再用 H_2SO_4 调节 pH = 1～2，加一定量的抗坏血酸和硫脲破坏 Cu^{2+}-EDTA 配合物，再调节 pH = 5～6，用 Zn^{2+}标准溶液滴定释放出来的 EDTA 到紫色为滴定终点。

$$Cu^{2+} + H_2Y^{2-}(\text{过量}) \longrightarrow CuY^{2-} + 2H^+ + H_2Y^{2-}(\text{剩余})$$

$$Zn^{2+} + H_2Y^{2-}(\text{剩余}) \longrightarrow ZnY^{2-} + 2H^+$$

$$2CuY^{2-} + 6SC(NH_2)_2 + C_6H_8O_6 \longrightarrow 2Cu[SC(NH_2)_2]_3^{2+} + C_6H_8O_6 + 2H_2Y^{2-}$$

$$Zn^{2+} + H_2Y^{2-} \longrightarrow ZnY^{2-} + 2H^+$$

仪器与试剂

（1）仪器：电子天平，台秤，量筒，烧杯，表面皿，酸式滴定管（50mL），容量瓶（50mL），锥形瓶（250mL），移液管（10mL）等。

（2）试剂：EDTA（0.02mol/L）；（20%）六亚甲基四胺溶液；0.2%二甲酚橙溶液；Zn^{2+}标准溶液（0.02mol/L，称 0.33～0.34g 的纯锌粒，加 5mL 1∶1 HCl，溶解后，定容于 250mL 的容量瓶中，摇匀，并计算 Zn^{2+}溶液的准确浓度）；4%硫脲水溶液，抗坏血酸(固体，分析纯)；H_2SO_4(1∶2)；HNO_3(1∶3)；HCl(1∶1)。

实验步骤

（1）含铜试液预分析。取铜分析试液（含 Cu^{2+} 10mg 左右）加 0.02mol/L EDTA 20mL，水 70mL，20%六亚甲基四胺溶液 3.0mL，二甲酚橙溶液 3 滴，用 0.02mol/L Zn^{2+}溶液滴定到由黄色突变为紫红色；用 1∶2 H_2SO_4 调节 pH = 1～2，加 0.2g 抗坏血酸，摇匀，使其溶解；加 4%硫脲溶液 10mL，放置 5～10min，再加六亚甲基四胺溶液 20mL，用 Zn^{2+}标准溶液滴定到由黄色突变为紫红色即为滴定终点，根据滴定体积计算分析试液中的 Cu^{2+}浓度。

（2）铜合金中铜的测定。准确称取铜合金 0.24～0.26g，加 1∶3 HNO_3 10mL，加热溶解并蒸至小体积（1～2mL），用少量水冲洗杯壁，定量转移到 50mL 容量瓶中，用水稀释至刻度，摇匀。取此样品溶液 10.00mL，加 0.02mol/L EDTA 45mL，水 25mL，20%六亚甲基四胺溶液 5.0mL，二甲酚橙溶液 2 滴，用 Zn^{2+}标准溶液滴定到由黄色突变到紫红色。用 1∶2 H_2SO_4（30 滴左右）调节 pH = 1～2，加 0.5g 抗坏血酸，4%硫脲水溶液 25mL，放置 10min，加 20%六亚甲基四胺溶液 25mL，用 Zn^{2+}标准溶液滴定到由黄色突变到紫红色即为滴定终点，并由此计算铜合金中铜的质量分数。

实验数据记录及处理

记录实验数据并分析处理。

思考题

（1）用本方法测定铜含量，加入的 EDTA 溶液的浓度是否需要标定，是否需要准确加入？

（2）为什么第一次用 Zn^{2+}标准溶液滴定时，要求准确滴定至溶液颜色突变时却又不计入体积？

（3）本实验中，加入抗坏血酸和硫脲的作用是什么？

（4）为什么在加抗坏血酸和硫脲之前要加 1∶2 H_2SO_4 调节 pH=1~2？

（5）若要测定铜合金中的锡含量，也可以用配位置换滴定法吗，用何种掩蔽剂？

（6）是否可以用 $Pb(NO_3)_2$ 标准溶液替代 $ZnCl_2$ 标准溶液？

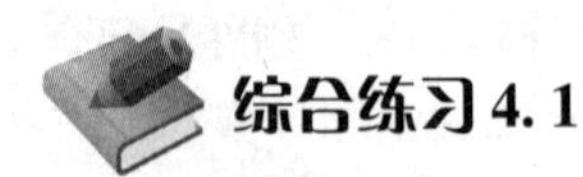

综合练习 4.1

综合练习 4.1 答案

1. 选择题

（1）直接与金属离子配位的 EDTA 型体为（　　）。

A. H_6Y^{2+}　　B. H_4Y　　C. H_2Y^{2-}　　D. Y^{4-}

（2）一般情况下，EDTA 与金属离子形成的配合物的配合比是（　　）。

A. 1∶1　　B. 2∶1　　C. 1∶3　　D. 1∶2

（3）铝盐药物的测定常用配位滴定法。加入过量 EDTA，加热煮沸片刻后，再用标准锌溶液滴定。该滴定方式是（　　）。

A. 直接滴定法　　B. 置换滴定法　　C. 返滴定法　　D. 间接滴定法

（4）$\alpha_{M(L)}=1$ 表示（　　）。

A. M 与 L 没有副反应　　B. M 与 L 的副反应相当严重

C. M 的副反应较小　　D. [M]=[L]

（5）用 EDTA 直接滴定有色金属离子 M，滴定终点所呈现的颜色是（　　）。

A. 游离指示剂的颜色　　B. EDTA-M 配合物的颜色

C. 指示剂-M 配合物的颜色　　D. 上述 A+B 的混合色

（6）配位滴定中，指示剂的封闭现象是由（　　）引起的。

A. 指示剂与金属离子生成的配合物不稳定

B. 被测溶液的酸度过高

C. 指示剂与金属离子生成的配合物稳定性小于 MY 的稳定性

D. 指示剂与金属离子生成的配合物稳定性大于 MY 的稳定性

（7）下列叙述中错误的是（　　）。

A. 酸效应使配合物的稳定性降低　　B. 共存离子使配合物的稳定性降低

C. 配位效应使配合物的稳定性降低　　D. 各种副反应均使配合物的稳定性降低

（8）用 Zn^{2+} 标准溶液标定 EDTA 时，体系中加入六亚甲基四胺的目的是（　　）。

A. 中和过多的酸　　B. 调节 pH 值

C. 控制溶液的酸度　　D. 起掩蔽作用

（9）测定水中钙硬度时，Mg^{2+} 的干扰用的是（　　）消除的。

A. 控制酸度法　　B. 配位掩蔽法

C. 氧化还原掩蔽法　　D. 沉淀掩蔽法

（10）配位滴定中加入缓冲溶液的原因是（　　）。

A. EDTA 配位能力与酸度有关

B. 金属指示剂有其使用的酸度范围

C. EDTA 与金属离子反应过程中会释放出 H^+

D. 会随酸度改变而改变

（11）产生金属指示剂的僵化现象是因为（　　）。

A. 指示剂不稳定　　B. MIn 溶解度小

C. $K'_{MIn}<K'_{MY}$　　D. $K'_{MIn}>K'_{MY}$

（12）已知 $M_{ZnO}=81.38g/mol$，用它来标定 0.02mol 的 EDTA 溶液，宜称取 ZnO 为（　　）。

A. 4g　　B. 1g　　C. 0.4g　　D. 0.04g

（13）某溶液主要含有 Ca^{2+}、Mg^{2+}及少量 Al^{3+}、Fe^{3+}，今在 pH=10 时加入三乙醇胺后，用 EDTA 滴定，用铬黑 T 为指示剂，则测出的是（　　）。

A. Mg^{2+}的含量　　B. Ca^{2+}、Mg^{2+}的含量

C. Al^{3+}、Fe^{3+}的含量　　D. Ca^{2+}、Mg^{2+}、Al^{3+}、Fe^{3+}的含量

2. 填空题

（1）EDTA 是________的英文缩写，标定 EDTA 标准溶液时，常用基准物质有________。

（2）EDTA 在水溶液中有________种存在型体，只有________能与金属离子直接配位。

（3）溶液的酸度越大，Y^{4-}的分布分数越________，EDTA 的配位能力越________。

（4）EDTA 与金属离子之间发生的主反应为________，配合物的稳定常数表达式为________。

（5）配合物的稳定性差别，主要取决于________、________、________。此外，________等外界条件的变化也影响配合物的稳定性。

（6）酸效应系数的 $\alpha_{Y(H)}$ 越大，酸效应对主反应的影响程度越________。

（7）化学计量点之前，配位滴定曲线主要受________效应影响；化学计量点之后，配位滴定曲线主要受________效应影响。

（8）配位滴定中，滴定突跃的大小决定于________和________。

（9）配位滴定中，金属指示剂是一些________，能与金属离子形成________，其颜色与游离指示剂本身颜色________，从而指示滴定终点。

（10）指示剂与金属离子的反应：In（蓝色）+M=MIn（红色），滴定前，向含有金属离子的溶液中加入指示剂时，溶液呈________色；随着 EDTA 的加入，当到达滴定终点时，溶液呈________色。

（11）设溶液中有 M 和 N 两种金属离子，$c_M=c_N$，要想用控制酸度的方法实现两者分别滴定的条件是________。

（12）配位滴定之所以能广泛应用，与大量使用________是分不开的，常用的掩蔽方法按反应类型不同，可分为________、________和________。

（13）配位掩蔽剂与干扰离子形成配合物的稳定性必须________ EDTA 与该离子形成配合物的稳定性。

（14）当被测离子与 EDTA 配位缓慢或在滴定的 pH 值下水解，或对指示剂有封闭作用时，可采用________。

（15）水中________含量是计算硬度的主要指标。水的总硬度包括暂时硬度和永久硬度。由 HCO_3^- 引起的硬度称为________，由 SO_4^{2-} 引起的硬度称为________。

3. 判断题

(1)（　　）配位滴定中，金属离子与指示剂形成配合物的稳定性应大于金属离子与 EDTA 形成的配合物的稳定性。

(2)（　　）造成金属指示剂封闭的原因是指示剂本身不稳定。

(3)（　　）EDTA 滴定某金属离子有一允许的最高酸度（最低 pH 值），溶液的 pH 值再增大就不能准确滴定该金属离子。

(4)（　　）配位滴定中，掩蔽剂与干扰离子形成配合物的稳定性一定大于 EDTA 与该离子所形成配合物的稳定性。

(5)（　　）金属指示剂的僵化现象是指滴定时终点没有出现。

(6)（　　）在配位滴定中，若溶液的 pH 值高于滴定 M 的最小 pH 值，则无法准确滴定。

(7)（　　）EDTA 酸效应系数 $\alpha_{Y(H)}$ 随溶液中 pH 值变化而变化；pH 值低，则 $\alpha_{Y(H)}$ 值高，对配位滴定有利。

(8)（　　）配位滴定中，溶液的最佳酸度范围是由 EDTA 决定的。

(9)（　　）铬黑 T 指示剂在 pH=7~11 范围使用，其目的是为减少干扰离子的影响。

(10)（　　）滴定 Ca^{2+}、Mg^{2+} 总量时要控制 pH≈10，而滴定 Ca^{2+} 分量时要控制 pH 值为 12~13，若 pH>13，测 Ca^{2+} 则无法确定滴定终点。

4. 简答题

(1) 简述 EDTA 与金属离子形成配合物的特点。

(2) 简述金属指示剂指示配位滴定终点的变色原理及反应式。

(3) 说明水硬度测定中，配位滴定主反应和可能发生的副反应，分别采用何种方法消除副反应影响。

(4) 简述水硬度测定原理并写出计算公式。

(5) 简述配位滴定中金属指示剂应满足的条件。

(6) 简述配位掩蔽剂应满足的条件。

项目 5　沉淀滴定分析与测定

知识目标

(1) 了解银量法指示终点的三种方法、特点、原理。

(2) 掌握硝酸银标准溶液的配制和标定方法。

(3) 理解以铬酸钾为指示剂测定氯离子的方法原理、步骤。

技能目标

(1) 熟练配制并标定硝酸银溶液。

(2) 会准确判断铬酸钾指示剂的滴定终点，完成样品中氯离子含量的测定。

(3) 能够设计其他沉淀滴定的实验方案，规范完成实验操作，正确记录实验数据，计算、表达实验结果。

素养目标

(1) 培养学生树立科技报国的爱国思想和技能创造未来的精神追求，刻苦钻研，勇于探索，为我们的国家和社会贡献一份自己的力量。

(2) 教导学生正确认识自我，能够在集体中合作共赢，发扬团队精神，共同进步，发挥出团队的最大价值。

学习任务 5.1　沉淀滴定法认知

以沉淀反应为基础的滴定分析称为**沉淀滴定法**。根据滴定分析对化学反应的要求，适合于滴定用的沉淀反应应具备以下条件：

(1) 沉淀物有恒定的组成，反应物之间有准确的计量关系；

(2) 沉淀反应的速率快，沉淀物的溶解度小；

(3) 有适当的方法确定滴定终点；

(4) 沉淀的吸附现象不影响滴定终点的确定。

由于以上条件的限制，能用于沉淀滴定分析的反应较少，目前使用较多的是生成难溶银盐的反应。例如：

$$Ag^{+} + Cl^{-} \Longrightarrow AgCl\downarrow\text{（白色）}$$

$$Ag^{+} + SCN^{-} \Longrightarrow AgSCN\downarrow\text{（白色）}$$

这种利用生成难溶银盐反应进行的沉淀滴定法称为**银量法**。银量法主要用于测定 Cl^-、Br^-、I^-、Ag^+、SCN^-、CN^-等离子，以及含卤素的有机化合物。

根据确定终点的方法不同，银量法分为莫尔法、佛尔哈德法和法扬司法。

课程思政

莫尔法、佛尔哈德法、法扬司法是以三位科学家命名的三种银量法。这三位科学家立足自身工作实践，刻苦钻研，勇于探索和创新，最终总结了三种银量法。三位科学家凭借扎实的知识和孜孜以求的实验探索精神实现了自己的人生价值，同时他们的精神在化学发展史上得以永存。科技兴则民族兴，科技强则国家强，我们要向袁隆平、钱学森等老一辈科技工作者学习，树立科技报国的爱国理想，珍惜时间，努力学习专业知识，不断提高自己的知识水平和操作技能，钻研业务，探索创新，立足本职工作为我们的国家和社会贡献一份自己的力量。

学习任务 5.2　莫　尔　法

莫尔法是以 K_2CrO_4 为指示剂确定终点的银量法。该方法主要用于 Cl^-、Br^-，或者两者混合物的测定。

思政课堂　了解“钱三强”，立报国之志

5.2.1　莫尔法的原理

以测定 Cl^- 含量为例说明。在含有 Cl^- 的中性或弱碱性溶液中，以 K_2CrO_4 作为指示剂，用 $AgNO_3$ 标准溶液滴定时，根据分步沉淀原理，溶液中首先出现 AgCl 沉淀。当滴定到达化学计量点时，稍过量的 $AgNO_3$ 溶液就会与 K_2CrO_4 反应，生成砖红色的 Ag_2CrO_4 沉淀（量少时溶液呈橙色），指示滴定终点到达。有关反应式为：

滴定反应式　　$Ag^+ + Cl^- \xlongequal{} AgCl\downarrow$（白色）

终点指示反应式　　$2Ag^+ + CrO_4^{2-} \xlongequal{} Ag_2CrO_4\downarrow$（砖红色）

想一想

为什么当 Ag_2CrO_4 沉淀量少时，到达化学计量点溶液显橙色而不是砖红色？

5.2.2　莫尔法的测定条件

5.2.2.1　指示剂的用量

用莫尔法测定 Cl^-含量时，指示剂 K_2CrO_4 的用量对指示终点有较大影响。CrO_4^{2-} 浓度过高或过低，Ag_2CrO_4 沉淀的析出就会提前或滞后，因而产生一定的终点误差，因此要求 Ag_2CrO_4 沉淀应恰好在滴定反应的化学计量点时产生。根据溶度积原理，当 Ag^+与 Cl^-反应达到化学计量点时有：

$$[Ag^+] = [Cl^-] = \sqrt{K_{sp,\ AgCl}} = \sqrt{1.56 \times 10^{-10}} = 1.25 \times 10^{-5}\text{mol/L}$$

此时要产生 Ag_2CrO_4 沉淀，则需 CrO_4^{2-} 最低浓度为：

$$[CrO_4^{2-}] = \frac{K_{sp,\ Ag_2CrO_4}}{[Ag^+]^2} = \frac{9.0 \times 10^{-12}}{(1.25 \times 10^{-5})^2} = 5.8 \times 10^{-2}\text{mol/L}$$

由于K_2CrO_4溶液为黄色，这样的浓度使滴定溶液颜色太深影响滴定终点观察，所以实际一般控制K_2CrO_4的浓度为5.0×10^{-3}mol/L，即如果被滴定溶液为50mL，则加入50g/L的K_2CrO_4溶液1mL，实践证明由此产生的终点误差小于0.1%。对于较稀溶液的测定，例如用0.01000mol/L的$AgNO_3$标准溶液滴定0.01000mol/L的Cl^-时，终点误差可达到0.6%，此时应做指示剂空白实验对测定结果进行校正。

5.2.2.2　溶液的酸度

在酸性溶液中CrO_4^{2-}转化为$Cr_2O_7^{2-}$，使CrO_4^{2-}浓度降低，影响Ag_2CrO_4沉淀的形成，降低了指示剂的灵敏度。其反应式为：

$$2H^+ + 2CrO_4^{2-} \rightleftharpoons 2HCrO_4^- \rightleftharpoons Cr_2O_7^{2-} + H_2O$$

如果溶液的碱性太强，将析出Ag_2O沉淀，反应式为：

$$2Ag^+ + 2OH^- \rightleftharpoons 2AgOH\downarrow \longrightarrow Ag_2O + H_2O$$

同样不能在氨性溶液中进行滴定，因为易生成$Ag(NH_3)_2^+$会使AgCl沉淀溶解，反应式为：

$$AgCl + 2NH_3 \rightleftharpoons Ag(NH_3)_2^+ + Cl^-$$

因此，莫尔法只能在中性或弱碱性（pH=6.5~10.5）溶液中。如果pH值很高可用稀HNO_3溶液中和，pH值过低可用NaOH或$NaHCO_3$、$CaCO_3$、硼砂等中和。当有NH_4^+存在时，滴定的pH值应控制在6.5~7.2。

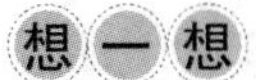

莫尔法调节溶液pH值时能用盐酸或氨水吗？

5.2.2.3　消除干扰

莫尔法选择性较差，在试液中如果能有与CrO_4^{2-}生成沉淀的Ba^{2+}、Pb^{2+}等阳离子，能与Ag^+生成沉淀的PO_4^{3-}、AsO_4^{3-}、SO_3^{2-}、S^{2-}、CO_3^{2-}、$C_2O_4^{2-}$等阴离子，以及在中性或弱碱性溶液中能发生水解的Fe^{3+}、Al^{3+}、Bi^{3+}、Sn^{4+}等离子存在，都应预先分离。大量Cu^{2+}、Ni^{2+}、Co^{2+}等有色离子存在，也会影响滴定终点的观察。

5.2.2.4　减少吸附

由于生成的AgCl、AgBr沉淀容易吸附Cl^-、Br^-导致滴定终点提前，所以滴定时要剧烈摇动锥形瓶，使被吸附的Cl^-、Br^-释放出来，以获得正确的滴定终点。

5.2.3　莫尔法的测定对象

莫尔法可用于测定Cl^-和Br^-，但不能用于测定I^-和SCN^-，因为AgI、AgSCN的吸附能力太强，滴定到终点时有部分I^-或被吸附，将引起较大的负误差。

温馨提示

莫尔法不能用 NaCl 标准溶液直接滴定 Ag^+。因为溶液中的 Ag^+ 与 CrO_4^{2-} 在滴定前就会生成沉淀，而 Ag_2CrO_4 沉淀转化为 AgCl 沉淀的速率缓慢，滴定终点难以确定。若用莫尔法测定 Ag^+ 含量，应采用返滴定方式进行。

学习任务 5.3　佛尔哈德法

佛尔哈德法是以 $NH_4Fe(SO_4)_2$ 作指示剂的银量法。按其滴定方式不同分为直接滴定法和返滴定法两种。直接滴定法用于测定 Ag^+，返滴定法用于测定 Cl^-、Br^-、I^- 和 SCN^-。

5.3.1　直接滴定法

在含有 Ag^+ 的 HNO_3 溶液中，以 $NH_4Fe(SO_4)_2$ 作指示剂，用 NH_4SCN（或 NaSCN、KSCN）标准溶液进行滴定，首先产生白色 AgSCN 沉淀，达到化学计量点之后，稍过量的 SCN^- 与 Fe^{3+} 生成 $Fe(SCN)^{2+}$ 红色配合物，指示滴定终点的到达。有关反应式为：

滴定反应　　$Ag^+ + SCN^- \longrightarrow AgSCN\downarrow$（白色）

终点滴定反应　　$Fe^{3+} + SCN^- \longrightarrow Fe(SCN)^{2+}$（红色）

AgSCN 会吸附溶液中的 Ag^+，所以在滴定时必须剧烈振荡，避免指示剂过早显色，减小测定误差。直接滴定法的溶液中 $[H^+]$ 一般控制在 0.3～1.0mol/L。若酸性太低，Fe^{3+} 将水解，生成棕色的 $Fe(OH)_3$ 或者 $Fe(H_2O)_5(OH)^{2+}$，影响滴定终点的观察。此法的优点在于可以用来直接测定 Ag^+ 含量。

5.3.2　返滴定法

5.3.2.1　测定原理

在含有卤素离子或硫氰根离子（SCN^-）的 HNO_3 溶液中，加入定量且过量的 $AgNO_3$ 标准溶液，以 $NH_4Fe(SO_4)_2$ 为指示剂，用 NH_4SCN 标准溶液返滴定剩余的 Ag^+。有关反应式为：

沉淀反应　　$Ag^+ + X^- \longrightarrow AgX\downarrow$（$X^-$：$Cl^-$，$Br^-$，$I^-$，$SCN^-$）

滴定反应　　$Ag^+ + SCN^- \longrightarrow AgSCN\downarrow$

终点反应　　$Fe^{3+} + SCN^- \longrightarrow Fe(SCN)^{2+}$（红色）

5.3.2.2　测定条件

（1）溶液的酸度，滴定应在酸度为 0.3～1.0mol/L 的稀硝酸溶液中进行。

（2）指示剂的用量，终点时 Fe^{3+} 的浓度一般控制在 0.015mol/L。

5.3.2.3　注意事项

（1）返滴定法测定 Cl^- 时，由于 AgCl 的溶解度大于 AgSCN 的溶解度，所以在临近终点时加入的 SCN^- 将与 AgCl 发生反应，使 AgCl 沉淀转化为 AgSCN 沉淀。其反应式为：

$$AgCl\downarrow + SCN^- \xlongequal{} AgSCN\downarrow + Cl^-$$

从而使已经出现的红色褪去，产生较大终点误差，为此，可选用以下方法处理。

1）在加完 $AgNO_3$ 标准溶液后，将溶液煮沸，使 AgCl 沉淀凝聚。滤去沉淀并用稀 HNO_3 洗涤沉淀，洗涤液并入滤液中，然后用 NH_4SCN 标准溶液返滴定滤液中的 Ag^+。

2）在生成 AgCl 沉淀后加入有机溶剂，如硝基苯或1,2-二氯乙烷，用力振荡，使 AgCl 沉淀表面覆盖一层有机溶剂，避免与滴定溶液接触，防止沉淀转化。此法简单，但有机溶剂对人体有害，使用时需注意。

（2）用返滴定法测定 Br^- 和 I^- 的含量时，由于 AgBr 和 AgI 的溶解度小于 AgSCN 的溶解度，不会发生沉淀的转化反应。

5.3.2.4 消除干扰

由于佛尔哈德法是在酸性溶液中进行滴定，许多阴离子如 CN^-、CrO_4^{2-} 等不会与 Ag^+ 发生沉淀反应，所以滴定的选择性较高，只有强氧化剂、氮的低价氧化物及铜盐、汞盐等能与 SCN^- 起作用干扰滴定，大量的 Cu^{2+}、Ni^{2+}、Co^{2+} 等有色离子存在会影响滴定终点观察，必须预先除去。

学习任务5.4 法扬司法

法扬司法是以 $AgNO_3$ 为标准溶液，用吸附指示剂确定滴定终点的银量法。

5.4.1 法扬司法测定原理

吸附指示剂是一类有机染料，在溶液中能被胶体沉淀表面吸附而发生结构的改变，从而引起颜色的变化。现以 $AgNO_3$ 滴定 Cl^- 为例，说明指示剂的作用原理。

以 $AgNO_3$ 标准溶液滴定 Cl^- 时，可用荧光黄吸附指示剂来指示滴定终点。荧光黄指示剂是一种有机弱酸，用 HFIn 表示，它在溶液中解离出黄绿色的 FIn^- 阴离子。其反应式为：

$$HFIn \rightleftharpoons H^+ + FIn^-$$

在化学计量点前，溶液中有剩余的 Cl^- 存在，AgCl 沉淀吸附 Cl^- 而带负电荷，因此 FIn^- 留在溶液中呈黄绿色。滴定进行到化学计量点后，AgCl 沉淀吸附 Ag^+ 而带正电荷，这时溶液中 FIn^- 被吸附，溶液颜色由黄绿色变为粉红色，指示滴定终点到达。其过程可以示意如下：

Cl^- 过量时　　$AgCl \cdot Cl^- + FIn^-$（黄绿色）

Ag^+ 过量时　　$AgCl \cdot Ag^+ + FIn^- \longrightarrow AgCl \cdot Ag^+ \mid FIn^-$（粉红色）

相关知识

吸附指示剂的变色原理

沉淀滴定中生成的胶体微粒沉淀具有强烈的吸附作用，这种胶体沉淀的吸附作用具有一定的选择性，它优先吸附的是沉淀的构晶离子，形成带电荷的胶粒。由于静电引力，胶粒又吸附带相反电荷的指示剂离子，使指示剂的结构发生改变，从而引起颜色的变化。

课程思政

K_2CrO_4、$NH_4Fe(SO_4)_2$、吸附指示剂三种银量法分别适用于不同的应用场合，每种方法既有其适用性，也有其局限性。正如生活中，我们每个人都处在集体环境中，每个人都有自身的优缺点，古语说“尺有所短，寸有所长”，我们要辩证地看待自己和他人的优缺点，不骄傲自大，不妄自菲薄，不偏激看待他人，扬长避短，因地制宜，团结协作，共同进步，发挥出团队的最大价值。

5.4.2　吸附指示剂的选择

不同指示剂被沉淀吸附的能力不同，滴定时应选用沉淀对指示剂的吸附能力略小于对被测离子吸附能力的指示剂，否则滴定终点会提前。但是指示剂的吸附能力也不能太小，否则滴定终点滞后且变色不敏锐。卤化银沉淀对卤素离子和几种吸附指示剂的吸附能力的次序如下：

$I^- > SCN^- > Br^- >$曙红$> Cl^- >$荧光黄

因此，滴定 Cl^-不能选用曙红，而应选用荧光黄。现将几种常用吸附指示剂列于表5-1中。

表 5-1　常用吸附指示剂

指示剂	被测离子	滴定剂	滴定条件
荧光黄	Cl^-、Br^-、I^-	$AgNO_3$	pH=7~10
二氯荧光黄	Cl^-、Br^-、I^-	$AgNO_3$	pH=4~10
曙红	Br^-、SCN^-、I^-	$AgNO_3$	pH=2~10
甲基紫	Ag^+	NaCl	酸性溶液

5.4.3　法扬司法测定条件

（1）控制溶液酸度。常用吸附指示剂大多是弱酸，而起指示作用的是它们的阴离子，酸度大时，H^+与指示剂阴离子结合成不被吸附的指示剂分子，无法指示滴定终点。例如，荧光黄的 $pK_a \approx 7.0$，适用于 pH=7~10 的条件下进行滴定。若 pH<7，荧光黄主要以 HFIn 形式存在，不被吸附。

（2）保持沉淀呈胶体状态。由于吸附指示剂的颜色变化发生在沉淀微粒表面上，因此应尽可能使卤化银沉淀呈胶体状态，以增大胶粒的比表面积，增强其吸附能力。为此，在滴定前应将溶液稀释，并加入糊精、淀粉等胶体保护剂，防止卤化银凝聚，使终点变色明显。

（3）避免强光照射。滴定过程中应避免强光照射，以防止卤化银沉淀分解变为灰黑色，影响滴定终点观察。

（4）溶液中被测离子的浓度。溶液中被测离子的浓度不应太低，否则沉淀量太少，终点指示剂变色不易观察。如用荧光黄作指示剂，用 $AgNO_3$ 滴定 Cl^-时，要求 Cl^-浓度在 0.005mol/L 以上，而滴定 Br^-、I^-和 SCN^-时灵敏度稍高，溶液浓度在 0.001mol/L 以上即可准确滴定。

5.4.4　法扬司法测定对象

法扬司法可以用于测定 Cl^-、Br^-、I^-和 SCN^-，以及生物碱盐类（如盐酸麻黄碱）等。

实训任务 5.1　氯化物中氯含量的测定——莫尔法

实验目的

（1）学会 $AgNO_3$ 标准溶液的配制和标定方法。

（2）巩固沉淀滴定法中以 K_2CrO_4 为指示剂测定氯离子含量的方法。

实验原理

见学习任务 5.2 节相关内容。

微课 5-1　硝酸银标准溶液配制及标定　　微课 5-2　氯化物中氯含量测定

仪器与试剂

（1）仪器：分析天平，台秤，滴定台，酸式滴定管（50mL），移液管（25mL），容量瓶（250mL），称量瓶，锥形瓶（250mL），烧杯。

（2）试剂：NaCl 基准试剂，5% K_2CrO_4溶液，固体 $AgNO_3$(AR)。试样：粗食盐。

实验步骤

（1）0.1mol/L $AgNO_3$ 溶液的配制及标定。称取 8.75g $AgNO_3$，用少量不含 Cl^-的蒸馏水溶解后，转入棕色试剂瓶中，稀释至 500.0mL，摇匀，将溶液置暗处保存，以防止光照分解。

准确称取 0.15g 于 500~600℃马弗炉中灼烧至恒重的工作基准试剂 NaCl，加 50mL 水溶解，加 1mL 5% K_2CrO_4 指示液，用配制好的 0.1mol/L $AgNO_3$ 溶液滴定至试液呈砖红色，即为滴定终点，同时做空白试验。

（2）准确称取粗盐试样 1.2~1.5g 在烧杯中用水溶解，定量转移至 250mL 容量瓶中定容，摇匀备用。

用 25mL 移液管取试液三份，分别放入锥形瓶中，加入 5% K_2CrO_4 溶液 1mL，然后在剧烈摇动下用 $AgNO_3$ 标准溶液滴定。当接近滴定终点时，溶液呈浅砖红色，但经摇动后即消失。继续滴定至溶液刚显浅红色，虽经剧烈摇动仍不消失即为滴定终点；计算试样中氯的质量分数。三次测定的相对误差不得大于 0.3%，同时进行空白实验。

（3）计算公式：

$$c_{AgNO_3} = \frac{m_{NaCl}}{M_{NaCl} \cdot V_{AgNO_3}}$$

$$w_{Cl^-} = \frac{c_{AgNO_3} \cdot V_{AgNO_3} \cdot M_{Cl}}{m_{试}} \times 100\%$$

实验数据记录与处理

记录实验数据并分析处理。

注意事项

（1）银盐溶液的量大时不应该随意丢弃，所有淋洗滴定管的标准溶液和沉淀都应收集起来，以便回收。

（2）注意定容过程中，溶液的转移一定要完全、准确。

（3）滴定时要注意滴定速度并充分摇动。

（4）滴定管的读数要求和估读数更不能忽视。

（5）实验结束后，盛装硝酸银溶液的滴定管应先用蒸馏水冲洗2~3次，再用自来水冲洗，以免产生氯化银沉淀，难以洗净。

思考题

（1）滴定终点时，如何消除 $AgNO_3$ 使用过量而引入的误差？

（2）K_2CrO_4 指示液用量过大、过小对实验结果会带来何种影响？

（3）莫尔法测氯离子含量时，为什么溶液的pH值需控制在6.5~10.5？

实训任务5.2　银合金中银含量的测定（佛尔哈德法）

实验目的

（1）学会 NH_4SCN 标准溶液的配制。

（2）巩固佛尔哈德法测定银的操作方法和条件。

（3）学会用铁铵矾指示剂确定滴定终点的方法。

微课5-3　硫氰酸铵标准溶液的标定

微课5-4　银合金中银含量的测定

实验原理

见学习任务5.3节相关内容。

仪器与试剂

（1）仪器：分析天平，台秤，量筒，酸式滴定管，移液管（25mL），容量瓶（100mL），锥形瓶（250mL），烧杯（100mL）。

（2）试剂：硝酸银（基准试剂），硝酸（1∶1），0.05mol/L 硫氰酸铵标准溶液（待标定），硫酸铁铵饱和溶液。

实验步骤

（1）硫氰酸铵标准溶液的标定。准确称取基准物质硝酸银0.3400g于100mL小烧杯中，加水溶解并稀释定容于100mL容量瓶中，取此溶液25.00mL，加硝酸（1∶1）5mL，加1mL硫酸铁铵饱和溶液指示剂，用0.05mol/L硫氰酸铵标准溶液滴定硝酸银溶液，至溶液变为粉红色滴定终点，平行标定三次求出平均值，计算硫氰酸铵标准溶液的浓度。

（2）试样含银量的测定。准确称取0.5g的试样，用20mL硝酸（1∶1）溶解样品，加1mL硫酸铁铵饱和溶液指示剂，用0.05mol/L硫氰酸铵标准溶液滴定试样溶液，至溶液变为粉红色，激烈振荡30s不褪色即为滴定终点。

思考题

（1）$AgNO_3$ 标准溶液应装在酸式滴定管还是碱式滴定管中，为什么？

（2）配制 $AgNO_3$ 标准溶液的容器用自来水洗后，若不用蒸馏水洗，而直接用来配制 $AgNO_3$ 标准溶液，将会出现什么现象，为什么会出现该现象？

（3）配制好的 $AgNO_3$ 溶液要贮于棕色瓶中，并置于暗处，为什么？

综合练习 5.1

综合练习 5.1 答案

1. 选择题

（1）关于以 K_2CrO_4 为指示剂的莫尔法，下列说法正确的是（　　）。

A. 指示剂 K_2CrO_4 的量越少越好

B. 滴定应在弱酸性介质中进行

C. 本法可测定 Cl^- 和 Br^-，但不能测定 I^- 或 SCN^-

D. 莫尔法选择性较强

（2）莫尔法测定 Cl^- 含量时，要求介质在 pH=6.5~10.0 范围内，若酸度过高，则会（　　）。

A. AgCl 沉淀不完全　　B. 形成 Ag_2O 沉淀

C. AgCl 吸附 Cl^-　　D. Ag_2CrO_4 沉淀不生成

（3）以铁铵矾为指示剂，用返滴定法以 NH_4SCN 标准溶液滴定 Cl^- 时，下列错误的是(　　)。

A. 滴定前加入过量定量的 $AgNO_3$ 标准溶液

B. 滴定前将 AgCl 沉淀滤去

C. 滴定前加入硝基苯，并振摇

D. 应在中性溶液中测定，以防 Ag_2O 析出

（4）$AgNO_3$ 与 NaCl 反应，在计量点时 Ag^+ 的浓度为（　　）。已知 $K_{sp,AgCl}=1.8\times10^{-10}$。

A. 2.0×10^{-5}　　B. 1.34×10^{-5}　　C. 2.0×10^{-6}　　D. 1.34×10^{-6}

（5）法扬司法中应用的指示剂的性质属于（　　）指示剂。

A. 配位　　B. 沉淀　　C. 酸碱　　D. 吸附

（6）用莫尔法测定时，干扰测定的阴离子是（　　）。

A. OAc^-　　B. NO_3^-　　C. $C_2O_4^{2-}$　　D. SO_4^{2-}

（7）以 Fe^{3+} 为指示剂，NH_4SCN 为标准溶液滴定 Ag^+ 时，应在（　　）条件下进行。

A. 酸性　　B. 碱性　　C. 弱碱性　　D. 中性

（8）pH=4 时用莫尔法滴定 Cl^- 含量，将使结果（　　）。

A. 偏高　　B. 偏低　　C. 忽高忽低　　D. 无影响

（9）莫尔法测定氯的含量时，其滴定反应的酸度条件是（　　）。

A. 强酸性　　B. 弱酸性　　C. 强碱性　　D. 弱碱性或近中性

（10）下列条件适于佛尔哈德法的是（　　）。

A. pH=6.5 ~10.0　　B. 以 K_2CrO_4 为指示剂

C. 滴定酸度为 0.1~1.0mol/L　　D. 以荧光黄为指示剂

2. 填空题

（1）银量法按照指示滴定终点的方法不同分为三种：________，________和________。

(2) 莫尔法以________为指示剂，在________条件下以________为标准溶液直接滴定 Cl^- 或 Br^- 等离子。

(3) 佛尔哈德法以________为指示剂，用________为标准溶液进行滴定。根据测定对象不同，佛尔哈德法可分为直接滴定法和返滴定法，直接滴定法用来测定________，返滴定法用来测定________。

(4) 佛尔哈德的返滴定法测定 Cl^- 时，会发生沉淀转化现象，解决的办法一般有两种：________，________。

(5) 沉淀滴定法中，莫尔法测定 Cl^- 的终点颜色变化是________。

(6) 用佛尔哈德法测定 Br^- 和 I^- 时，不需要过滤除去银盐沉淀，这是因为________和________的溶解度比________的小，不会发生沉淀转化反应。

(7) 荧光黄指示剂的变色是因为它的________被吸附了银离子的沉淀颗粒吸附而产生结构改变，从而引起颜色变化。

3. 简答题

(1) 简述银量法三种指示滴定终点的原理。

(2) 简述沉淀滴定法测定氯化物中氯含量的原理与实验计划。

4. 计算题

称取一含银废液 2.075g，加入适量 HNO_3，以铁铵矾作指示剂，消耗 25.50mL 0.0463mol/L 的 NH_4SCN 溶液，计算此废液中银的质量分数。

项目 6　重量分析与测定

知识目标

(1) 了解重量分析法的分类、特点。

(2) 掌握沉淀重量法的操作步骤、操作技术要领。

(3) 理解沉淀重量法对沉淀形式、称量形式、沉淀剂、沉淀反应的要求，以及影响沉淀反应完全程度的因素和影响沉淀纯度的因素等。

(4) 掌握不同类型沉淀的沉淀条件。

(5) 掌握重量法的测定原理和方法步骤。

技能目标

(1) 学会规范进行沉淀、过滤、洗涤和灼烧等操作。

(2) 会选择合适的操作条件进行沉淀重量法的实验测定。

素养目标

(1) 培养学生精益求精的工匠精神和热爱劳动、甘于奉献的职业精神。

(2) 培养学生践行爱国、敬业、诚信、友善的社会主义核心价值观，同向同力营造自由、平等、公正、法治的社会环境，建设富强、民主、文明、和谐的社会主义强国。

学习任务 6.1　重量分析法认知

6.1.1　重量分析法的特点和分类

重量分析法是用适当的方法先将试样中的待测组分与其他组分分离，然后用称量的方法测定该组分的含量。

根据分离方法的不同，重量分析法常分为如下三类。

(1) 沉淀重量法。沉淀重量法是重量分析法中的主要方法，这种方法是利用试剂与待测组分生成溶解度很小的沉淀，经过过滤、洗涤、烘干或灼烧组成一定的物质，然后称其质量，再计算待测组分的含量。

(2) 汽化法。汽化法（又称为挥发法）是利用物质的挥发性质，通过加热或其他方法使试样中的待测组分挥发逸出，然后根据试样质量的减少计算该组分的含量；或者用吸收剂吸收逸出的组分，根据吸收剂质量的增加计算该组分的含量。

(3) 电解法。利用电解的方法使待测金属离子在电极上还原析出，然后称量，根据电极增加的质量求得其含量。

重量分析法是经典的化学分析法，它通过直接称量得到分析结果，不需要从容量器皿中引入许多数据，也不需要标准试样或基准物质。对高含量组分的测定，重量分析法比较准确，一般测定的相对误差不大于±0.1%。对高含量的硅、磷、钨、镍、稀土元素等试样的精确分析，至今仍常使用重量分析法。但重量分析法的不足之处是操作较繁琐，耗时多，不适于生产中的控制分析，对低含量组分的测定误差较大。

课程思政

重量分析实验和滴定分析实验是化学分析实验的两大类经典实验，相比于滴定分析实验，重量分析实验操作步骤繁多、耗时较长。在实验过程中存在很多重复性操作，如过滤、洗涤、灼烧至恒重等，更加考验同学们的操作规范性和职业责任心，需要我们耐心、细心、规范地做好每一步重复性操作，这就是精益求精工匠精神的体现；每次实验完毕后学生要清洗仪器，整理实验台，打扫实验室，养成良好实验习惯，培养学生热爱劳动、甘于奉献的职业精神。

6.1.2　常用仪器及基本操作

重量分析是化学中经典的分析方法，主要涉及沉淀分离、质量测定（如沉淀生成、过滤、转移、洗涤、烘干或灼烧、恒重等）操作技术，所用设施包括滤纸、漏斗、过滤器、干燥器、坩埚、烘箱、马弗炉等常见的仪器设备。

6.1.2.1　沉淀的形成

沉淀的性质不同，所采取的操作方法也不同。

（1）晶形沉淀一般宜在热的、较稀的溶液中形成，沉淀剂常用滴管加入。操作时，左手拿滴管滴加沉淀剂；滴管口需接近液面以防止溶液溅出；滴加速度要慢，接近沉淀完全时可以稍快。与此同时，右手持玻璃棒充分搅拌，且不要碰到容器的壁和底。充分搅拌的目的是防止沉淀剂局部过浓而形成细的沉淀，太细的沉淀容易吸附杂质、难以洗涤。

检查沉淀完全的方法是：静置，使生成的沉淀下沉至容器底部，向上层清液中加入少量沉淀剂，液面不应出现浑浊。沉淀完全后，盖上表面皿，放置过夜或在水浴加热 1h 左右，使沉淀陈化。

（2）非晶形（无定形或胶状）沉淀的形成可用较浓的沉淀剂，加入沉淀剂的速度和搅拌的速度都可以快些。沉淀完全后，用适量热水稀释，不必放置陈化。

6.1.2.2　沉淀的过滤和洗涤

需要灼烧的沉淀，要用定量滤纸过滤。对于过滤后只要烘干就可以进行称量的沉淀（如丁二酮肟），则可采用微孔玻璃过滤器过滤。

A　用滤纸过滤

a　滤纸的选择

国产定量滤纸分优等品、一等品、合格品三个等级，每一个又分快速、中速、慢速三种型号，应根据沉淀的性质及其生产量选用合格的滤纸，参考国家标准 GB/T 1914—2017《化学分析滤纸》的规定。

定量滤纸的纸浆是经过盐酸和氢氟酸处理的，每张滤纸灼烧后的灰分很低（故称为无灰滤纸），一般不需要扣除灰分。以滤纸直径 90mm 为例，不难得出，每张滤纸的灰分仅为 0.05mg 左右。若使用的滤纸尺寸较大且对测定结果要求又特别严格时，可根据情况进行本体校正。

沉淀的性质与滤纸的选择密切相关。晶形沉淀体积小，应选用致密、孔小的慢速滤纸；非晶形沉淀体积大，应选用质松、孔大的快速滤纸。滤纸直径大小的选择应与沉淀量的多少相适应：滤纸放入漏斗内，其上缘应比漏斗上缘低 0.5~1.0cm；将沉淀全部转移至漏斗内，沉淀物的高度不应超过滤纸倒锥体高度的 1/2。

b　漏斗的准备

化学分析实验常选用标准锥形过滤漏斗（分长颈和短颈两种类型），其漏斗滤碗底部的夹角为 60°、管颈下端口为 45°（详见 GB/T 28211—2011《实验室玻璃仪器　过滤漏斗》）。为加快过滤速度，常使用长颈漏斗（管颈长 150mm、内径为 4~9mm）。

当需要的滤纸选好后，先将手洗净擦干，将滤纸轻轻地对折后再对折，如图 6-1 所示。为保证滤纸与漏斗密合，第二次对折时暂不压紧，可改变滤纸折叠的角度，直到与漏斗密合为止（这时可把滤纸压紧，但不要用手指在纸上抹，以免滤纸破裂而造成沉淀漏出）。为了使滤纸的三层纸那边能紧贴漏斗壁，常把三层纸的外面两层撕去一角（撕下的纸角保存起来，以备需要时擦拭可能沾在烧杯口外或漏斗壁上少量残留的沉淀用）。将折好后的滤纸放入漏斗中，用食指按住三层纸那边，以少量的水润湿滤纸，使它紧贴在漏斗壁上。轻压滤纸，赶走气泡（切勿上下搓揉，湿滤纸极易破损！）。加水于漏斗中，使其管颈内充满水（即形成水柱）。若不能形成完整的水柱，可一边用手指堵住漏斗的管颈下端口，一边稍掀起三层那边的滤纸，用洗瓶在滤纸和漏斗之间加水，使漏斗管颈和滤纸倒锥体的大部分被水充满，然后一边轻轻按下掀起的滤纸，一边断续放开堵在端口处的手指，即可形成水柱。将准备好的漏斗安放在漏斗架上，盖上表面皿，下接一洁净烧杯，烧杯的内壁与漏斗端口尖处接触，收集滤液的烧杯也用表面皿盖好，然后开始过滤。

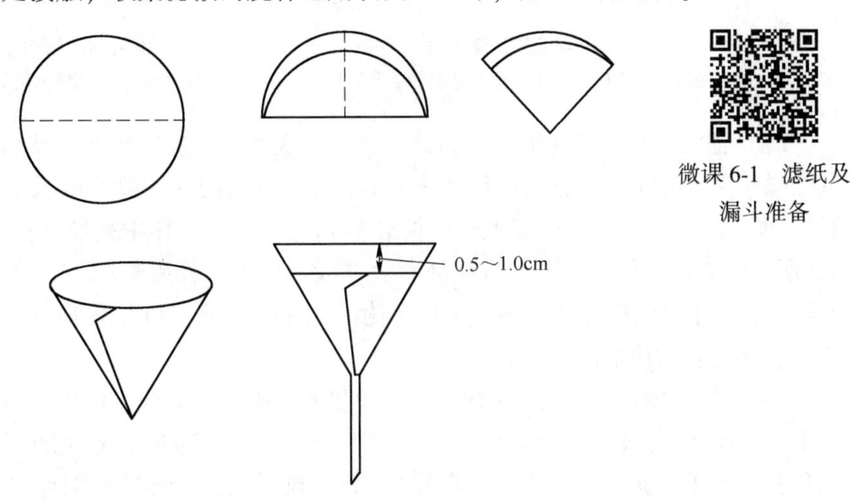

图 6-1　滤纸的折叠和安放

c　过滤和洗涤的操作

一般采用倾注（泻）法进行过滤。首先只过滤上层清液，将沉淀留在烧杯中，然后在烧杯中加洗涤液，初步洗涤沉淀，澄清后再滤去上层清液，经几次洗涤后，最后再转移沉淀。

倾注法的主要优点是过滤开始时，不致因沉淀堵塞滤纸而减缓过滤速度，而且在烧杯中初步洗涤沉淀可提高洗涤效果，具体操作分为以下三步。

（1）用倾注法把清液倾入滤纸中，留下沉淀。为此，在漏斗上方将玻璃棒从烧杯中慢慢取出并直立在漏斗中，下端对着三层滤纸的那边约 2/3 纸高处，尽可能靠近滤纸，但不要碰到纸，如图 6-2(a) 所示。将上层清液沿着玻璃棒倾入漏斗，漏斗中的液面不得高于滤纸的 2/3 高度，以免部分沉淀可能由于毛细管作用越过滤纸上缘而损失。用 15mL 左右洗涤液吹洗玻璃棒和杯壁并进行搅拌，澄清后，再按上法滤出清液。当倾注暂停时，保持玻璃棒不动，烧杯沿玻璃棒往上提，逐渐地扶正［见图 6-2(b)］，再将玻璃棒收回，直接放入烧杯中［见图 6-2(c)］，此时玻璃棒不要靠在烧杯嘴处，因为此处可能沾有少量的沉淀。最后将烧杯从漏斗上移开。如此反复用洗涤液洗 2~3 次，将黏附在烧杯壁上的沉淀洗下，并将烧杯中的沉淀进行初步洗涤。

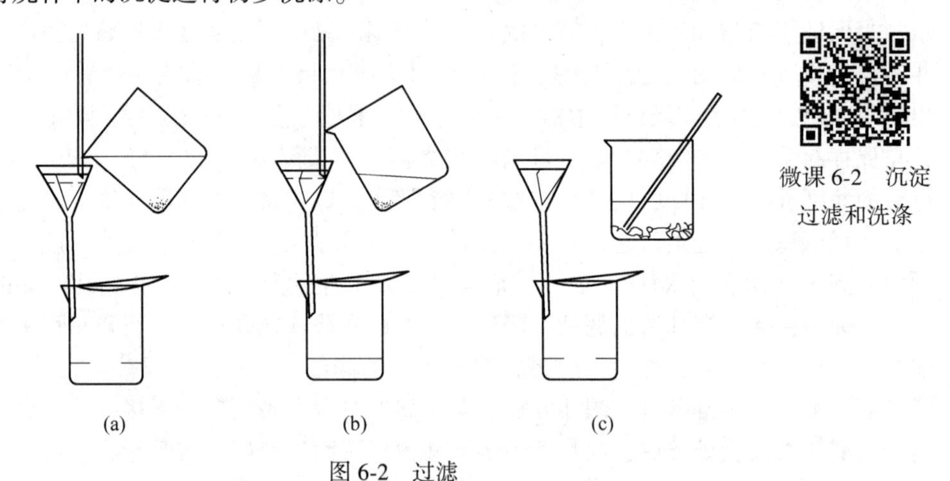

图 6-2　过滤

（a）玻璃棒垂直紧靠烧杯嘴，下端对着滤纸三层的一边，但不能碰到滤纸；（b）慢慢扶正烧杯，但杯嘴仍与玻璃棒贴紧，接住最后一滴溶液；（c）玻璃棒远离烧杯嘴搁放

（2）把沉淀转移到滤纸上。为此，用少量洗涤液冲洗烧杯壁和玻璃棒上的沉淀，再把沉淀搅起，将悬浮液小心地转移到滤纸上，每次倾入的悬浮液不得超过滤纸倒锥体高度的 2/3，如此反复进行，尽可能地将沉淀转移到滤纸上。烧杯中残留的少量沉淀，则可按图 6-3 所示的方法转移：用左手将烧杯斜放在漏斗上方，杯底略朝上，玻璃棒下端对准三层滤纸处，右手拿洗瓶冲洗烧杯壁上所黏附的沉淀，使沉淀和洗涤液一起顺着玻璃棒流入漏斗中（注意：勿使溶液溅出）。

（3）洗涤烧杯和沉淀。黏着在烧杯壁和玻璃棒上的沉淀，可用淀帚（见图 6-4）自上而下刷至杯底，再转移到滤纸上；也可用撕下的滤纸擦净玻璃棒和烧杯内壁，将擦过的滤纸角放在漏斗的沉淀里。最后在滤纸上将沉淀洗至无杂质。洗涤沉淀时先使洗瓶出口管充满液体，然后用细小的洗涤液流缓慢地从滤纸上部沿漏斗壁螺旋向下冲洗，决不可骤然浇在沉淀上。待上一次洗涤液流完后，再进行下一次洗涤。在滤纸上洗涤沉淀的目的主要是洗去杂质，并将黏附在滤纸上部的沉淀冲洗至下部。

图 6-3　残留沉淀的转移

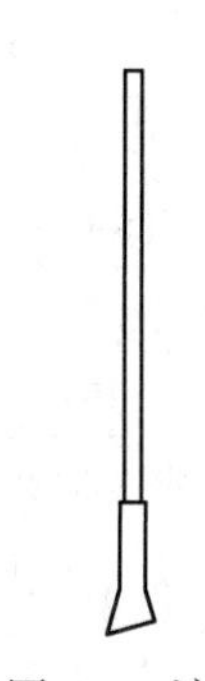

图 6-4　淀帚

为了检查沉淀是否洗净，先用洗瓶将漏斗管径下端口外壁洗净。用洁净的小试管收集滤液少许，用适当的方法（如用 $AgNO_3$ 检验是否有 Cl^-）进行检验。

过滤和洗涤沉淀的操作必须不间断地一气呵成；否则，搁置较久的沉淀干涸后，易结成团块，就难以洗净。

B　用微孔玻璃过滤器过滤

微孔玻璃过滤器分滤埚和漏斗式两种类型，如图 6-5(a) 和 (b) 所示。前者称为玻璃坩埚式过滤器或简称为玻璃滤埚；后者称为玻璃漏斗式过滤器或简称为砂芯漏斗。这两种过滤器虽然形状不同，但其底部滤片皆是用玻璃砂在 600℃ 左右烧结制成的多孔滤板。根据国家标准 GB/T 11415—1989《实验室烧结（多孔）过滤器　孔径、分级和牌号》规定，可将微孔玻璃过滤器按孔径分布划分为 8 种型号，见表 6-1。

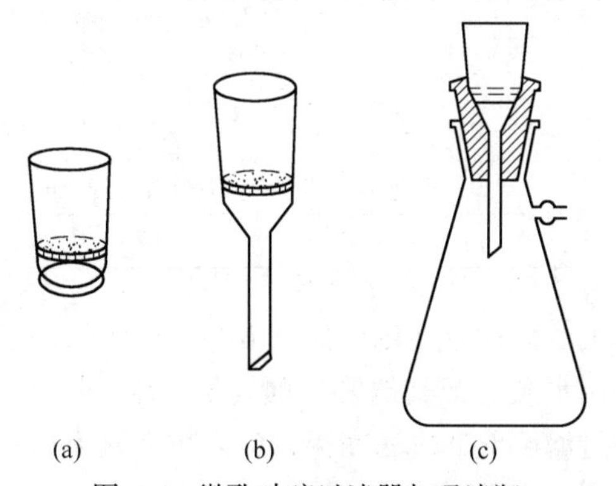

图 6-5　微孔玻璃过滤器与吸滤瓶

（a）滤埚式过滤器；（b）漏斗式过滤器；（c）吸滤瓶

微课 6-3　微孔玻璃过滤器及过滤操作

表 6-1　微孔玻璃过滤器的规格

牌号	平均孔径分级/μm		与 G 牌号比较
P1.6	—	≤1.6	相当于 G6
P4	>1.6	≤4	相当于 G5
P10	>4	≤10	相当于 G4A
P16	>10	≤16	相当于 G4

续表 6-1

牌号	平均孔径分级/μm		与 G 牌号比较
P40	>16	≤40	相当于 G3
P100	>40	≤100	包含 G2、G1、G1A
P160	>100	≤160	等同于 G0
P250	>160	≤250	等同于 G00

注：表中右边一栏为过去常用的旧牌号，共 10 个型号。

在化学分析实验中常用 P40（G3）或 P16（G4）型号的过滤器，如丁二酮沉淀用 P16 或 G4 型号的玻璃滤埚过滤。

过滤器一般可用稀盐酸洗涤，用自来水冲洗后再用纯水荡洗，并在吸滤瓶上抽洗干净。洗净的滤埚不能用手直接接触，可用洁净的软纸衬垫着拿取，将其放在洁净的烧杯中，盖上表面皿，置于电烘箱中在烘沉淀的温度下烘干，直至恒重。

过滤器不能用来过滤不易溶解的沉淀（如二氧化硅等），否则沉淀将无法清洗；也不宜用来过滤浆状沉淀，以免堵塞烧结玻璃（砂芯）的微孔滤板；更不能用来过滤碱性强的溶液，因为强碱性溶液会腐蚀滤板微孔。

过滤器用过后，先尽量倒出其中沉淀，再用适当的清洗剂（见表 6-2）清洗。不能用碱性溶液和去污粉洗涤，也不要用坚硬的物质擦划滤板。

表 6-2　过滤器常用的清洗剂

沉 淀 物	清 洗 剂
油脂等各种有机物	先用四氯化碳等适当的有机溶剂洗涤，然后用铬酸洗液洗
氯化亚铜、铁斑	含 $KClO_4$ 的热浓盐酸
汞渣	热浓 HNO_3
氯化银	氨水或 $Na_2S_2O_3$ 溶液
铝质、硅质残渣	先用 HF，然后用浓 H_2SO_4 洗涤，随即用蒸馏水反复漂洗几次
二氧化锰	HNO_3-H_2O_2

微孔玻璃过滤器常与吸滤瓶配合使用，如图 6-5（c）所示。过滤器可通过一特制的橡皮适配座接在吸滤瓶上，用水泵（或其他泵）抽气、负压下过滤。过滤时应先开水泵，后接真空橡胶管，再倾注待过滤溶液。过滤完毕，应先拔下真空橡胶管，再关水泵，否则由于瓶内负压，会形成倒吸现象甚至可能沾染滤饼。

6.1.2.3　沉淀的干燥和灼烧

A　干燥器的准备和使用

微课 6-4　干燥器的准备和使用

干燥器（见图 6-6）是一适用于贮藏易于吸收水分、需要避光的化学试剂和精密仪器零件的玻璃器具（有无色和棕色之分，非普通型还可外接真空系统），器身内径最小的为 100mm、最大的为 350mm，器内放置一块带圆孔的瓷板（坩埚可安放其孔中）将其分成上下两室。下室放干燥剂，上室放需保存物品。为防止上室物品落入下室，常在瓷板下衬垫一块金属网。

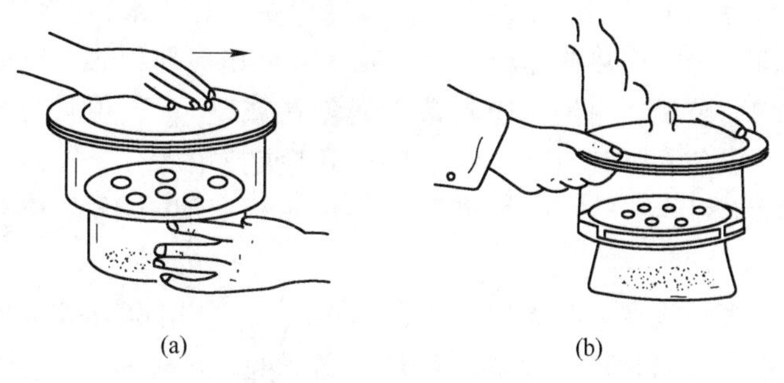
(a)　(b)

图 6-6　干燥器的使用
(a) 开启；(b) 搬动

准备干燥器时用干抹布将瓷板和内壁擦干净（一般不用水洗，因为水洗后不能很快地干燥）。干燥剂装到下室的一半即可，太多容易沾污待干燥物品。装干燥剂时，可用一张稍大的纸折成喇叭形，大口从上插入干燥器底，从中倒入干燥剂，可使干燥器避免沾污。干燥剂常用变色硅胶（硅胶内部孔隙及表面含有 $CoCl_2$），当其蓝色变成浅红色时，需将其重新烘干。

干燥器的沿口和盖的沿口均为磨砂平面，用时涂敷一薄层凡士林以增加其密合性。开启或关闭干燥器时，用左手向右抵住干燥器身，右手握住盖的圆结（把手）向左平推干燥器的盖，如图 6-6(a) 所示。取下的盖子应盖里朝上稳固地放在实验台上，以防止其滚落在地。

灼烧后的坩埚放入干燥器前，应先在空气中冷却 30~60s，至红热退去。放入干燥器后，为防止干燥器内空气膨胀而将盖子顶落，应反复将盖子推开一道细缝，让热空气逸出，直至不再有热空气排出时再盖严盖子。

搬移干燥器时，务必用双手拿住干燥器的沿口［见图 6-6(b)］，禁止仅用双手捧其下部，以防盖子滑落，摔碎。

干燥器不能用来保存潮湿的沉淀或器物。

B　坩埚的准备和使用

坩埚是用来进行高温灼烧的器皿［见图 6-7(a)］，分析工作中常用坩埚来灼烧沉淀或熔融试样。坩埚的材质不尽相同，实验室常用瓷质材料的坩埚。为了便于识别瓷坩埚，可用铁盐（如 $FeCl_3$）或钴盐（$CoCl_2$）在干燥的坩埚上书写编号，烘干、灼烧后，即可留下不褪色的字迹。

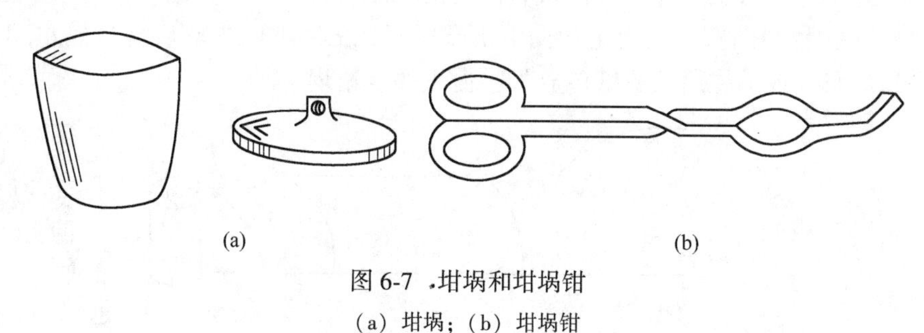
(a)　(b)

图 6-7　坩埚和坩埚钳
(a) 坩埚；(b) 坩埚钳

坩埚钳常用铜合金或不锈钢制作，表面镀以镍或铬等，用来移取热的坩埚。用坩埚钳夹持或托拿灼热的瓷坩埚时，应将坩埚钳前部预热，以免坩埚因局部受热不均而破裂。钳尖用于夹持坩埚盖（或壁），不用时按图 6-7（b）那样放置，以免弄脏其钳夹；弯曲部分用于夹持坩埚。

微课 6-5 坩埚准备和使用

用于燃烧沉淀的空坩埚，在使用前需进行恒重（即两次称量相差 0.2mg 或以下），其具体方法如下。

将洁净的空坩埚倾斜放在泥三脚架上［见图 6-8(a)］，坩埚盖斜靠在坩埚口和泥三脚架上，用燃灯外层小火（氧化焰）小心加热坩埚盖［见图6-8(c)］，使热空气流反射到坩埚内部将其烘干，然后在坩埚底部灼烧［见图 6-8(b)］，灼烧温度和时间与灼烧载有沉淀的坩埚相同（其所需温度与时间随沉淀而异）。在灼烧过程中，要用热坩埚钳将坩埚慢慢转动数次，使其灼烧均匀。例如，在灼烧 $BaSO_4$ 沉淀的实验中，空坩埚第一次灼烧 20~30min 后，停止加热，稍冷却后（红热退去，再冷却 1min 左右），用热坩埚钳夹取坩埚，放入干燥器内冷却 30~50min（包括称量前需将干燥器拿到天平室等待约 10min），然后进行称量；第二次灼烧 20min 左右，冷却、称量，直至恒重。将恒重后的空坩埚放入干燥器中保存、备用。

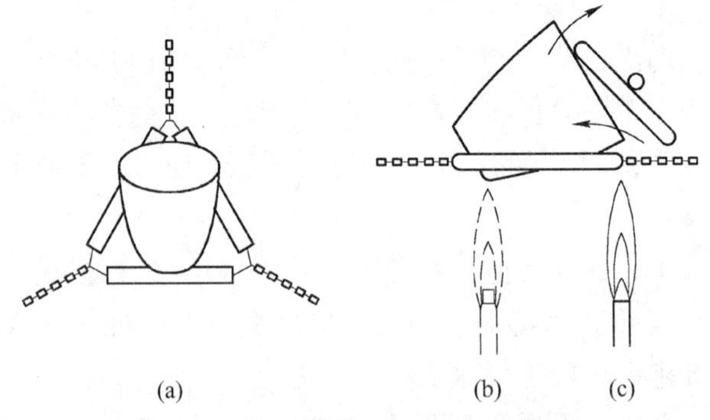

图 6-8 坩埚（沉淀）的烘干和灼烧

若使用箱式电炉（又称为马弗炉）灼烧待装 $BaSO_4$ 沉淀的空坩埚，可将经燃灯（或采用他法）烘干后的坩埚记录编号、排好顺序，用长坩埚钳（叉）依次移入 800~850℃的马弗炉中（坩埚直立并盖上坩埚盖，但须留有空隙）。灼烧时间和冷却、称量条件与上述燃灯法的操作类同。

C 沉淀的包裹

晶形沉淀一般体积较小，可按图 6-9 所示的方法包裹：用洁净的玻璃棒从三层滤纸的部位将其挑起，再用洗净的手小心取出载有沉淀的滤纸，打开成半圆形，自右边半径的 1/3 处向左折叠［见图 6-9(a)］，再自上边向下折叠［见图 6-9(b)］，然后自右向左卷［见图 6-9(c)］，最后将卷成的柱筒状滤纸包放入已恒重的空坩埚中。

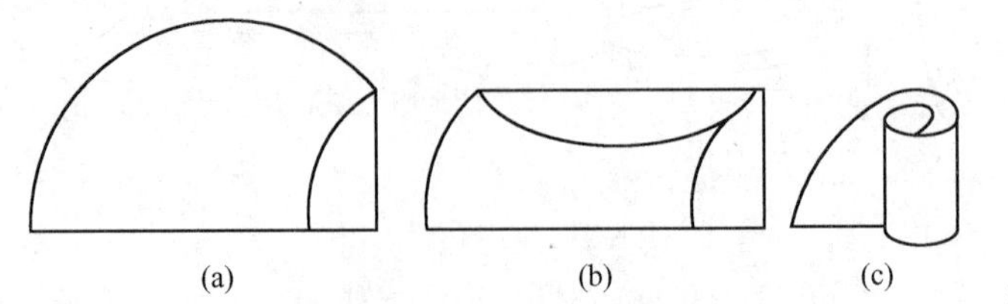

图 6-9 晶形沉淀的包裹

微课 6-6 沉淀的烘干、灼烧及恒重

对于非晶形沉淀，由于体积一般较大，不宜采用上述方法，而应采取图 6-10 所示的方法包裹：先用玻璃棒将三层滤纸的部位挑拨松动，然后用玻璃棒把滤纸上缘折向中间，使三层滤纸部分折叠在最外面，围成倒锥体滤纸包。用玻璃棒轻轻转动滤纸包或轻微压住滤纸包，用手旋转漏斗管颈，慢慢将滤纸包从漏斗的底部迁移至上沿（这样可擦净黏附在漏斗壁上的沉淀），取出滤纸包，倒置、尖头朝上，放入已恒重的空坩埚中。

图 6-10　非晶形沉淀的包裹

D　沉淀的烘干、灼烧和恒重

把载有沉淀的坩埚及盖安放妥当，以烘干空坩埚相同的操作方法，将坩埚内滤纸和沉淀烘干。烘干时要防止温度升得太快，坩埚中氧气供给不足致使滤纸变成整块的炭，如果生成大块炭，则使滤纸完全炭化非常困难。在炭化时不能让滤纸着火，否则会将一些微粒扬出。万一着火，应立即将坩埚盖盖上，同时移去火源使滤纸火焰熄灭，不可用嘴吹灭。

滤纸烘干、部分炭化后，将燃灯放在坩埚下面 [见图 6-8 (b)]，先用小火使滤纸大部分炭化，再逐渐加大火焰把炭完全烧成灰。炭粒完全消失后，可改用喷灯或置于马弗炉中，在既定温度下维持一定时间灼烧沉淀。仍以灼烧 $BaSO_4$ 为例：第一次灼烧时间可长些（如 30min 左右），按灼烧空坩埚的操作方法冷却，称量；然后进行第二次灼烧（时间可比第一次短些），如此反复进行灼烧、冷却、称量，直到恒重。

滤纸包的烘干、炭化和灰化过程，除用燃灯法外，还可在电热装置（如电炉、电热板等）上进行，待炭化完全灰化后再将坩埚移入马弗炉中灼烧。

不需要高温灼烧的沉淀，经已恒重的微孔玻璃过滤器过滤后，可在电烘箱中直接进行干燥、恒重操作。

6.1.3　重量分析法的要求

利用沉淀重量法进行分析时，首先将试样分解为试液，然后加入适当的沉淀剂，使其与被测组分发生沉淀反应，并以“沉淀形式”沉淀出来。沉淀经过过滤、洗涤，在适当的温度下烘干或灼烧，转化为“称量形式”，再进行称量。根据称量形式的质量计算被测组分在试样中的含量。沉淀形式和称量形式可能相同，也可能不同，例如：

$$Fe^{3+} \xrightarrow{\text{沉淀}} Fe(OH)_3 \xrightarrow{\text{灼烧}} Fe_2O_3$$

被测组分　　沉淀形式　　称量形式

$$Ba^{2+} \xrightarrow{\text{沉淀}} BaSO_4 \xrightarrow{\text{灼烧}} BaSO_4$$

被测组分　　沉淀形式　　称量形式

在重量分析法中，为获得准确的结果，沉淀形式和称量形式必须满足以下要求。

6.1.3.1　对沉淀形式的要求

（1）沉淀要完全，沉淀的溶解度要小，要求测定过程中沉淀的溶解损失不应超过分析天平的称量误差。一般要求溶解损失应小于 0.1mg。例如，测定 Ca^{2+} 含量时，以形成 $CaSO_4$ 和 CaC_2O_4 两种沉淀形式做比较，$CaSO_4$ 的溶解度较大（$K_{sp}=2.45\times10^{-5}$），CaC_2O_4

的溶解度小（$K_{sp}=1.78\times10^{-9}$）。显然，用$(NH_4)_2C_2O_4$作沉淀剂比用硫酸作沉淀剂沉淀得完全。

（2）沉淀纯净，易于过滤洗涤，是获得准确分析结果的重要因素之一。颗粒较大的晶形沉淀（如$MgNH_4PO_4\cdot6H_2O$）比表面积较小，吸附杂质的机会较小，因此沉淀较纯净，易于过滤和洗涤。颗粒较小的晶形沉淀（如CaC_2O_4、$BaSO_4$），其比表面积较大，吸附杂质较多，洗涤次数也相应增多。非晶形沉淀［如$Al(OH)_3$、$Fe(OH)_3$］体积庞大疏松，吸附杂质多，过滤费时且不易洗净，对于这类沉淀必须选择适当的沉淀条件，以满足对沉淀形式的要求。

（3）沉淀形式应易于转化为称量形式。沉淀经烘干、灼烧时，应易于转化为称量形式。例如Al^{3+}含量的测定，若沉淀为8-羟基喹啉铝［$Al(C_9H_6NO)_3$］，在130℃烘干后即可称量；而沉淀为$Al(OH)_3$，则必须在1200℃灼烧才能转变为无吸湿性的Al_2O_3，方可称量。因此，测定选用前者比后者好。

6.1.3.2 对称量形式的要求

（1）称量形式的组成必须与化学式相符，这是定量计算的基本依据。例如测定PO_4^{3-}含量，可以形成磷钼酸铵沉淀，但组成不固定，无法利用它作为测定PO_4^{3-}的称量形式。若采用磷钼酸喹啉法测定PO_4^{3-}，则可测得组成与化学式相符的称量形式。

（2）称量形式要有足够的稳定性，不易吸收空气中的CO_2、H_2O。例如，测定Ca^{2+}含量时，若将Ca^{2+}沉淀为$CaC_2O_4\cdot H_2O$，灼烧后得到CaO，易吸收空气中的H_2O和CO_2，因此，CaO不宜作为称量形式。

（3）称量形式的摩尔质量尽可能大，这样可增大称量形式的质量，以减小称量误差。例如，在铝含量的测定中，分别用Al_2O_3和8-羟基喹啉铝［$Al(C_9H_6NO)_3$］两种称量形式进行测定，若被测组分铝的质量为0.1000g，则可分别得到0.1888g Al_2O_3和1.7040g $Al(C_9H_6NO)_3$，两种称量形式由称量误差所引起的相对误差分别为±1%和±0.1%。显然，以$Al(C_9H_6NO)_3$作为称量形式比用Al_2O_3作为称量形式测定铝的准确度高。

6.1.4 沉淀剂的选择

根据沉淀形式和称量形式的要求，选择**沉淀剂**时要考虑以下几点。

（1）选择具有较好选择性的沉淀剂。所选的沉淀剂最好只和待测组分生成沉淀，而与试液中的其他组分不起作用。例如，丁二酮肟和H_2S都可以沉淀Ni^{2+}，但在测定Ni^{2+}时常选用前者。

（2）选用能与待测离子生成溶解度最小沉淀的沉淀剂。所选用的沉淀剂应能使待测组分沉淀完全。例如，生成难溶的钡化合物有$BaCO_3$、$BaCrO_4$、BaC_2O_4和$BaSO_4$，根据其溶解度可知$BaSO_4$溶解度最小，因此以$BaSO_4$的形式沉淀Ba^{2+}比生成其他难溶化合物好（25℃时，$K_{sp,\ BaCO_3}=8.1\times10^{-9}$，$K_{sp,\ BaCrO_4}=1.17\times10^{-10}$，$K_{sp,\ BaC_2O_4}=1.6\times10^{-7}$，$K_{sp,\ BaSO_4}=1.07\times10^{-10}$）。

（3）尽可能选用易挥发或经灼烧易除去的沉淀剂。这样沉淀中带有的沉淀剂即便未洗净，也可以借烘干或灼烧除去。一些铵盐和有机沉淀剂都能满足这项要求。例如，在氯化

物溶液中沉淀 Fe^{3+}时，选用氨水而不用 NaOH 作沉淀剂。

(4) 选用溶解度较大的沉淀剂。用此类沉淀剂可以减少沉淀对沉淀剂的吸附作用。例如，利用生成难溶钡化合物沉淀 SO_4^{2-} 时，应选 $BaCl_2$ 作沉淀剂，而不用 $Ba(NO_3)_2$。这是因为 $Ba(NO_3)_2$ 的溶解度比 $BaCl_2$ 小，$BaSO_4$吸附 $Ba(NO_3)_2$ 比吸附 $BaCl_2$ 严重。

6.1.5 重量分析法的主要操作过程

重量分析法的主要操作过程如图 6-11 所示。

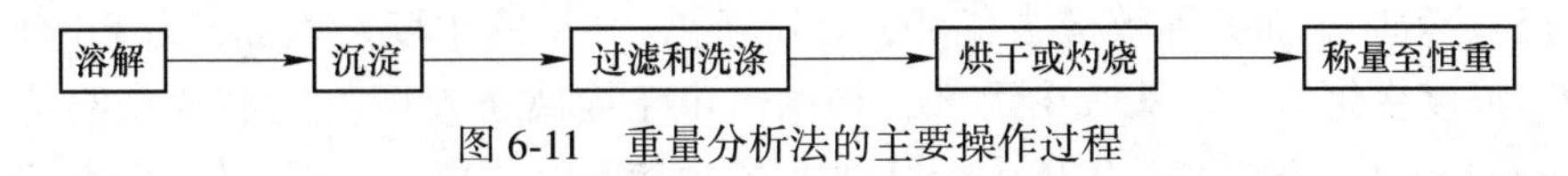

图 6-11 重量分析法的主要操作过程

(1) 溶解。将试样溶解制成溶液，根据不同性质的试样选择适当的溶剂。对于不溶于水的试样，一般采取酸溶法、碱溶法或熔融法。

(2) 沉淀。加入适当的沉淀剂，使与待测组分迅速定量反应生成难溶化合物沉淀。

(3) 过滤和洗涤。过滤使沉淀与母液分开，根据沉淀的性质不同，过滤沉淀时常采用无灰滤纸或玻璃砂芯坩埚。洗涤沉淀是为了除去不挥发的盐类杂质和母液，洗涤时要选择适当的洗液，以防沉淀溶解或形成胶体。洗涤沉淀要采用少量多次的洗法。

(4) 烘干或灼烧。烘干可除去沉淀中的水分和挥发性的物质，同时使沉淀组成达到恒定，烘干的温度和时间应随着沉淀不同而异。灼烧可除去沉淀中的水分和挥发性物质外，还可使初始生成的沉淀在高温度下转化为组成恒定的沉淀，灼烧温度一般在 800℃ 以上。以滤纸过滤的沉淀，常置于瓷坩埚中进行烘干或灼烧。若沉淀需加氢氟酸处理，应改用铂坩埚。使用玻璃砂芯坩埚过滤的沉淀，应在电烘箱里烘干。

(5) 称量至恒重。即沉淀反复烘干或灼烧，经冷却后称量，直至两次称量的质量相差不大于 0.2mg。

学习任务 6.2 沉淀的溶解度及其影响因素

利用沉淀反应进行重量分析时，要求沉淀反应定量地进行完全，这样重量分析的准确度才高。沉淀反应是否完全，可以根据沉淀反应达到平衡后，溶液中未被沉淀的被测组分的量来衡量，也就是说，可以根据沉淀溶解度的大小来衡量。溶解度小，沉淀完全；溶解度大，沉淀不完全。沉淀的溶解度，可以根据沉淀的溶度积常数 K_{sp} 来计算。影响沉淀溶解度的因素很多，如同离子效应、盐效应、酸效应、配位效应等。此外，温度、介质、沉淀结构和颗粒大小等对沉淀的溶解度也有影响。下面分别进行讨论。

6.2.1 同离子效应

组成沉淀晶体的离子称为**构晶离子**。当沉淀反应达到平衡后，如果向溶液中加入适当过量的含有某一构晶离子的试剂或溶液，则沉淀的溶解度减小，这种现象称为**同离子效应**。

因此，在实际分析中，常加入过量的沉淀剂，利用同离子效应使被测组分沉淀完全。但沉淀剂过量太多，可能引起盐效应、酸效应及配位效应等副反应，反而使沉淀的溶解度增大。一般情况下，沉淀剂过量 50%~100%是合适的，如果沉淀剂是不易挥发的，则以过量 20%~30%为宜。

6.2.2　盐效应

沉淀反应达到平衡时，由于强电解质的存在或加入其他强电解质，使沉淀的溶解度增大，这种现象称为**盐效应**。因此，利用同离子效应降低沉淀的溶解度时应考虑盐效应的影响，即沉淀剂不能过量太多。例如，在 $PbSO_4$ 饱和溶液中加入 Na_2SO_4，就同时存在着同离子效应和盐效应，而哪种效应占优势，取决于 Na_2SO_4 的浓度。表 6-3 为 $PbSO_4$ 溶解度随 Na_2SO_4 浓度变化情况。从表中可知，初始时由于同离子效应，使 $PbSO_4$ 溶解度降低，可是当加入 Na_2SO_4 浓度大于 0.040mol/L 时，盐效应超过同离子效应，使 $PbSO_4$ 溶解度反而逐步增大。

表 6-3　$PbSO_4$ 在 Na_2SO_4 溶液中的溶解度　　(mol/L)

Na_2SO_4 浓度	0	0.001	0.010	0.020	0.040	0.100	0.200
$PbSO_4$ 浓度	45.0	7.3	4.9	4.2	3.9	4.9	7.0

通过上述介绍得知：同离子效应与盐效应对沉淀溶解度的影响恰恰相反，所以进行沉淀时应避免加入过多的沉淀剂。如果沉淀的溶解度本身很小，一般来说，可以不考虑盐效应。

6.2.3　酸效应

溶液酸度对沉淀溶解度的影响称为**酸效应**。酸效应的发生主要是由于溶液中 H^+浓度的大小对弱酸、多元酸或难溶酸离解平衡的影响。因此，酸效应对于不同类型沉淀的影响情况不一样，若沉淀是强酸盐（如 $BaSO_4$、AgCl 等），其溶解度受酸度影响不大，但对弱酸盐（如 CaC_2O_4、氢氧化物、难溶酸等），则酸效应影响就很显著。如 CaC_2O_4 沉淀在溶液中有下列平衡：

$$CaC_2O_4 \rightleftharpoons Ca^{2+} + C_2O_4^{2-}$$

$$C_2O_4^{2-} \underset{+H^+}{\overset{-H^+}{\rightleftharpoons}} HC_2O_4^-$$

$$HC_2O_4^- \underset{-H^+}{\overset{+H^+}{\rightleftharpoons}} H_2C_2O_4$$

当溶液中的 H^+浓度增大时，平衡向生成 $HC_2O_4^-$ 和 $H_2C_2O_4$ 的方向移动，破坏了 CaC_2O_4 的沉溶解平衡，致使 $C_2O_4^{2-}$ 浓度降低，CaC_2O_4 沉淀的溶解度增加。所以，对于弱酸盐的沉淀，受酸度影响较大，为了减少对沉淀溶解度的影响，通常应在较低的酸度下进行沉淀。

为了防止沉淀溶解损失，对于弱酸盐沉淀，如碳酸盐、草酸盐、磷酸盐等，通常应在较低的酸度下进行沉淀。如果沉淀本身是弱酸，如硅酸（$SiO_2 \cdot nH_2O$）、钨酸（$WO_3 \cdot nH_2O$）等，易溶于碱，则应在强酸性介质中进行沉淀。

6.2.4　配位效应

进行沉淀反应时，若溶液中存在能与构晶离子生成可溶性配合物的配位剂，则可使沉淀溶解度增大，甚至不产生沉淀，这种现象称为**配位效应**。

配位剂主要来自两方面：一是沉淀剂本身就是配位剂，二是加入了其他试剂。

例如，用 Cl^-沉淀 Ag^+时，得到 AgCl 白色沉淀，若向此溶液中加入氨水，则因 NH_3 配位形成$[Ag(NH_3)_2]^+$，使 AgCl 的溶解度增大，甚至全部溶解。如果在沉淀 Ag^+时加入过量的 Cl^-，则 Cl^-能与 AgCl 沉淀进一步形成 $AgCl_2^-$ 和 $AgCl_3^{2-}$ 等配位离子，也使 AgCl 沉淀逐渐溶解，这时 Cl^-沉淀剂本身就是配位剂。由此可见，在用沉淀剂进行沉淀时，应严格控制沉淀剂的用量，同时注意外加试剂的影响。

在实际工作中，应根据具体情况考虑哪种效应是主要的。对无配位反应的强酸盐沉淀，主要考虑同离子效应和盐效应；对弱酸盐或难溶酸、氢氧化物的沉淀，多数情况主要考虑酸效应；对于有配位反应且沉淀的溶度积又较大，易形成稳定配合物时，则应主要考虑配位效应。

6.2.5　其他影响因素

除上述因素外，温度和其他溶剂的存在、沉淀颗粒大小和结构等，也对沉淀的溶解度产生影响。

（1）温度的影响。沉淀的溶解一般是吸热过程，其溶解度随温度升高而增大。因此，对于一些在热溶液中溶解度较大的沉淀，在过滤洗涤时必须在室温下进行，如 $MgNH_4PO_4$、CaC_2O_4 等。对于一些溶解度小，冷时又较难过滤和洗涤的沉淀，则采用趁热过滤，并用热的洗涤液进行洗涤，如 $Fe(OH)_3$、$Al(OH)_3$ 等。

（2）溶剂的影响。无机物沉淀大部分是离子型晶体，它们在有机溶剂中的溶解度一般比在纯水中小。例如，$PbSO_4$ 沉淀在水中的溶解度为 1.5×10^{-4}mol/L，而在 50%乙醇溶液中的溶解度为 7.6×10^{-6}mol/L。

（3）沉淀颗粒大小和结构的影响。同一种沉淀，在质量相同时，颗粒越小，其总比表面积越大，溶解度越大。由于小晶体比大晶体有更多的角、边和表面，处于这些位置的离子受晶体内离子的吸引力小，又受到溶剂分子的作用，容易进入溶液中。因此，小颗粒沉淀的溶解度比大颗粒沉淀的溶解度大。在实际分析中，要尽量创造条件，以利于形成大颗粒晶体。

学习任务 6.3　沉淀的形成和沉淀的条件

6.3.1　沉淀的形成

沉淀按其物理性质的不同，可粗略地分两类：一类是晶形沉淀，如 $BaSO_4$、CaC_2O_4、$MgNH_4PO_4$ 等；另一类是无定形沉淀，如 $Fe_2O_3\cdot nH_2O$ 等。而介于两者之间的是凝乳状沉淀，如 AgCl。它们之间的主要差别是沉淀颗粒大小不同，如晶形沉淀的颗粒直径为0.1~1.0μm，无定形沉淀的颗粒直径一般小于 0.02μm，凝乳状沉淀的颗粒大小介于两者之间。

生成的沉淀属于哪一种类型，首先取决于沉淀本身的性质，其次与沉淀形成的条件也有密切的关系。在沉淀的形成过程中，存有两种速率：当沉淀剂加入待测溶液中，形成沉淀的离子互相碰撞而结合成晶核，晶核长大生成沉淀微粒的速率称为聚集速率；同时，构晶离子在晶格内的定向排列速率称为定向速率。当定向速率大于聚集速率时，将形成晶形沉淀；反之，则形成非晶形沉淀。定向速率主要取决于沉淀的性质，而聚集速率主要取决于沉淀时的反应条件。聚集速率的经验公式如下：

$$u = K \cdot \frac{Q - s}{s}$$

式中，u 为聚集速率；Q 为加入沉淀剂瞬间，生成沉淀物质的浓度；s 为沉淀的溶解度；$Q-s$ 为沉淀物质的过饱和度；$\frac{Q-s}{s}$为相对过饱和度；K 为比例常数，与沉淀的性质、温度有关，也受溶液中其他组分的影响。

从上式可知，聚集速率与相对过饱和度成正比。因此，通过控制溶液的相对过饱和度，可以改变形成沉淀颗粒的大小，甚至有可能改变沉淀的类型。

6. 3. 2　影响沉淀纯度的因素

重量分析法要求制备纯净的沉淀，但从溶液中析出沉淀时，一些杂质会或多或少地夹杂于沉淀内，使沉淀沾污。因此，有必要了解沉淀过程中杂质混入的原因，从而找出减少杂质混入的方法。

6. 3. 2. 1　共沉淀现象

在进行沉淀反应时，溶液中某些可溶性杂质混杂于沉淀中一起析出，这种现象称为**共沉淀**。例如，在 Na_2SO_4 溶液中加入 $BaCl_2$ 时，若从溶解度来看，Na_2SO_4、$BaCl_2$ 都不应沉淀，但由于共沉淀现象，有少量的 Na_2SO_4 或 $BaCl_2$ 被带入 $BaSO_4$ 沉淀中。产生共沉淀现象大致有如下两个原因。

A　表面吸附

在沉淀晶体表面的离子或分子与沉淀晶体内部的离子或分子所处的状况是有所不同的，例如，$BaSO_4$ 晶体**表面吸附**杂质如图 6-12 所示。在晶体内部，每个 Ba^{2+} 周围有六个 SO_4^{2-} 包围着，每个 SO_4^{2-} 的周围也有六个 Ba^{2+}，它们的静电引力相互平衡而稳定。但是，在晶体表面上的离子只能被五个带相反电荷的离子包围，至少有一面未被带相反电荷的 Ba^{2+} 或 SO_4^{2-} 相吸，因此表面上的离子就有吸附溶液中带相反电荷离子的能力。处在边角的离子，它们吸附离子的能力就更大。

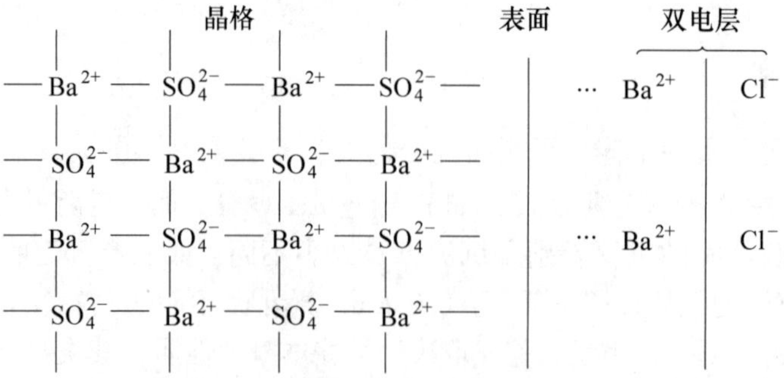

晶格　　表面　　双电层

— Ba^{2+} — SO_4^{2-} — Ba^{2+} — SO_4^{2-} — | ··· Ba^{2+} | Cl^-

— SO_4^{2-} — Ba^{2+} — SO_4^{2-} — Ba^{2+} — |

— Ba^{2+} — SO_4^{2-} — Ba^{2+} — SO_4^{2-} — | ··· Ba^{2+} | Cl^-

— SO_4^{2-} — Ba^{2+} — SO_4^{2-} — Ba^{2+} — |

图 6-12　$BaSO_4$ 晶体的表面吸附示意图

晶体表面的静电引力是沉淀发生吸附现象的根本原因。从图 6-12 看出，将 H_2SO_4 溶液与过量 $BaCl_2$ 溶液混合时，$BaCl_2$ 有剩余，$BaSO_4$ 晶体表面首先吸附溶液中过剩的 Ba^{2+}，形成第一吸附层，第一吸附层又吸附抗衡离子形成第二吸附层（扩散层），两者共同组成包围沉淀颗粒表面的双电层，处于双电层中的正、负离子总数相等，形成了被沉淀表面吸附的化合物 $BaCl_2$。这是沾污沉淀的杂质，双电层能随颗粒一起下沉，因而使沉淀被污染。

显然，沉淀的表面积越大，吸附杂质的量也越多；溶液浓度越高，杂质离子的价态越高，越易被吸附。由于吸附作用是一个放热过程，使溶液温度升高，因此可减少杂质的吸附。

因为表面吸附现象是在沉淀表面发生的，所以洗涤沉淀就是减少吸附杂质的有效方法之一。

B　包夹作用

在进行沉淀时，除了表面吸附外，杂质还可以通过其他渠道进入沉淀内部，由此引起的共沉淀现象称为**包夹作用**。包夹作用主要有以下两种。

（1）形成**混晶**。当杂质离子的半径与沉淀的构晶离子的半径相似并能形成相同的晶体结构时，它们很容易形成混晶。例如，Pb^{2+}、Ba^{2+} 不仅有相同的电荷而且两种离子的大小相似，因此，Pb^{2+} 能取代 $BaSO_4$ 晶体中的 Ba^{2+} 而形成混晶，使沉淀受到严重的污染。减少或消除混晶的最好方法是将这些杂质预先分离除去。

（2）**包藏**。在过量 $BaCl_2$ 溶液中沉淀 $BaSO_4$ 时，$BaSO_4$ 晶体表面就要吸附构晶离子 Ba^{2+}，并吸附 Cl^- 作为抗衡离子；如果抗衡离子来不及被 SO_4^{2-} 交换，就被沉积下来的离子所覆盖而包在晶体里，这种现象称为包藏，也称为吸留。因此，在进行沉淀时，要注意沉淀剂浓度不能太大，沉淀剂加入的速度不要太快。包藏在沉淀内的杂质只能通过沉淀陈化或重结晶的方法予以减少。

6.3.2.2　后沉淀现象

在沉淀过程结束后，当沉淀与母液一起放置时，溶液中某些杂质离子可能慢慢地沉积到原沉淀上，放置的时间越长，杂质析出的量越多，这种现象称为**后沉淀**。例如，以 $(NH_4)_2C_2O_4$ 沉淀 Ca^{2+}，若溶液中含有少量 Mg^{2+}，由于 $K_{sp,MgC_2O_4}>K_{sp,CaC_2O_4}$，当 CaC_2O_4 沉淀时，MgC_2O_4 不沉淀，但是在 CaC_2O_4 沉淀放置过程中，CaC_2O_4 晶体表面吸附大量的 $C_2O_4^{2-}$，使 CaC_2O_4 沉淀表面附近 $C_2O_4^{2-}$ 的浓度增加，这时 $[Mg^{2+}]\cdot[C_2O_4^{2-}]>K_{sp,MgC_2O_4}$，在 CaC_2O_4 表面上就会有 MgC_2O_4 析出。要避免或减少后沉淀的产生，主要是缩短沉淀与母液共置的时间。

6.3.3　沉淀的条件

重量分析法中，为了获得准确的分析结果，要求沉淀完全、纯净而且易于过滤和洗涤。为此，必须根据不同类型沉淀的特点，选择适宜的沉淀条件，采取相应的措施，以期达到重量分析法对沉淀形成的要求。

6.3.3.1　晶形沉淀的沉淀条件

为了形成颗粒较大的晶形沉淀，采取以下沉淀条件。

（1）在适当稀、热溶液中进行。在稀、热溶液中进行沉淀，可使溶液中相对过饱和度保持较低，以利于形成晶形沉淀，同时也有利于得到纯净的沉淀。对于溶解度较大的沉淀，溶液不能太稀，否则沉淀溶解损失较多，影响结果的准确度。在沉淀完全后，应将溶液冷却后再进行过滤。

（2）快搅慢加。在不断搅拌的同时缓慢滴加沉淀剂，可使沉淀剂迅速扩散，防止局部相对过饱和度过大而产生大量小晶粒。

（3）陈化。陈化是指沉淀完全后，将沉淀连同母液放置一段时间，使小晶粒变为大晶粒，不纯净的沉淀转变为纯净沉淀的过程。

6.3.3.2 无定形沉淀的沉淀条件

无定形沉淀的特点是结构疏松，比表面积大，吸附杂质多，溶解度小，易形成胶体，易杂质吸附，不宜过滤和洗涤。无定形沉淀的沉淀条件如下。

（1）在较浓的溶液中进行沉淀。在浓溶液中进行沉淀，离子水化程度小，结构较紧密，体积较小，容易过滤和洗涤。但在浓溶液中杂质的浓度也较高，沉淀吸附杂质的量也较多。因此，在沉淀完毕后，应立即加入热水稀释搅拌，使被吸附的杂质离子转移到溶液中。

（2）在热溶液中及电解质存在下进行沉淀。在热溶液中进行沉淀可防止生成胶体，并减少杂质的吸附。电解质的存在可促使带电荷的胶体粒子相互凝聚沉降，加快沉降速率。

（3）趁热过滤洗涤，不需陈化。沉淀完毕后，趁热过滤，不要陈化，这是因为沉淀放置后逐渐失去水分，聚集得更为紧密，使吸附的杂质更难洗去。

洗涤无定形沉淀时，一般选用热、稀的电解质溶液作为洗涤液，主要是防止沉淀重新变为胶体，难以过滤和洗涤。常用的洗涤液有 NH_4NO_3、NH_4Cl 或氨水。

无定形沉淀吸附杂质较严重，一次沉淀很难保证纯净，必要时需进行再沉淀。

6.3.3.3 均匀沉淀法

为改善沉淀条件，避免因加入沉淀剂所引起的溶液局部相对过饱和的现象发生，应采用均匀沉淀法。这种方法是通过某一化学反应使沉淀剂从溶液中缓慢地、均匀地产生出来，使沉淀在整个溶液中缓慢地、均匀地析出，获得颗粒较大、结构紧密、纯净、易于过滤和洗涤的沉淀。例如，沉淀 Ca^{2+} 时，如果直接加入 $(NH_4)_2C_2O_4$，尽管按晶形沉淀条件进行沉淀，仍得到颗粒细小的 CaC_2O_4 沉淀。若在含有 Ca^{2+} 的溶液中以 HCl 酸化，之后加入 $(NH_4)_2C_2O_4$，溶液中主要存在的是 $HC_2O_4^-$ 和 $H_2C_2O_4$，此时向溶液中加入尿素，并加热至 90℃，尿素逐渐水解产生 NH_3。其反应式为：

$$CO(NH_2)_2 + H_2O \rightleftharpoons 2NH_3 + CO_2\uparrow$$

水解产生的 NH_3 均匀地分布在溶液中的各个部分，溶液的酸度逐渐降低，$C_2O_4^{2-}$ 浓度逐渐增大，CaC_2O_4 均匀而缓慢地析出，形成颗粒较大的晶形沉淀。

学习任务 6.4 重量分析法应用实例

6.4.1 可溶性硫酸盐中硫的测定（氯化钡沉淀法）

通常将试样溶解酸化后，以 $BaCl_2$ 溶液为沉淀剂，将试样中的 SO_4^{2-} 沉淀成 $BaSO_4$。其反应式为：

$$Ba^{2+} + SO_4^{2-} \xlongequal{\quad} BaSO_4\downarrow$$

陈化后，沉淀经过过滤、洗涤和灼烧至恒重。根据所得 $BaSO_4$ 形式的质量，可计算试样中含硫的质量分数。如果上述重量分析法的结果要求不必十分精确，可采用玻璃砂芯坩埚抽滤 $BaSO_4$ 沉淀、烘干、称量，该方法可缩短实验操作时间，适用于工业生产过程的快速分析。

$BaSO_4$ 是一种细晶形沉淀，必须在热的稀盐酸溶液中，在不断搅拌下缓缓滴加沉淀剂 $BaCl_2$ 稀溶液，陈化后，得到较粗颗粒的 $BaSO_4$ 沉淀。若试样是可溶性硫酸盐，用水溶解时，有水不溶残渣，应该过滤除去。试样中若含有 Fe^{3+} 等将干扰测定，应在加 $BaCl_2$ 沉淀剂之前，加入 1% EDTA 溶液进行掩蔽。

6.4.2　钢铁中镍含量的测定（丁二酮肟重量法）

丁二酮肟又称为二甲基乙二肟、丁二肟、秋加叶夫试剂、镍试剂等，该试剂难溶于水，通常使用乙醇溶液或氢氧化钠溶液。在弱酸性（pH>5）或氨性溶液中丁二酮肟与 Ni^{2+} 生成组成恒定的 $Ni(C_4H_7O_2N_2)_2$ 沉淀。在有掩蔽剂（酒石酸或柠檬酸）存在下可使 Ni^{2+} 与 Fe^{3+}、Cr^{3+} 等离子分离，因此丁二酮肟是对 Ni^{2+} 具有较高选择性的试剂。

测定钢铁中的 Ni 含量时，将试样用酸溶解，然后加入酒石酸，并用氨水调节成 pH = 8~9 的氨性溶液，加入丁二酮肟有机沉淀剂，就生成丁二酮肟镍红色螯合物沉淀。其反应式为：

$$Ni^{2+} + 2\begin{array}{cc} CH_3 & CH_3 \\ | & | \\ C & \!\!-\!\!-\, C \\ \| & \| \\ NOH & NOH \end{array} + 2NH_3\cdot H_2O \xlongequal{\quad} \begin{array}{ccccccc} & & O & \cdots H - & O & & \\ & & \uparrow & & | & & \\ H_3C & & & & & & CH_3 \\ & C = & N & & N = & C & \\ & | & & \searrow Ni \swarrow & & | & \\ & C = & N & \nearrow\quad\nwarrow & N = & C & \\ H_3C & & & & & & CH_3 \\ & & | & & \downarrow & & \\ & & O & - H \cdots & O & & \end{array}\downarrow + 2NH_4^+ + 2H_2O$$

该沉淀溶解度很小，经过滤、洗涤后，在 140℃ 烘干，称量，直至恒重。根据所得沉淀的质量计算出 Ni 的含量。

课程思政

镍是优良的耐腐蚀材料，镍元素也是不锈钢中仅次于铬的重要合金元素，此外不锈钢中还有钼、钒、钛等其他合金元素，不锈钢中铬和镍共存，其他合金元素共同发挥协同作用，可显著强化不锈钢的不锈和耐蚀特性。镍等合金元素对于不锈钢的意义和作用，就好比我们每一个人与伟大祖国的关系，只有千千万万中华儿女同向同行，践行爱国、敬业、诚信、友善的社会主义核心价值观，才能营造自由、平等、公正、法治的社会环境，我们的祖国才能成为富强、民主、文明、和谐的社会主义强国！

6.4.3　重量分析法结果的计算

重量分析法是根据称量形式的质量来计算待测组分的含量的方法。

例如，欲采用重量分析法测定试样中的硫含量或镁含量，操作过程可用图 6-13 所示。

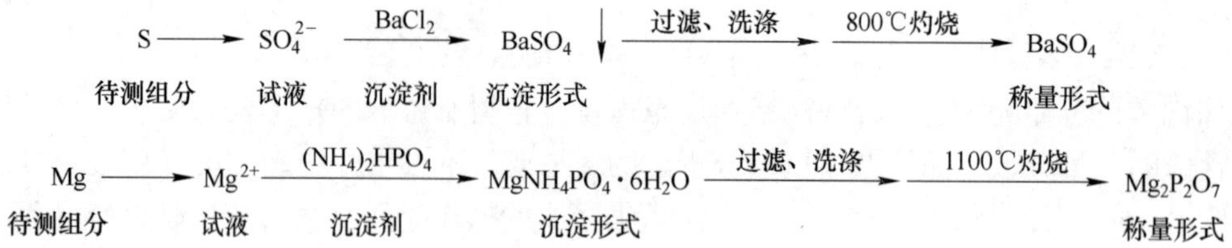

$$S \longrightarrow SO_4^{2-} \xrightarrow{BaCl_2} BaSO_4 \downarrow \xrightarrow{\text{过滤、洗涤}} \xrightarrow{800^\circ C\text{灼烧}} BaSO_4$$

待测组分　试液　沉淀剂　沉淀形式　称量形式

$$Mg \longrightarrow Mg^{2+} \xrightarrow{(NH_4)_2HPO_4} MgNH_4PO_4 \cdot 6H_2O \xrightarrow{\text{过滤、洗涤}} \xrightarrow{1100^\circ C\text{灼烧}} Mg_2P_2O_7$$

待测组分　试液　沉淀剂　沉淀形式　称量形式

图 6-13　重量分析法测定试样中的硫含量和镁含量

通过简单的化学计算，即可求出待测组分的质量。

$$m_s = m_{BaSO_4} \times \frac{M_s}{M_{BaSO_4}}$$

$$m_{Mg} = m_{Mg_2P_2O_7} \times \frac{2M_{Mg}}{M_{Mg_2P_2O_7}}$$

式中，m_{BaSO_4}，$m_{Mg_2P_2O_7}$ 为称量形式的质量，随试样中 S、Mg 含量的不同而变化；M_s/M_{BaSO_4}，$2M_{Mg}/M_{Mg_2P_2O_7}$ 为待测组分与称量形式的摩尔质量的比值，是个常数，称为**化学因数**（或称**换算因数**），用 F 表示。

在计算化学因数时，要注意使分子与分母中待测元素的原子数目相等，所以在待测组分的摩尔质量和称量形式的摩尔质量之前有时需乘以适当的系数。分析化学手册中可以查到各种常见物质的化学因数。

例 6-1　称取某矿样 0.4000g，经化学处理后，称得 SiO_2 的质量为 0.2728g，计算矿样中 SiO_2 的质量分数。

解：因为称量形式和被测组分的化学式相同，因此 F 等于 1。

$$w_{SiO_2} = \frac{0.2728}{0.4000} \times 100\% = 68.20\%$$

例 6-2　称取某铁矿石试样 0.2500g，经处理后，沉淀形式为 $Fe(OH)_3$，称量形式为 Fe_2O_3，质量为 0.2490g，求 Fe 和 Fe_3O_4 的质量分数。

解：先计算试样中 Fe 的质量分数，因为称量形式为 Fe_2O_3，1mol 称量形式相当于 2mol 待测组分，所以

$$w_{Fe} = \frac{0.2490}{0.2500} \times \frac{2M_{Fe}}{M_{Fe_2O_3}} \times 100\% = \frac{0.2490}{0.2500} \times \frac{2 \times 55.85}{159.7} \times 100\% = 69.66\%$$

计算试样中 Fe_3O_4 的质量分数，因为 1mol 称量形式 Fe_2O_3 相当于 2/3mol 待测组分 Fe_3O_4，所以

$$w_{Fe_3O_4} = \frac{0.2490}{0.2500} \times \frac{2M_{Fe_3O_4}}{3M_{Fe_3O_4}} \times 100\% = \frac{0.2490}{0.2500} \times \frac{2 \times 231.54}{3 \times 159.7} \times 100\%$$

$$= 96.27\%$$

实训任务 6.1　可溶性硫酸盐中硫含量的测定

实验目的

微课 6-7　可溶性硫酸盐中硫含量测定

（1）巩固重量法测定可溶性硫酸盐中硫含量的原理和方法。

（2）掌握晶形沉淀的沉淀条件及方法。

（3）学会沉淀的过滤、洗涤和灼烧等操作技术。

实验原理

见 6.4.1 节相关内容。

仪器与试剂

（1）仪器：分析天平，电热炉，漏斗，烧杯（500mL），慢速滤纸，瓷坩埚，马弗炉。

（2）试剂：HCl 溶液（2mol/L），$BaCl_2$（10%）溶液，$AgNO_3$（0.1mol/L）溶液。

实验步骤

准确称取在 100~105℃ 干燥过的试样 0.5~0.8g，置于 500mL 烧杯中，用 25mL 水溶解（如有残渣，过滤，并将残渣用 1% HCl 溶液和水洗涤数次，洗涤液合并于滤液中），加入 2mol/L 的 HCl 溶液 6mL，然后用水稀释至 200mL，将溶液加热至沸，在不断搅拌下以 1~2 滴/s 的速度滴加 $BaCl_2$ 热溶液 10mL，使沉淀完全，微沸 10min，在约 90℃ 下保温陈化 1h。冷至室温，用慢速定量滤纸过滤，再用蒸馏水洗涤沉淀至无 Cl^-（可用 $AgNO_3$ 检验）。将沉淀和滤纸移入已在 800~850℃ 恒重的瓷坩埚中，烘干、灰化后，再在与空坩埚相同的条件下灼烧至恒重，计算硫的质量分数。

实验数据记录与处理

记录实验数据并分析处理。

注意事项

（1）$BaSO_4$ 沉淀初生成时，一般形成细小晶体，它不利于过滤、洗涤，因此进行 $BaSO_4$ 沉淀时，应创造和控制有利于形成较大晶体的条件。

（2）沉淀应在酸性溶液中进行，这样可防止生成 $BaCO_3$、$Ba_3(PO_4)_2$、$Ba(OH)_2$ 等沉淀，也有利于形成大颗粒的纯净 $BaSO_4$ 沉淀。但溶液中若含酸不溶物或易被 $BaSO_4$ 吸附的离子（如 Fe^{3+} 等），应予分离或掩蔽。Pb^{2+}、Sr^{2+} 严重干扰测定。

（3）若采用玻璃砂芯滤埚抽滤 $BaSO_4$ 沉淀，烘干，称重，虽能缩短分析时间，但准确度较差，仅适用于快速生产分析。

思考题

（1）恒重的概念是什么？

（2）如何判断沉淀是否完全，沉淀剂过量太多会有什么影响？

（3）沉淀 $BaSO_4$ 为什么要在稀 HCl 溶液介质中进行？

实训任务 6.2　钢铁或合金中 Ni 含量的测定（丁二酮肟重量法）

实验目的

微课 6-8　不锈钢中镍含量测定

（1）巩固有机沉淀剂丁二酮肟与 Ni 形成沉淀的反应条件。

（2）学会微孔玻璃过滤器的使用方法与抽滤操作技术。

（3）巩固丁二酮肟重量法测定钢铁及合金中镍含量的原理和方法。

实验原理

见 6.4.2 节相关内容。

仪器与试剂

（1）仪器：分析天平，电烘箱，电热炉，微孔玻璃过滤器（P16 或 G4 型号），烧杯（400mL），表面皿，慢速滤纸。

（2）试剂：1%丁二酮肟乙醇溶液，HCl-HNO_3 混合酸溶液（HCl、HNO_3 和 H_2O 的体积比为 3∶1∶2），$HClO_4$，1∶1 的 HCl 溶液，50% 酒石酸溶液，1∶1 的 $NH_3 \cdot H_2O$ 溶液，20% Na_2SO_3 溶液（新鲜配制），20% $Na_2S_2O_3$ 溶液（新鲜配制），50% CH_3COONH_4 缓冲溶液（pH=6.0~6.4）。

实验步骤

（1）试样称取。按表 6-4 准确称取待测试样（试样中镍含量控制在 100mg 内）。

表 6-4　待测试样中的镍含量

镍含量（质量分数）/%	试样质量/g	镍含量（质量分数）/%	试样质量/g
2.00~4.00	2.000	15.00~30.00	0.2000
4.00~8.00	1.000	30.00~50.00	0.1500
8.00~15.00	0.5000	>50.00	0.1000

（2）试样溶解。按表 6-4 准确称取适量试样，置于 400mL 烧杯中，加入 20mL 左右的 HCl-HNO_3 混合酸溶液，盖上表面皿，缓慢加热至试样溶解。取下稍冷，加入 10mL HCl 和 100mL 热水，加热溶解盐类，冷却。

（3）试液制备。向上述试液中，加入 25mL 50%酒石酸溶液，边搅拌边滴加 1∶1 的 $NH_3 \cdot H_2O$ 溶液调节试液至 pH≈9，放置片刻。用慢速滤纸过滤，滤液置于 600mL 烧杯中，用热水洗净烧杯，并洗涤沉淀 7~8 次，使滤液总体积控制在 250mL 以内。

（4）沉淀与分离。在不断搅拌下，用 1∶1 HCl 溶液酸化上述滤液至 pH≈3.5，加入 20mL 20% Na_2SO_3 溶液，搅拌片刻；用 1∶1 $NH_3 \cdot H_2O$ 溶液调节试液至 pH=4.5，加热至 45~50℃时，加入 15mL 20% $Na_2S_2O_3$ 溶液，搅拌片刻，放置 5min。加入 100mL 1%丁二酮肟乙醇溶液，在不断搅拌下，加入 20mL 50% CH_3COONH_4 缓冲溶液，控制试液酸度在 pH=6.0~6.4 范围（若低于此值，可用 1∶1 $NH_3 \cdot H_2O$ 溶液调节）。调节试液总体积在 400mL 左右，静置陈化 30min。冷却至室温，用已恒重的 P16 或 G4 型号微孔玻璃过滤器负压下抽滤（速度不宜太快，切不可将沉淀吸干），用冷水洗涤烧杯和沉淀（以少量多次并使沉淀冲散为佳，也应防止沉淀吸干），洗涤用水总量控制在 200mL 左右。

（5）恒重与称量。将载有丁二酮肟镍沉淀的微孔玻璃过滤器置于电烘箱中，于(140±5)℃烘干 2h 左右，置于干燥器中冷却、称量，直至恒重。

实验数据记录与处理

记录实验数据并分析处理。

相关标准

本实验等同采用 GB/T 223.25—1994《钢铁及合金化学分析方法　丁二酮肟重量法测定镍量》，利用丁二酮肟有机试剂，还可借助丁二酮肟镍的亲油、疏水性质，通过萃取分离后再用分光光度法来测定物料中的 Ni 含量（GB/T 223.23—2008《钢铁及合金　镍含量的测定　丁二酮肟分光光度法》）。

思考题

（1）在溶解试样时，混合酸中 HNO_3 的作用是什么？

（2）利用有机沉淀剂进行重量分析的主要优点是什么？

综合练习 6.1

综合练习 6.1 答案

1. 选择题

（1）下述（　　）说法是正确的。

A. 称量形式和沉淀形式应该相同

B. 称量形式和沉淀形式必须不同

C. 称量形式和沉淀形式可以不同

D. 称量形式和沉淀形式中都不能含有水分子

（2）盐效应使沉淀的溶解度（　　），同离子效应使沉淀的溶解度（　　）。一般来说，后一种效应较前一种效应（　　）。

A. 增大，减小，小得多　　B. 增大，减小，大得多

C. 减小，减小，差不多　　D. 增大，减小，差不多

（3）氯化银在 1mol/L 的 HCl 中比在水中较易溶解是因为（　　）。

A. 酸效应　　B. 盐效应　　C. 同离子效应　　D. 络合效应

（4）CaF_2 沉淀在 pH=2 的溶液中的溶解度较在 pH=5 的溶液中的溶解度（　　）。

A. 大　　B. 相等　　C. 小　　D. 难以判断

（5）如果被吸附的杂质和沉淀具有相同的晶格，就可能形成（　　）。

A. 表面吸附　　B. 机械吸留　　C. 包藏　　D. 混晶

（6）用洗涤的方法能有效地提高沉淀纯度的是（　　）。

A. 混晶共沉淀　　B. 吸附共沉淀

C. 包藏共沉淀　　D. 后沉淀

（7）若 $BaCl_2$ 中含有 NaCl、KCl、$CaCl_2$ 等杂质，用 H_2SO_4 沉淀 Ba^{2+} 时，生成的 $BaSO_4$ 最

容易吸附（　　）。

A. Na^+　　B. K^+　　C. Ca^{2+}　　D. H^+

（8）晶形沉淀的沉淀条件是（　　）。

A. 稀、热、快、搅、陈　　B. 浓、热、快、搅、陈

C. 稀、冷、慢、搅、陈　　D. 稀、热、慢、搅、陈

（9）待测组分为 MgO，沉淀形式为 $MgNH_4PO_4 \cdot 6H_2O$，称量形式为 $Mg_2P_2O_7$，化学因数等于（　　）。

A. 0.362　　B. 0.724　　C. 1.105　　D. 2.210

（10）在重量分析法中，洗涤无定形沉淀的洗涤液应是（　　）。

A. 冷水　　B. 含沉淀剂的稀溶液

C. 热的电解质溶液　　D. 热水

2. 填空题

（1）沉淀重量法中，沉淀过滤一般采取________法过滤，沉淀洗涤采取的原则是________，溶解度小而不易形成胶体的沉淀，可用________洗涤；溶解度较大的晶形沉淀，可用________洗涤，溶解度较小而又可能分散成胶体的沉淀，宜用________稀溶液洗涤，但必须易在烘干和灼烧时挥发或分解除去。

（2）恒重是指连续两次干燥，其质量差应在________以下。

（3）在重量分析法中，为了使测量的相对误差小于 0.1%，则称样量必须大于________。

（4）影响沉淀溶解度的主要因素有________、________、________、________。

（5）根据沉淀的物理性质，可将沉淀分为________沉淀和________沉淀，生成的沉淀属于何种类型，除取决于________外，还与________有关。

（6）在沉淀的形成过程中，存在两种速度：________和________。当________大时，将形成晶形沉淀。

（7）产生共沉淀现象的原因有________、________和________。

（8）________是沉淀发生吸附现象的根本原因。________是减少吸附杂质的有效方法之一。

（9）陈化的作用有二：________和________。

（10）重量分析法中，晶形沉淀的颗粒越大，沉淀溶解度________。

3. 判断题

（1）（　　）无定形沉淀要在较浓的热溶液中进行沉淀，加入沉淀剂速度适当快。

（2）（　　）沉淀称量法中的称量式必须具有确定的化学组成。

（3）（　　）沉淀称量法测定中，要求沉淀式和称量式相同。

（4）（　　）共沉淀引入的杂质量，随陈化时间的增大而增多。

（5）（　　）由于混晶而带入沉淀中的杂质通过洗涤是不能除掉的。

（6）（　　）沉淀 $BaSO_4$ 应在热溶液中进行，然后趁热过滤。

（7）（　　）用洗涤液洗涤沉淀时，要少量、多次，为保证 $BaSO_4$ 沉淀的溶解损失不超过 0.1%，洗涤沉淀每次用 15~20mL 洗涤液。

(8) (　　) 重量分析中使用的“无灰滤纸”，指每张滤纸的灰分质量小于 0.2mg。
(9) (　　) 重量分析中当沉淀从溶液中析出时，其他某些组分被被测组分的沉淀带下来而混入沉淀之中，这种现象称后沉淀现象。
(10) (　　) 重量分析中对形成胶体的溶液进行沉淀时，可放置一段时间，以促使胶体微粒的胶凝，然后再过滤。
(11) (　　) 根据同离子效应，可加入大量沉淀剂以降低沉淀在水中的溶解度。

4. 简答题

(1) 举例说明何为沉淀形式、称量形式，沉淀重量法中各应满足什么要求？
(2) 沉淀重量法中影响沉淀溶解度的因素有哪些，如何避免沉淀的溶解损失？
(3) 沉淀重量法中影响沉淀纯度的因素有哪些，如何避免沉淀的沾污？
(4) 简述晶形沉淀和无定形沉淀的操作条件。
(5) 举例说明均相沉淀法。
(6) 简述沉淀重量法中有机沉淀剂的优势。

5. 计算题

测定 1.0239g 某样品中 P_2O_5 的含量时，用 $MgCl_2$、NH_4Cl、$NH_3 \cdot H_2O$ 使磷沉淀为 $MgNH_4PO_4$。过滤，洗涤后，灼烧成 $Mg_2P_2O_7$，称量得重 0.2836g。计算样品中 P_2O_5 的质量分数。(相对分子质量 $M_{P_2O_5}=141.95$，$M_{Mg_2P_2O_7}=222.25$)

附　录

附录 A　弱酸和弱碱的解离常数

附表 A.1　弱酸的解离常数

名　称	温度/℃	解离常数 K_a	pK_a
砷酸 H_3AsO_4	18	$K_{a1}=5.6\times10^{-3}$	2.25
		$K_{a2}=1.7\times10^{-7}$	6.77
		$K_{a3}=3.0\times10^{-12}$	11.50
硼酸 H_3BO_3	20	$K_a=5.7\times10^{-10}$	9.24
氢氰酸 HCN	25	$K_a=6.2\times10^{-10}$	9.21
碳酸 H_2CO_3	25	$K_{a1}=4.2\times10^{-7}$	6.38
		$K_{a2}=5.6\times10^{-11}$	10.25
铬酸 H_2CrO_4	25	$K_{a1}=1.8\times10^{-1}$	0.74
		$K_{a2}=3.2\times10^{-7}$	6.49
氢氟酸　HF	25	$K_a=3.5\times10^{-4}$	3.46
亚硝酸 HNO_2	25	$K_a=4.6\times10^{-4}$	3.34
磷酸 H_3PO_4	25	$K_{a1}=7.6\times10^{-3}$	2.12
		$K_{a2}=6.3\times10^{-8}$	7.20
		$K_{a3}=4.4\times10^{-13}$	12.36
硫化氢 H_2S	25	$K_{a1}=1.3\times10^{-7}$	6.89
		$K_{a2}=7.1\times10^{-15}$	14.15
亚硫酸 H_2SO_3	18	$K_{a1}=1.3\times10^{-2}$	1.90
		$K_{a2}=6.3\times10^{-8}$	7.20
硫酸 H_2SO_4	25	$K_{a2}=1.0\times10^{-2}$	1.99
甲酸 HCOOH	20	$K_a=1.8\times10^{-4}$	3.74
醋酸 CH_3COOH（HOAc）	20	$K_a=1.8\times10^{-5}$	4.74
一氯乙酸 $CH_2ClCOOH$	25	$K_a=1.4\times10^{-3}$	2.85
二氯乙酸 $CHCl_2COOH$	25	$K_a=5.0\times10^{-2}$	1.30
三氯乙酸 CCl_3COOH	25	$K_a=0.23$	0.64
草酸 $H_2C_2O_4$	25	$K_{a1}=5.9\times10^{-2}$	1.23
		$K_{a2}=6.4\times10^{-5}$	4.19
琥珀酸（CH_2COOH）$_2$	25	$K_{a1}=6.4\times10^{-5}$	4.19
		$K_{a2}=2.7\times10^{-6}$	5.57

续附表 A.1

名　称	温度/℃	解离常数 K_a	pK_a
酒石酸 $C_4H_6O_6$	25	$K_{a1}=9.7\times10^{-4}$	3.04
		$K_{a2}=4.3\times10^{-5}$	4.37
柠檬酸 $C_6H_8O_7$	18	$K_{a1}=7.4\times10^{-4}$	3.13
		$K_{a2}=1.7\times10^{-5}$	4.77
		$K_{a3}=4.0\times10^{-7}$	6.40
苯酚 C_6H_5OH	20	$K_a=1.1\times10^{-10}$	9.96
苯甲酸 C_6H_5COOH	25	$K_a=6.2\times10^{-5}$	4.21
水杨酸 $C_6H_4(OH)COOH$	18	$K_{a1}=1.07\times10^{-3}$	2.97
		$K_{a2}=4\times10^{-14}$	13.40
邻苯二甲酸 $C_6H_4(COOH)_2$	25	$K_{a1}=1.1\times10^{-3}$	2.96
		$K_{a2}=2.9\times10^{-6}$	5.54

附表 A.2　弱碱的解离常数

名　称	温度/℃	解离常数 K_b	pK_b
氨水 $NH_3\cdot H_2O$	25	$K_b=1.8\times10^{-5}$	4.74
羟胺 NH_2OH	20	$K_b=9.1\times10^{-9}$	8.04
苯胺 $C_6H_5NH_2$	25	$K_b=4.6\times10^{-10}$	9.34
乙二胺 $H_2NCH_2CH_2NH_2$	25	$K_{b1}=8.5\times10^{-5}$	4.07
		$K_{b2}=7.1\times10^{-8}$	7.15
六亚甲基四胺 $(CH_2)_6N_4$	25	$K_b=1.4\times10^{-9}$	8.85
吡啶 C_5H_5N	25	$K_b=1.7\times10^{-9}$	8.77

附录 B　常用的酸碱溶液的相对密度、质量分数与物质的量浓度

附表 B.1　常用酸溶液的相对密度、质量分数与物质的量浓度

相对密度（15℃）	HCl		HNO_3		H_2SO_4	
	w/%	c/mol · L^{-1}	w/%	c/mol · L^{-1}	w/%	c/mol · L^{-1}
1.02	4.13	1.15	3.70	0.6	3.1	0.3
1.04	8.16	2.3	7.26	1.2	6.1	0.6
1.05	10.2	2.9	9.0	1.5	7.4	0.8
1.06	12.2	3.5	10.7	1.8	8.8	0.9
1.08	16.2	4.8	13.9	2.4	11.6	1.3
1.10	20.0	6.0	17.1	3.0	14.4	1.6
1.12	23.8	7.3	20.2	3.6	17.0	2.0
1.14	27.7	8.7	23.3	4.2	19.9	2.3
1.15	29.6	9.3	24.8	4.5	20.9	2.5
1.19	37.2	12.2	30.9	5.8	26.0	3.2
1.20			32.3	6.2	27.3	3.4
1.25			39.8	7.9	33.4	4.3
1.30			47.5	9.8	39.2	5.2
1.35			55.8	12.0	44.8	6.2
1.40			65.3	14.5	50.1	7.2
1.42			69.8	15.7	52.2	7.6
1.45					55.0	8.2
1.50					59.8	9.2
1.55					64.3	10.2
1.60					68.7	11.2
1.65					73.0	12.3
1.70					77.2	13.4
1.84					95.6	18.0

附表 B.2　常用碱溶液的相对密度、质量分数和物质的量浓度

相对密度（15℃）	$NH_3 \cdot H_2O$		NaOH		KOH	
	w/%	c/mol · L^{-1}	w/%	c/mol · L^{-1}	w/%	c/mol · L^{-1}
0.88	35.0	18.0				
0.90	28.3	15				

续附表 B. 2

相对密度（15℃）	$NH_3 \cdot H_2O$		NaOH		KOH	
	w/%	c/mol · L^{-1}	w/%	c/mol · L^{-1}	w/%	c/mol · L^{-1}
0. 91	25. 0	13. 4				
0. 92	21. 8	11. 8				
0. 94	15. 6	8. 6				
0. 96	9. 9	5. 6				
0. 98	4. 8	2. 8				
1. 05			4. 5	1. 25	5. 5	1. 0
1. 10			9. 0	2. 5	10. 9	2. 1
1. 15			13. 5	3. 9	16. 1	3. 3
1. 20			18. 0	5. 4	21. 2	4. 5
1. 25			22. 5	7. 0	26. 1	5. 8
1. 30			27. 0	8. 8	30. 9	7. 2
1. 35			31. 8	10. 7	35. 5	8. 5

附录 C　常用的缓冲溶液

附表 C.1　常用的缓冲溶液的配制

pH 值	配 制 方 法
0	1mol/L HCl[①]
1.0	0.1mol/L HCl
2.0	0.01mol/L HCl
3.6	NaOAc · $3H_2O$ 8g，溶于适量水中，加 6mol/L HOAc 134mL，稀释至 500mL
4.0	NaOAc · $3H_2O$ 20g，溶于适量水中，加 6mol/L HOAc 134mL，稀释至 500mL
4.5	NaOAc · $3H_2O$ 32g，溶于适量水中，加 6mol/L HOAc 68mL，稀释至 500mL
5.0	NaOAc · $3H_2O$ 50g，溶于适量水中，加 6mol/L HOAc 34mL，稀释至 500mL
5.7	NaOAc · $3H_2O$ 100g，溶于适量水中，加 6mol/L HOAc 13mL，稀释至 500mL
7.0	NH_4OAc 77g，用水溶解后，稀释至 500mL
7.5	NH_4Cl 60g，溶于适量水中，加 15mol/L 氨水 1.4mL，稀释至 500mL
8.0	NH_4Cl 50g，溶于适量水中，加 15mol/L 氨水 3.5mL，稀释至 500mL
8.5	NH_4Cl 40g，溶于适量水中，加 15mol/L 氨水 8.8mL，稀释至 500mL
9.0	NH_4Cl 35g，溶于适量水中，加 15mol/L 氨水 24mL，稀释至 500mL
9.5	NH_4Cl 30g，溶于适量水中，加 15mol/L 氨水 65mL，稀释至 500mL
10.0	NH_4Cl 27g，溶于适量水中，加 15mol/L 氨水 97mL，稀释至 500mL
10.5	NH_4Cl 9g，溶于适量水中，加 15mol/L 氨水 175mL，稀释至 500mL
11.0	NH_4Cl 3g，溶于适量水中，加 15mol/L 氨水 207mL，稀释至 500mL
12.0	0.01mol/L NaOH[②]
13.0	0.1mol/L NaOH

①Cl^-对测定有妨碍时，可用 HNO_3。

②Na^+对测定有妨碍时，可用 KOH。

附录 D　标准电极电位（18~25℃）

附表 D.1　标准电极电位（18~25℃）

半反应式	$\varphi^{\ominus}$/V
$F_2(g)+2H^++2e^- = 2HF$	3.06
$O_3+2H^++2e^- = O_2+H_2O$	2.07
$S_2O_8^{2-}+2e^- = 2SO_4^{2-}$	2.01
$H_2O_2+2H^++2e^- = 2H_2O$	1.77
$MnO_4^-+4H^++3e^- = MnO_2(s)+2H_2O$	1.695
$PbO_2(s)+SO_4^{2-}+4H^++2e^- = PbSO_4(s)+2H_2O$	1.685
$HClO_2+2H^++2e^- = HClO+H_2O$	1.64
$HClO+H^++e^- = \frac{1}{2}Cl_2+H_2O$	1.63
$Ce^{4+}+e^- = Ce^{3+}$	1.61
$H_5IO_6+H^++2e^- = IO_3^-+3H_2O$	1.60
$HBrO+H^++e^- = \frac{1}{2}Br_2+H_2O$	1.59
$BrO_3^-+6H^++5e^- = \frac{1}{2}Br_2+3H_2O$	1.52
$MnO_4^-+8H^++5e^- = Mn^{2+}+4H_2O$	1.51
$Au(Ⅲ)+3e^- = Au$	1.50
$HClO+H^++2e^- = Cl^-+H_2O$	1.49
$ClO_3^-+6H^++5e^- = \frac{1}{2}Cl_2+3H_2O$	1.47
$PbO_2(s)+4H^++2e^- = Pb^{2+}+2H_2O$	1.455
$HIO+H^++e^- = \frac{1}{2}I_2+H_2O$	1.45
$ClO_3^-+6H^++6e^- = Cl^-+3H_2O$	1.45
$BrO_3^-+6H^++6e^- = Br^-+3H_2O$	1.44
$Au(Ⅲ)+2e^- = Au(Ⅰ)$	1.41
$Cl_2(g)+2e^- = 2Cl^-$	1.3595
$ClO_4^-+8H^++7e^- = \frac{1}{2}Cl_2+4H_2O$	1.34
$Cr_2O_7^{2-}+14H^++6e^- = 2Cr^{3+}+7H_2O$	1.33
$MnO_2(s)+4H^++2e^- = Mn^{2+}+2H_2O$	1.23
$O_2(g)+4H^++4e^- = 2H_2O$	1.229

续附表 D. 1

半反应式	$\varphi^{\ominus}$ /V
$IO_3^- + 6H^+ + 5e^- = \frac{1}{2}I_2 + 3H_2O$	1.20
$ClO_4^- + 2H^+ + 2e^- = ClO_3^- + H_2O$	1.19
Br_2(水) $+ 2e^- = 2Br^-$	1.087
$NO_2 + H^+ + e^- = HNO_2$	1.07
$Br_3^- + 2e^- = 3Br^-$	1.05
$HNO_2 + H^+ + e^- = NO(g) + H_2O$	1.00
$VO_2^+ + 2H^+ + e^- = VO^{2+} + H_2O$	1.00
$HIO + H^+ + 2e^- = I^- + H_2O$	0.99
$NO_3^- + 3H^+ + 2e^- = HNO_2 + H_2O$	0.94
$ClO^- + H_2O + 2e^- = Cl^- + 2OH^-$	0.89
$H_2O_2 + 2e^- = 2OH^-$	0.88
$Cu^{2+} + I^- + e^- = CuI(s)$	0.86
$Hg^{2+} + 2e^- = Hg$	0.845
$NO_3^- + 2H^+ + e^- = NO_2 + H_2O$	0.80
$Ag^+ + e^- = Ag$	0.7995
$Hg_2^{2+} + 2e^- = 2Hg$	0.793
$Fe^{3+} + e^- = Fe^{2+}$	0.771
$BrO^- + H_2O + 2e^- = Br^- + 2OH^-$	0.76
$O_2(g) + 2H^+ + 2e^- = H_2O_2$	0.682
$AsO_2^- + 2H_2O + 3e^- = As + 4OH^-$	0.68
$2HgCl_2 + 2e^- = Hg_2Cl_2(s) + 2Cl^-$	0.63
$Hg_2SO_4(s) + 2e^- = 2Hg + SO_4^{2-}$	0.6151
$MnO_4^- + 2H_2O + 3e^- = MnO_2(s) + 4OH^-$	0.588
$MnO_4^- + e^- = MnO_4^{2-}$	0.564
$H_3AsO_4 + 2H^+ + 2e^- = HAsO_2 + 2H_2O$	0.559
$I_3^- + 2e^- = 3I^-$	0.545
$I_2(s) + 2e^- = 2I^-$	0.5345
$Mo(VI) + e^- = Mo(V)$	0.53
$Cu^+ + e^- = Cu$	0.52
$4SO_2$(水) $+ 4H^+ + 6e^- = S_4O_6^{2-} + 2H_2O$	0.51
$HgCl_4^{2-} + 2e^- = Hg + 4Cl^-$	0.48

续附表 D.1

半 反 应 式	$\varphi^{\ominus}$ /V
$2SO_2$(水)$+2H^++4e^-$ ══ $S_2O_3^{2-}+H_2O$	0.40
$Fe(CN)_6^{2-}+2e^-$ ══ $Fe(CN)_6^{4-}$	0.36
$Cu^{2+}+2e^-$ ══ Cu	0.337
$VO^{2+}+2H^++e^-$ ══ $V^{3+}+H_2O$	0.337
$BiO^++2H^++3e^-$ ══ $Bi+H_2O$	0.32
$Hg_2Cl_2(s)+2e^-$ ══ $2Hg+2Cl^-$	0.2676
$HAsO_2+3H^++3e^-$ ══ $As+2H_2O$	0.248
$AgCl(s)+e^-$ ══ $Ag+Cl^-$	0.2223
$SbO^++2H^++3e^-$ ══ $Sb+H_2O$	0.212
$SO_4^{2-}+4H^++2e^-$ ══ SO_2(水)$+2H_2O$	0.17
$Cu^{2+}+e^-$ ══ Cu^+	0.159
$Sn^{4+}+2e^-$ ══ Sn^{2+}	0.154
$S+2H^++2e^-$ ══ $H_2S(g)$	0.141
$Hg_2Br_2+2e^-$ ══ $2Hg+2Br^-$	0.1395
$TiO^{2+}+2H^++e^-$ ══ $Ti^{3+}+H_2O$	0.10
$S_4O_6^{2-}+2e^-$ ══ $2S_2O_3^{2-}$	0.08
$AgBr(s)+e^-$ ══ $Ag+Br^-$	0.071
$2H^++2e^-$ ══ H_2	0.000
$O_2+H_2O+2e^-$ ══ $HO_2^-+OH^-$	-0.067
$TiOCl^++2H^++3Cl^-+e^-$ ══ $TiCl_4^-+H_2O$	-0.09
$Pb^{2+}+2e^-$ ══ Pb	-0.126
$Sn^{2+}+2e^-$ ══ Sn	-0.136
$AgI(s)+e^-$ ══ $Ag+I^-$	-0.152
$Ni^{2+}+2e^-$ ══ Ni	-0.246
$H_3PO_4+2H^++2e^-$ ══ $H_3PO_3+H_2O$	-0.276
$Co^{2+}+2e^-$ ══ Co	-0.277
Tl^++e^- ══ Tl	-0.3360
$In^{3+}+3e^-$ ══ In	-0.345
$PbSO_4(s)+2e^-$ ══ $Pb+SO_4^{2-}$	-0.3553
$SeO_3^{2-}+3H_2O+4e^-$ ══ $Se+6OH^-$	-0.366
$As+3H^++3e^-$ ══ AsH_3	-0.38

续附表 D. 1

半反应式	$\varphi^{\ominus}$ /V
$Se+2H^{+}+2e^{-} = H_2Se$	−0. 40
$Cd^{2+}+2e^{-} = Cd$	−0. 403
$Cr^{3+}+e^{-} = Cr^{2+}$	−0. 41
$Fe^{2+}+2e^{-} = Fe$	−0. 440
$S+2e^{-} = S^{2-}$	−0. 48
$2CO_2+2H^{+}+2e^{-} = H_2C_2O_4$	−0. 49
$H_3PO_3+2H^{+}+2e^{-} = H_3PO_2+H_2O$	−0. 50
$Sb+3H^{+}+3e^{-} = SbH_3$	−0. 51
$HPbO_2^{-}+H_2O+2e^{-} = Pb+3OH^{-}$	−0. 54
$Ga^{3+}+3e^{-} = Ga$	−0. 56
$TeO_3^{2-}+3H_2O+4e^{-} = Te+6OH^{-}$	−0. 57
$2SO_3^{2-}+3H_2O+4e^{-} = S_2O_3^{2-}+6OH^{-}$	−0. 58
$SO_3^{2-}+3H_2O+4e^{-} = S+6OH^{-}$	−0. 66
$AsO_4^{3-}+2H_2O+2e^{-} = AsO_2^{-}+4OH^{-}$	−0. 67
$Ag_2S(s)+2e^{-} = 2Ag+S^{2-}$	−0. 69
$Zn^{2+}+2e^{-} = Zn$	−0. 763
$2H_2O+2e^{-} = H_2+2OH^{-}$	−0. 828
$Cr^{2+}+2e^{-} = Cr$	−0. 91
$HSnO_2^{-}+H_2O+2e^{-} = Sn+3OH^{-}$	−0. 91
$Se+2e^{-} = Se^{2-}$	−0. 92
$Sn(OH)_6^{2-}+2e^{-} = HSnO_2^{-}+H_2O+3OH^{-}$	−0. 93
$CNO^{-}+H_2O+2e^{-} = CN^{-}+2OH^{-}$	−0. 97
$Mn^{2+}+2e^{-} = Mn$	−1. 182
$ZnO_2^{2-}+2H_2O+2e^{-} = Zn+4OH^{-}$	−1. 216
$Al^{3+}+3e^{-} = Al$	−1. 66
$H_2AlO_3^{-}+H_2O+3e^{-} = Al+4OH^{-}$	−2. 35
$Mg^{2+}+2e^{-} = Mg$	−2. 37
$Na^{+}+e^{-} = Na$	−2. 714
$Ca^{2+}+2e^{-} = Ca$	−2. 87
$Sr^{2+}+2e^{-} = Sr$	−2. 89
$Ba^{2+}+2e^{-} = Ba$	−2. 90
$K^{+}+e^{-} = K$	−2. 925
$Li^{+}+e^{-} = Li$	−3. 042

附录 E　一些氧化还原电对的条件电极电位

附表 E.1　一些氧化还原电对的条件电极电位

半反应式	$\varphi^{\ominus\prime}$/V	介　质
$Ag(Ⅱ)+e^- = Ag^+$	1.927	4mol/L HNO_3
$Ce(Ⅳ)+e^- = Ce(Ⅲ)$	1.74	1mol/L $HClO_4$
	1.44	0.5mol/L H_2SO_4
	1.28	1mol/L HCl
$Co^{3+}+e^- = Co^{2+}$	1.84	3mol/L HNO_3
$Co(en)_3^{3+}+e^- = Co(en)_3^{2+}$	−0.2	0.1mol/L KNO_3 +0.1mol/L en(乙二胺)
$Cr(Ⅲ)+e^- = Cr(Ⅱ)$	−0.40	5mol/L HCl
$Cr_2O_7^{2-}+14H^++6e^- = 2Cr^{3+}+7H_2O$	1.08	3mol/L HCl
	1.15	4mol/L H_2SO_4
	1.025	1mol/L $HClO_4$
$CrO_4^{2-}+2H_2O+3e^- = CrO_2^-+4OH^-$	−0.12	1mol/L NaOH
$Fe(Ⅲ)+e^- = Fe^{2+}$	0.767	1mol/L $HClO_4$
	0.71	0.5mol/L HCl
	0.68	1mol/L H_2SO_4
	0.68	1mol/L HCl
	0.46	2mol/L H_3PO_4
	0.51	1mol/L HCl +0.25mol/L H_3PO_4
$Fe(edta)^-+e^- = Fe(edta)^{2-}$	0.12	0.1mol/L EDTA pH= 4~6
$Fe(CN)_6^{3-}+e^- = Fe(CN)_6^{4-}$	0.56	1mol/L HCl
$FeO_4^{2-}+2H_2O+3e^- = FeO_2^-+4OH^-$	0.55	10mol/L NaOH
$I_3^-+2e^- = 3I^-$	0.5446	0.5mol/L H_2SO_4
I_2(水)$+2e^- = 2I^-$	0.6276	0.5mol/L H_2SO_4
$MnO_4^-+8H^++5e^- = Mn^{2+}+4H_2O$	1.45	1mol/L $HClO_4$
$SnCl_6^{2-}+2e^- = SnCl_4^{2-}+2Cl^-$	0.14	1mol/L HCl
$Sb(Ⅴ)+2e^- = Sb(Ⅲ)$	0.75	3.5mol/L HCl
$Sb(OH)_6^-+2e^- = SbO_2^-+2OH^-+2H_2O$	−0.428	3mol/L NaOH
$SbO_2^-+2H_2O+3e^- = Sb+4OH^-$	−0.675	10mol/L KOH

续附表 E. 1

半反应式	$\varphi^{\ominus\prime}$/V	介　质
Ti(Ⅳ)+e^- ══ Ti(Ⅲ)	-0.01	0.2mol/L H_2SO_4
	0.12	2mol/L H_2SO_4
	0.10	3mol/L HCl
	-0.04	1mol/L HCl
	-0.05	1mol/L H_3PO_4
Pb(Ⅱ)+2e^- ══ Pb	-0.32	1mol/L NaOAc

附录 F　难溶化合物的溶度积常数

附表 F.1　难溶化合物的溶度积常数

难溶化合物	化 学 式	K_{sp}	温度/℃
氢氧化铝	$Al(OH)_3$	2×10^{-32}	18
溴酸钾	$AgBrO_3$	5.77×10^{-5}	25
溴化银	$AgBr$	4.1×10^{-13}	18
碳酸银	Ag_2CO_3	6.15×10^{-12}	25
氯化银	$AgCl$	1.56×10^{-10}	25
铬酸银	Ag_2CrO_4	9.0×10^{-12}	25
氢氧化银	$AgOH$	1.52×10^{-8}	20
碘化银	AgI	8.3×10^{-17}	25
硫化银	Ag_2S	1.6×10^{-49}	18
硫氰酸银	$AgSCN$	4.9×10^{-13}	18
碳酸钡	$BaCO_3$	8.1×10^{-9}	25
铬酸钡	$BaCrO_4$	1.6×10^{-10}	18
草酸钡	BaC_2O_4	1.62×10^{-7}	18
硫酸钡	$BaSO_4$	8.7×10^{-11}	18
氢氧化铋	$Bi(OH)_3$	4.0×10^{-31}	18
氢氧化铬	$Cr(OH)_3$	5.4×10^{-31}	18
硫化镉	CdS	3.6×10^{-29}	18
碳酸钙	$CaCO_3$	8.7×10^{-9}	25
氟化钙	CaF_2	3.4×10^{-11}	18
草酸钙	$CaC_2O_4\cdot H_2O$	1.78×10^{-9}	18
硫酸钙	$CaSO_4$	2.45×10^{-5}	25
硫化钴	$CoS(\alpha)$	4×10^{-21}	18
	$CoS(\beta)$	2×10^{-25}	18
碘酸铜	$CuIO_3$	1.4×10^{-7}	25
草酸铜	CuC_2O_4	2.87×10^{-8}	25
硫化铜	CuS	8.5×10^{-45}	18
溴化亚铜	$CuBr$	4.15×10^{-9}	18~20
氯化亚铜	$CuCl$	1.02×10^{-6}	18~20
碘化亚铜	CuI	1.1×10^{-12}	18~20
硫化亚铜	Cu_2S	2×10^{-47}	16~18

续附表 F. 1

难溶化合物	化学式	K_{sp}	温度/℃
硫氰酸亚铜	$CuSCN$	4.8×10^{-15}	18
氢氧化铁	$Fe(OH)_3$	3.5×10^{-38}	18
氢氧化亚铁	$Fe(OH)_2$	1.0×10^{-15}	18
草酸亚铁	FeC_2O_4	2.1×10^{-7}	25
硫化亚铁	FeS	3.7×10^{-19}	18
硫化汞	HgS	$4\times10^{-53}\sim2\times10^{-49}$	18
溴化亚汞	Hg_2Br_2	5.8×10^{-23}	18
氯化亚汞	Hg_2Cl_2	1.3×10^{-18}	18
碘化亚汞	Hg_2I_2	4.5×10^{-29}	18
磷酸铵镁	$MgNH_4PO_4$	2.5×10^{-13}	25
碳酸镁	$MgCO_3$	2.6×10^{-5}	12
氟化镁	MgF_2	7.1×10^{-9}	18
氢氧化镁	$Mg(OH)_2$	1.8×10^{-11}	18
草酸镁	MgC_2O_4	8.57×10^{-5}	18
氢氧化锰	$Mn(OH)_2$	4.5×10^{-13}	18
硫化锰	MnS	1.4×10^{-15}	18
氢氧化镍	$Ni(OH)_2$	6.5×10^{-18}	18
碳酸铅	$PbCO_3$	3.3×10^{-14}	18
铬酸铅	$PbCrO_4$	1.77×10^{-14}	18
氟化铅	PbF_2	3.2×10^{-8}	18
草酸铅	PbC_2O_4	2.74×10^{-11}	18
氢氧化铅	$Pb(OH)_2$	1.2×10^{-15}	18
硫酸铅	$PbSO_4$	1.06×10^{-8}	18
硫化铅	PbS	3.4×10^{-28}	18
碳酸锶	$SrCO_3$	1.6×10^{-9}	25
氟化锶	SrF_2	2.8×10^{-9}	18
草酸锶	SrC_2O_4	5.61×10^{-8}	18
硫酸锶	$SrSO_4$	3.81×10^{-7}	17.4
氢氧化锡	$Sn(OH)_4$	1×10^{-57}	18
氢氧化亚锡	$Sn(OH)_2$	3×10^{-27}	18
氢氧化钛	$TiO(OH)_2$	1×10^{-29}	18
氢氧化锌	$Zn(OH)_2$	1.2×10^{-17}	18~20
草酸锌	ZnC_2O_4	1.35×10^{-9}	18
硫化锌	ZnS	1.2×10^{-23}	18

附录 G　国际相对原子质量表

附表 G.1　国际相对原子质量表

元素		相对原子质量	元素		相对原子质量	元素		相对原子质量	元素		相对原子质量
符号	名称		符号	名称		符号	名称		符号	名称	
Ac	锕	[227]	Er	铒	167.26	Mn	锰	54.93805	Ru	钌	101.07
Ag	银	107.8682	Es	锿	[254]	Mo	钼	95.94	S	硫	32.066
Al	铝	26.981539	Eu	铕	151.964	N	氮	14.006747	Sb	锑	121.760
Am	镅	[243]	F	氟	18.998403	Na	钠	22.989768	Sc	钪	44.95591
Ar	氩	39.948	Fe	铁	55.845	Nb	铌	92.906384	Se	硒	78.96
As	砷	74.92160	Fm	镄	[257]	Nd	钕	144.24	Si	硅	28.0855
At	砹	[210]	Fr	钫	[223]	Ne	氖	20.1797	Sm	钐	150.36
Au	金	196.96655	Ga	镓	69.723	Ni	镍	58.6934	Sn	锡	118.710
B	硼	10.811	Gd	钆	157.25	No	锘	[254]	Sr	锶	87.62
Ba	钡	137.327	Ge	锗	72.61	Np	镎	237.0482	Ta	钽	180.9479
Be	铍	9.012182	H	氢	1.00794	O	氧	15.9994	Tb	铽	158.92534
Bi	铋	208.98038	He	氦	4.002602	Os	锇	190.23	Tc	锝	98.9062
Bk	锫	[247]	Hf	铪	178.49	P	磷	30.973762	Te	碲	127.60
Br	溴	79.904	Hg	汞	200.59	Pa	镤	231.03588	Th	钍	232.0381
C	碳	12.0107	Ho	钬	164.93032	Pb	铅	207.2	Ti	钛	47.867
Ca	钙	40.078	I	碘	126.90447	Pd	钯	106.42	Tl	铊	204.3833
Cd	镉	112.411	In	铟	114.818	Pm	钷	[145]	Tm	铥	168.93421
Ce	铈	140.116	Ir	铱	192.217	Po	钋	[~210]	U	铀	238.0289
Cf	锎	[251]	K	钾	39.0983	Pr	镨	140.90765	V	钒	50.9415
Cl	氯	35.4527	Kr	氪	83.80	Pt	铂	195.078	W	钨	183.84
Cm	锔	[247]	La	镧	138.9055	Pu	钚	[244]	Xe	氙	131.29
Co	钴	58.93320	Li	锂	6.941	Ra	镭	226.0254	Y	钇	88.90585
Cr	铬	51.9961	Lr	铹	[257]	Rb	铷	85.4678	Yb	镱	173.04
Cs	铯	132.90545	Lu	镥	174.967	Re	铼	186.207	Zn	锌	65.39
Cu	铜	63.546	Md	钔	[256]	Rh	铑	102.90550	Zr	锆	91.224
Dy	镝	162.50	Mg	镁	24.3050	Rn	氡	[222]			

附录 H　一些化合物的相对分子质量

附表 H.1　一些化合物的相对分子质量

化　合　物	相对分子质量	化　合　物	相对分子质量
AgBr	187.78	Cu_2O	143.09
AgCl	143.32	$CuSO_4$	159.61
AgI	234.77	$CuSO_4 \cdot 5H_2O$	249.69
$AgNO_3$	169.87	$FeCl_3$	162.21
Al_2O_3	101.96	$FeCl_3 \cdot 6H_2O$	270.30
$Al_2(SO_4)_3$	342.15	FeO	71.85
As_2O_3	197.84	Fe_2O_3	159.69
As_2O_5	229.84	Fe_3O_4	231.54
$BaCO_3$	197.34	$FeSO_4 \cdot H_2O$	169.93
BaC_2O_4	225.35	$FeSO_4 \cdot 7H_2O$	278.02
$BaCl_2$	208.24	$Fe_2(SO_4)_3$	399.89
$BaCl_2 \cdot 2H_2O$	244.27	$FeSO_4 \cdot (NH_4)_2SO_4 \cdot 6H_2O$	392.14
$BaCrO_4$	253.32	H_3BO_3	61.83
$BaSO_4$	233.39	HBr	80.91
$CaCO_3$	100.09	H_2CO_3	62.03
CaC_2O_4	128.10	$H_2C_2O_4$	90.04
$CaCl_2$	110.99	$H_2C_2O_4 \cdot 2H_2O$	126.07
$CaCl_2 \cdot H_2O$	129.00	HCOOH	46.03
CaO	56.08	HCl	36.46
$Ca(OH)_2$	74.09	$HClO_4$	100.46
$CaSO_4$	136.14	HF	20.01
$Ca_3(PO_4)_2$	310.18	HI	127.91
$Ce(SO_4)_2 \cdot 2(NH_4)_2SO_4 \cdot 2H_2O$	632.54	HNO_2	47.01
CH_3COOH	60.05	HNO_3	63.01
CH_3OH	32.04	H_2O	18.02
CH_3COCH_3	58.08	H_2O_2	34.02
C_6H_5COOH	122.12	H_3PO_4	98.00
$C_6H_4COOHCOOK$(苯二甲酸氢钾)	204.23	H_2S	34.08
CH_3COONa	82.03	H_2SO_3	82.08
C_6H_5OH	94.11	H_2SO_4	98.08
$(C_9H_7N_3)H_3(PO_4 \cdot 12MoO_3)$ (磷钼酸喹啉)	2212.74	$HgCl_2$	271.50
		Hg_2Cl_2	472.09
CCl_4	153.81	$KAl(SO_4)_2 \cdot 12H_2O$	474.39
CO_2	44.01	$KB(C_6H_5)_4$	358.33
CuO	79.54	KBr	119.01

续附表H.1

化　合　物	相对分子质量	化　合　物	相对分子质量
$KBrO_3$	167.01	$NaOH$	40.01
K_2CO_3	138.21	Na_3PO_4	163.94
KCl	74.56	Na_2S	78.05
$KClO_3$	122.55	$Na_2S \cdot 9H_2O$	240.18
$KClO_4$	138.55	Na_2SO_3	126.04
K_2CrO_4	194.20	Na_2SO_4	142.04
$K_2Cr_2O_7$	294.19	$Na_2SO_4 \cdot 10H_2O$	322.20
$KHC_2O_4 \cdot H_2C_2O_4 \cdot 2H_2O$	254.19	$Na_2S_2O_3$	158.11
KI	166.01	$Na_2S_2O_3 \cdot 5H_2O$	248.19
KIO_3	214.00	$NH_2OH \cdot HCl$	69.49
$KIO_3 \cdot HIO_3$	389.92	NH_3	17.03
$KMnO_4$	158.04	NH_4Cl	53.49
KNO_2	85.10	$(NH_4)_2C_2O_4 \cdot H_2O$	142.11
KOH	56.11	$NH_3 \cdot H_2O$	35.05
$KSCN$	97.18	$NH_4Fe(SO_4)_2 \cdot 12H_2O$	482.20
K_2SO_4	174.26	$(NH_4)_2HPO_4$	132.05
$MgCO_3$	84.32	$(NH_4)_3PO_4 \cdot 12MoO_3$	1876.35
$MgCl_2$	95.21	NH_4SCN	76.12
$MgNH_4PO_4$	137.33	$(NH_4)_2SO_4$	132.14
MgO	40.31	$NiC_8H_{14}O_4N_4$(丁二酮肟镍)	288.91
$Mg_2P_2O_7$	222.60	P_2O_5	141.95
MnO_2	86.94	$PbCrO_4$	323.19
$Na_2B_4O_7 \cdot 10H_2O$	381.37	PbO	223.19
$NaBiO_3$	279.97	PbO_2	239.19
$NaBr$	102.90	Pb_3O_4	685.57
Na_2CO_3	105.99	$PbSO_4$	303.26
$Na_2C_2O_4$	134.00	SO_2	64.06
$NaCl$	58.44	SO_3	80.06
NaF	41.99	Sb_2O_3	291.52
$NaHCO_3$	84.01	Sb_2S_3	339.72
NaH_2PO_4	119.98	SiF_4	104.08
Na_2HPO_4	141.96	SiO_2	60.08
$Na_2H_2Y \cdot H_2O$ (EDTA二钠盐)	372.26	$SnCl_2$	189.62
		TiO_2	79.88
NaI	149.89	$ZnCl_2$	136.30
$NaNO_2$	69.00	ZnO	81.39
Na_2O	61.98	$ZnSO_4$	161.45

参考文献

[1] 高职高专化学教材编写组．分析化学[M]．4版．北京：高等教育出版社，2014.
[2] 高职高专化学教材编写组．分析化学实验[M]．4版．北京：高等教育出版社，2014.
[3] 武汉大学．分析化学（上册）[M]．5版．北京：高等教育出版社，2007.
[4] 武汉大学．分析化学（下册）[M]．5版．北京：高等教育出版社，2007.
[5] 马惠莉，马振珠．分析化学综合教程[M]．北京：化学工业出版社，2011.